南京水利科学研究院专著出版基金资助

淤泥质海岸
工程动力泥沙研究

徐　啸　著

海洋出版社

2019 年·北京

内容简介

本书为作者多年从事海岸工程动力和泥沙运动研究成果的汇集，主要内容包括：淤泥质海岸工程条件下细颗粒黏性泥沙的沉降率及相应的相似率和模型沙的选择；海岛水域潮流特点、泥沙回淤特点及建设海洋工程时可能存在的问题，探讨整治措施的原则和方法等；研究不同边界条件下（开敞或半封闭海域）黏性细颗粒泥沙的回淤规律。针对不同的边界条件和水文泥沙特点，在物理模型设计和试验方法方面进行探索和实践。

本书可供近海工程有关的科研人员和学生参考使用。

图书在版编目（CIP）数据

淤泥质海岸工程动力泥沙研究／徐啸著. —北京：海洋出版社，2019. 11
ISBN 978-7-5210-0472-4

Ⅰ. ①淤…　Ⅱ. ①徐…　Ⅲ. ①淤泥质海岸–泥沙运动–研究　Ⅳ. ①P737. 12

中国版本图书馆 CIP 数据核字（2019）第 263610 号

淤泥质海岸工程动力泥沙研究
Study on Muddy Coastal Engineering Dynamics and Sediment Transport

责任编辑：高朝君　侯雪景
责任印制：赵麟苏

海洋出版社 出版发行

http://www.oceanpress.com.cn
北京市海淀区大慧寺路 8 号　邮编：100081
北京顶佳世纪印刷有限公司印刷
2019 年 11 月第 1 版　2019 年 11 月北京第 1 次印刷
开本：787 mm×1092 mm　1/16　印张：20
字数：425 千字　定价：98.00 元
发行部：62132549　邮购部：68038093
总编室：62114335　编辑部：62100038
海洋版图书印、装错误可随时退换

自 序

徐啸，1943 年生，1961 年入河海大学（当时为"华东水利学院"）河川系水工专业学习。1968—1978 年在水利电力部第七工程局从事水利工程技术工作。

1978 年考取河海大学研究生，师从严恺教授学习海岸动力学，研究生学业完成后，即到南京水利科学研究院（其间 1985 年赴美国佛罗里达大学进修 2 年），近 40 年来一直从事海岸工程动力泥沙方面的研究工作。

深感幸运的是，无论在河海大学还是在南京水利科学研究院期间，指导我学习和工作的老师和前辈们都是国内海岸动力学领域的知名学者。他们不仅在理论上悉心指导，在工作方法上也严格要求并以身作则。其中有：

河海大学的严恺教授和任汝述、薛鸿超、顾家龙、洪广文老师等；

美国佛罗里达大学的 R. Dean 和 A. J. Mehta 教授等；

南京水利科学研究院的窦国仁、陈子霞、刘家驹、罗肇森等学术前辈；还有黄建维、张镜潮、喻国华、孙献清等学长和同事。

对我有过较大帮助的还有陈士荫、顾民权、陈惠泉教授等。

纵观 40 年来，这些良师益友对我最大的教诲和帮助主要有以下几方面：

（1）科研工作者必须具有全面扎实的专业理论知识，除了要反复不断地学习海岸动力学基本理论，还要积极主动地积累和吸收国内外最新研究成果和有关资料，关注科学知识的更新和发展。

（2）积极参与海洋工程科研工作实践。要亲自参与科研工作的全过程，要亲自动手解决问题，要在本学科科研工作领域内掌握系统而全面的专业知识和较强的科研工作能力。由于海岸动力条件十分复杂，许多问题还无法运用理论来解决，为此经验尤为重要，要在不断的科学实践中积累经验和知识。

（3）我国海岸自然条件复杂多样，对海岸工程的要求以及解决问题的途径、方法往往也各不相同。为此，科研工作者应积极主动地到现场进行实地踏勘、调查和收集、分析资料。

（4）"大道从简"，要善于从错综复杂的各种动力因子和边界条件中抓住主要矛盾并"放弃"一些次要因子，但必须深刻了解这种"放弃"可能产生的后果。

遵循前辈们的教导，几十年来在近海工程动力泥沙运动的基本规律方面一直进行不倦的学习、工作和探索，积极参与近海工程科研工作实践，先后主持负责完成厦门港、洋山深水港、唐山港等国内大型港口建设的可行性研究；负责完成的科研任务达 100 余项；还对我国海岸和海岛进行了大范围的现场实地考察、踏勘和调查。

在此期间，结合科研工作实践和体会，撰写了不同岸滩条件下海岸工程的动力特性及相应的泥沙运动规律方面的一些研究论文。这些论文可以大体分为淤泥质海岸工程条件和沙质海岸工程条件两大部分，并将部分论文整理汇编成书。

本书主要涉及淤泥质海岸工程动力泥沙运动的有关问题，内容包括：

根据环形水槽试验结果推导细颗粒黏性泥沙在海洋环境下絮团的动水沉降率，并据此进一步探讨模拟悬沙沉降的相似率和模型沙的选择规律。

根据大量海洋工程实践经验，将海岛水域潮流特点进行归纳分类，同时分析泥沙回淤特点及建设海洋工程时可能存在的问题，探讨整治措施的原则和方法等。

探讨不同边界条件下（开敞或半封闭海域）黏性细颗粒泥沙的回淤规律。

在物理模型试验方法方面，针对不同的边界条件和水文泥沙特点，采用不同的模型设计和试验手段，如在解决四周为水域的洋山深水港问题时，采用了四周为明渠并辅以可逆双吸泵的模型布置。在厦门港物理模型设计时，针对当地强潮和较长开边界条件，采用了不同高度三尾门同步生潮系统。

书中列举了和上述内容有关的工程实例。

在此要感谢课题组佘小建、崔峥、毛宁、张磊等，近 20 年来在进行与本书论文有关的试验研究过程中和有关资料的收集整理分析时给予的大量帮助和支持。还要感谢尹谈铃对本书中大量图片的精心绘制和加工。

本书的出版得到南京水利科学研究院出版基金的资助，谨此表示衷心感谢！

徐　啸

2019 年 10 月

目　录

第三部分
淤泥质海岸动力及泥沙运动实例研究——厦门湾

第一部分

淤泥质海岸动力及泥沙运动机理研究

细颗粒黏性泥沙沉降率的探讨

摘　要：本文基于近年来国内外在环形水槽中进行的细颗粒泥沙沉降试验成果，提出了计算沉降率的关系式，其计算值与试验资料较为吻合。对计算式中所列的平衡浓度、沉降概率以及絮凝沉速等分别加以讨论、分析，还提出了相应的估算方法。

关键词：细颗粒黏性泥沙；环形水槽试验成果；絮凝沉速；沉降概率

1　前言

在研究淤泥质海岸港口、航道泥沙回淤和疏浚等问题时，一个亟待解决的基本课题是，黏性细颗粒泥沙的沉降规律。由于细颗粒泥沙的絮凝特性导致其与粗沙沉降规律有很大差别。而影响絮凝的因素有水动力条件（紊动强度）、泥沙颗粒特性、流体及颗粒的物理化学特性（盐度、温度、矿物成分、阳离子交换能力等）以及水体含沙浓度等。因此，一些描述粗颗粒沙沉降特征的方法已不再适用于黏性细颗粒泥沙。

Krone[1]较早开展这方面的试验研究工作，用旧金山湾淤泥在长 31 m 的循环水槽中进行了沉降试验，并提出细颗粒泥沙沉降率的经验关系式

$$\frac{\mathrm{d}m}{\mathrm{d}t} = - P_d W_s C \tag{1}$$

式中：m 为在单位面积上沉降的泥沙质量（$\mathrm{kg/m^2}$）；P_d 为沉降概率；W_s 为静水絮凝沉速；C 为水体含沙浓度。Krone 发现，当水流强度较小时，沉降概率可表示为

$$P_d = 1 - \frac{\tau_b}{\tau_{cd}} \tag{2}$$

式中：τ_b 为床面摩阻切应力；τ_{cd} 为临界沉降切应力，仅当 $\tau_b < \tau_{cd}$ 时，泥沙才能沉降到床面。

由于式（1）和式（2）形式简单，物理意义较清楚，因此被引用较多。但随着研究工作的深入，发现 Krone 的成果有其局限性。因细颗粒泥沙沉降过程相当缓慢，几十米长的水槽无法深入研究这一缓慢的过程，此外循环水泵对细颗粒絮凝结构必然起扰动作用，含沙水运动实际上是不连续的，由此得到的结论和经验关系的适用范围比较有限。

为此，美国麻省理工学院和佛罗里达大学[2,3]先后设计建成环形水槽。应用环形水槽研究黏性细颗粒泥沙有以下优点：①较好地模拟在无限长水槽中细颗粒泥沙沉降过程，能满足细颗粒泥沙絮凝所需的时间和沉降距离；②因无进出口及回水系统装置，不

会破坏泥沙的絮凝沉降状态，故可始终保持稳定均匀流动力条件。当然，由于环形水槽存在曲率，其外侧壅水，易于产生横向环流。为克服这一缺点，后来又设计成双环形水槽，即通过上、下盘适当的相向速度比，将横向环流控制到较小程度，形成比较均匀的流场，使断面上淤积比较均匀[4,5]。显然，用环形水槽研究细颗粒泥沙沉降机理要比有限长直水槽更合理，一些在直水槽中无法观测到的特性能在环形水槽中揭示出来，其中最重要的是，细颗粒泥沙沉降过程中两个参数：平衡浓度 C_{eq} 和特征沉降最小切应力 $(\tau_b)_{min}$，使人们对细颗粒泥沙沉降机理有了更深刻的认识。其后，在许多国家相继建成更加精密的类似水槽，进行了广泛的试验研究，我国自 20 世纪 80 年代以来，已建成 4个这样的水槽，并取得一系列成果。

本文拟应用近年来在细颗粒泥沙沉降方面取得的研究成果，探讨更为合理而又切实可用的细颗粒泥沙沉降率计算的关系式，并适当地讨论某些基本参数的物理意义和确定这些参数的方法。

2　黏性细颗粒泥沙沉降率问题

2.1　沉降率

如前所述，由 Krone 提出的式（1）和式（2）有一定局限性。首先，根据目前有关的一些资料可知，临界沉降切应力 τ_{cd} 值的范围一般为 $0.04 \sim 0.1\ \text{N/m}^2$。根据 τ_{cd} 的定义，当床面摩阻切应力 $\tau_b \geqslant 0.04 \sim 0.1\ \text{N/m}^2$ 时，就不会发生沉降现象。但循环水槽试验表明，发生泥沙沉降的动力条件范围相当大，甚至在 $\tau_b > 1.0\ \text{N/m}^2$ 时，仍然有泥沙沉降。最近，Mehta[6] 根据试验资料定义：当 $C_{eq}/C_0 = 0.95$ 时的水流床面切应力为不淤临界切应力 τ_{bm}（表1），τ_{bm} 一般为 $1.5\ \text{N/m}^2$ 左右，要比 τ_{cd} 大得多。目前所用的 τ_{cd} 只是一个经验常数，且没有明确的物理意义，只是当 τ_b 比较小时，可用来近似估算沉降率。其次，由于未能观测到 C_{eq} 和 $(\tau_b)_{min}$ 这两个重要特征量，式（1）中也就未考虑这两个参数的作用。

表1　$(\tau_b)_{min}$ 和 τ_{bm}

泥 沙 种 类	$(\tau_b)_{min}$（N/m^2）	τ_{bm}（N/m^2）
高岭土	0.15	1.4
旧金山湾淤泥	0.10	1.7
马拉凯湾淤泥	0.08	1.6

由图1可以看出，在一般情况下，由于存在平衡浓度 C_{eq}，整个沉降过程中泥沙浓度的变化范围是从 C_0 到 C_{eq}，任意时刻细颗粒泥沙沉降率为

$$\frac{\mathrm{d}m}{\mathrm{d}t} = -W_m(C - C_{eq}) \qquad (3)$$

式中：C 为任意时刻含沙浓度；C_{eq} 为一定动力条件下初始浓度为 C_0 的水体平衡含沙浓度；W_m 为动水絮凝沉速。

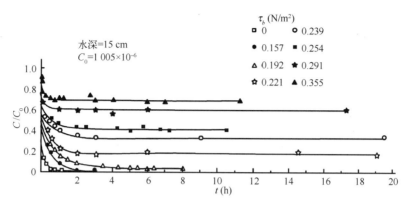

图 1 典型的细颗粒黏性泥沙悬沙浓度与时间关系曲线[3]

在河口海岸区，由于絮凝作用，水体中细颗粒泥沙主要以絮团状态存在。悬浮细颗粒泥沙的凝聚程度（即团粒的大小及密度），取决于颗粒间的相互碰撞和黏合条件，即取决于紊动强度、颗粒特性、含沙浓度、盐度和温度等，而紊动强度和含沙浓度则是其中的主要因素。如以 u' 表示脉动速度，则动水絮凝沉速 W_m 可近似为

$$W_m = f(u',\ C) \tag{4}$$

有关动水絮凝沉速的研究目前还处于起步阶段，迄今还没有比较成熟的理论及表达式。从理论和试验都可知，W_m 一般均小于静水絮凝沉速 W_s，且随水流强度减弱而增大，其上限为 W_s。试验表明，在给定的盐度等条件下，W_s 主要受控于水体含沙浓度 C，即

$$W_s = f(C) \tag{5}$$

故

$$W_m = f(u')\ W_s\ (C) = P'_d W_s \tag{6}$$

这样处理可使问题简化。

则

$$\frac{\mathrm{d}m}{\mathrm{d}t} = -P'_d W_s\ (C - C_{eq}) \tag{7}$$

式（7）与式（1）相似，特别是当 $\tau_b < (\tau_b)_{min}$ 时，$C_{eq} = 0$，两者完全一致。但式（7）比式（1）更具有普遍性。

W_m 不是 Stockes 意义上的沉速，而是表观动水絮凝沉速。在动水条件下，主要研究水体中团粒群体的沉降规律，对于某种浓度的含沙水体，紊动强度越大，可能沉降到床面上的颗粒越少，仅那些尺度足够大的团粒才可能沉降到床面上，表现为水体的总体沉降作用越弱，相应其表观沉速越小。反之亦然。基于以上现象，故可将式（6）中的 P'_d 理解为一定浓度的含沙水体，在各种水流动力水平下絮凝群体沉降的可能性。可称 P'_d 为动水沉降概率，并用 P_d 表示：

$$\frac{\mathrm{d}m}{\mathrm{d}t} = -P_d\ W_s(C - C_{eq}) \tag{8}$$

在运用式（8）计算细颗粒泥沙沉降率之前，需先确定参数 C_{eq}、P_d 及 W_s。

2.2 平衡浓度

运用基于粗颗粒泥沙输移现象而获得的挟沙能力概念，往往无法解释细颗粒泥沙运动中的许多现象，用一般挟沙能力关系式估算细颗粒泥沙的冲淤也常常不理想。但由于对细颗粒泥沙的运动机理尚不清楚，在找不到更好的方法和模式情况下，还不得不勉强借用粗颗粒泥沙挟沙能力概念和某些关系式。

近年来试验表明，在纯淤积条件下，对应于一定水流条件（稳定流或准稳定流）和一定的初始含沙浓度 C_0，经过相当长的时间后，水体含沙浓度将趋于某一定值——平衡浓度 C_{eq}。由图 2 及图 3 可知：

$$\frac{C_{eq}}{C_0} = f(\tau_b) \tag{9}$$

或

$$C_{eq} = C_0 f(\tau_b) \tag{10}$$

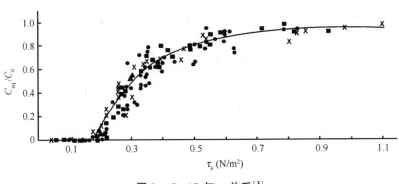

图 2　C_{eq}/C_0 与 τ_b 关系[3]

如将平衡浓度 C_{eq} 看成是沉降条件下的挟沙能力 C_* 也未尝不可，但应认识到 C_{eq} 与 C_* 有以下两点差别：

（1）C_{eq} 仅仅是细颗粒泥沙纯沉降条件下的特性，冲刷时尚未观测到类似特性，这与通常的挟沙能力概念不同；

（2）C_* 主要取决于水流动力条件（u_* 或 τ_b）及泥沙颗粒特性（中值粒径 d_{50} 或沉速 W）；而 C_{eq} 则主要与水流强度及初始含沙浓度有关，与单颗粒泥沙特性无明显关系。

尽管已有相当多的试验证明 C_{eq} 的存在，但迄今关于 C_{eq} 的物理含义还没有比较好的解释。笔者初步认为，对于黏性细颗粒泥沙的含沙水体，相应于一定的水动力强度，细颗粒凝聚成具有一定级配比例的团粒体，这一级配比例与初始浓度无关，仅与水流紊动强度有关：

（1）当 $\tau_b > \tau_{bm}$ 时，表示水流所具有的紊动能量水平，超过含沙水体中最大絮团保持悬浮状态所需的能量，这时 $C_{eq} = C_0$；

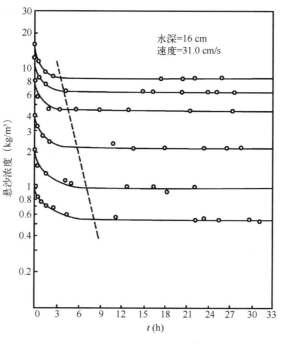

图3 悬沙浓度变化过程

（2）当 $\tau_b < (\tau_b)_{\min}$ 时，表示水流的紊动能量水平已不足以支持最小絮团维持悬浮状态，最终所有泥沙都将沉降，即 $C_{eq} = 0$；

（3）当 $\tau_{bm} > \tau_b > (\tau_b)_{\min}$ 时，相应于一定水流动力强度水体中絮凝团粒呈一定的级配比例，其中，只有那些颗粒尺度较小的部分才能维持悬浮状态，因此，不管初始浓度如何，最终将保持一定的悬浮比例 C_{eq}/C_0。由于缺乏动力条件下絮凝团粒级配方面资料，还无法用试验资料直接验证以上观点的正确性，有待于今后进一步探讨研究。图4为上述三种情况的示意图。

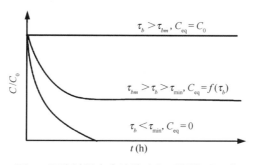

图4 沉降过程中含沙浓度和时间关系示意

在重新分析环形水槽中进行的试验资料之后，得

$$\frac{C_{eq}}{C_0} = 1 - e^{-\alpha[\tau_b - (\tau_b)_{min}]} \tag{11}$$

当 $\tau_b \leqslant (\tau_b)_{min}$ 时，$C_{eq} = 0$；

当 $\tau_b \geqslant \tau_{bm}$ 时，$C_{eq} = C_0$。

其中，α 主要与泥沙性质有关，根据佛罗里达大学和河海大学环形水槽部分资料分析，$\alpha = 0.4 \sim 0.7$。图 5 为式（11）的计算结果与试验资料之比较。

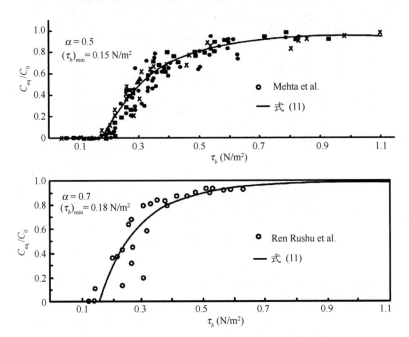

图 5　平衡浓度计算式（11）与试验资料之比较

2.3　特征沉降切力

当 $\tau_b \leqslant (\tau_b)_{min}$ 时，$C_{eq} = 0$，故 $(\tau_b)_{min}$ 是反映某种泥沙絮凝群体中最小尺度团粒的特性。Ren Rushu 等[7]认为，盐度对 $(\tau_b)_{min}$ 的影响不大。高岭土的 $(\tau_b)_{min}$ 为 $0.15 \sim 0.18$ N/m^2，长江口淤泥的 $(\tau_b)_{min}$ 为 $0.072 \sim 0.09$ N/m^2，与表 1 所列值是一致的。

需要指出，$(\tau_b)_{min}$ 和式（2）中的 τ_{cd} 两者物理意义不同，不能混为一谈。

2.4　沉降概率

沉降概率 P_d 主要反映水流紊动强度对絮凝群体沉降过程的影响，即在一定的含沙浓度（相应有静水絮凝沉速 W_s）和一定的絮凝体级配比例（C_{eq}/C_0）条件下，紊动强度和表观动水沉速之间的关系。

事实表明，在研究紊动对动水沉速影响时，用传统的力矢量指标来表述具有随机性和猝发性的紊动对细颗粒泥沙的作用已不理想，相对来讲，用能量（或功率）指标更为合理。

可以认为，絮团为克服重力作用、保持悬浮状态所需要的能量主要由水流紊动场提供，如絮团粒以沉速 W_s 沉降，其具有的惯性能量为 $(\rho_f-\rho)W_s^2$（ρ_f 为絮团的密度）。水流垂直方向脉动速度为 u'，则可用 $\rho u'^2$ 来表征脉动场的能量水平。若要保持絮团悬浮状态，则水流紊动场具有的能量水平需与泥沙的惯性动能水平相适应，即仅当 $\rho u'^2 \geqslant (\rho_f-\rho)W_s^2$ 时，絮团才可能保持悬浮状态；而当 $\rho u'^2 < (\rho_f-\rho)W_s^2$ 时，则絮团可能沉降到床面。

由紊动理论可知[3,8]，在紊流场中 u' 的分布可近似为正态分布。从理论上讲，N-S 方程是非线性的，而实际剪切紊流却近似正态分布，所以，作正态分布处理可使问题大为简化。水流垂向脉动速度的分布符合：

$$\frac{1}{\sqrt{2\pi}\sigma}\int_{-\infty}^{\infty} e^{-0.5(u'/\sigma)^2}\,\mathrm{d}(u') = 1 \tag{12}$$

速度 u' 的均方差为

$$\sigma^2 = \overline{u'^2} \tag{13}$$

它反映了紊动场的能量水平。如前所述，仅当 $\rho u'^2 \leqslant (\rho_f-\rho)W_s^2$，或 $|u'| \leqslant |\beta W_s|$ 时，泥沙才可能沉降到床面，此时的沉降概率分布为

$$P_d = P_d(\beta W_s > u' > -\beta W_s) = 2\phi\left(\frac{\beta W_s}{\sigma}\right) - 1 \tag{14}$$

式中：$\beta = \sqrt{\dfrac{\gamma_f-\gamma}{\gamma}}$，$\gamma_f$ 为沉降单元容重，$\gamma_f = \rho_f g$；$\phi\left(\dfrac{\beta W_s}{\sigma}\right)$ 可按概率积分公式进行数值计算，也可查表 2。

表 2 $\phi\left(\dfrac{\beta W_s}{\sigma}\right)$ 和 P_d

$\dfrac{\beta W_s}{\sigma}$	0	0.2	0.4	0.6	0.8	1.0	1.5	2.0	2.5	3.0
$\phi\left(\dfrac{\beta W_s}{\sigma}\right)$	0.50	0.58	0.66	0.73	0.79	0.84	0.93	0.98	0.994	0.999
P_d	0.00	0.16	0.32	0.46	0.58	0.68	0.86	0.90	0.99	1.00

蒋如琴等[9]根据实测资料分析，建议在淤泥质床面下，水流垂直脉动速度均方差为

$$\sigma = 0.033u_* \tag{15}$$

式中：u_* 为摩阻速度。

我国某港的细颗粒淤泥质泥沙中值粒径为 0.007 mm，试验得静水絮凝沉速为 0.05 cm/s，絮团容重约为 1.05 g/cm³。据此，可以算出在各种流速条件下的沉降概率（见图 6）。以前，曾有人确定该港 $u_{*cd} \approx 0.7$ cm/s，基于此值，应用式（2）和式（14）计算沉降概率（见图 6）。可见，在 u_* 较小的情况下，两者尚较接近，但随着 u_* 的增大，两者的差别也越来越大。显然，式（14）更符合实际。

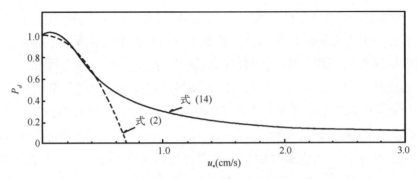

图 6   沉降概率的一个示例

2.5   静水絮凝沉速

试验表明，在一定的水、沙条件下，静水絮凝沉速 W_s 主要取决于含沙浓度 C。Krone 在沉降试验中发现，当水体含沙浓度较低（例如 $C<C_1=0.3$ kg/m³）时，W_s 接近一个常数。一般情况下，$C_1=0.1\sim0.7$ kg/m³。当浓度大于 C_1 后，随着浓度增大，颗粒的碰撞概率也增大，凝聚成更大团粒的可能性增加，导致 W_s 的增大。

在中等含沙浓度情况下，絮凝沉速的一些经验关系式有[1]

$$W_s = K_1 C^n \tag{16}$$

其中，$n=1\sim2$，平均为 4/3 左右；K_1 为经验系数。又如[10]：

$$W_s = W_{max}\left[1-\left(\frac{F-1}{F}\right)\mathrm{e}^{-KCH}\right] \tag{17}$$

及[11]：

$$W_s = W_0\mathrm{e}^{-bc} \tag{18}$$

当含沙浓度大于某一量值（例如 $C>C_2=10$ kg/m³）时，絮凝沉速 W_s 反而随含沙浓度增大而减小。在高含沙浓度条件下，絮凝沉速问题比较复杂，目前也有一些经验关系式，如 Thorn[12] 提出的：

$$W_s = W_0(1-K_2 C)^\beta \tag{19}$$

式中：W_0 为参照沉速；K_2 和 β 为经验常数。由图 7 可看出含沙浓度对絮凝沉速的显著影响[13]。

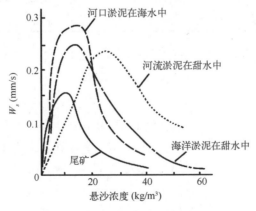

图 7   含沙浓度对絮凝沉速的影响

在淤泥质海岸、河口，一般含沙浓度均较低，可认为 W_s 接近一个常数或用式（16）确定。

3 沉降关系式的验证计算

将本文提出的细颗粒泥沙沉降率的式（8）对 Mehta 等在环形水槽中进行的部分细颗粒泥沙沉降试验资料进行分析计算。计算时，对式（8）作差分处理：

$$\frac{dC}{dt} = -\frac{P_d W_s}{h}(C - C_{eq})$$

$$\frac{C_2 - C_1}{\Delta T} = -\frac{P_d W_s}{H}\left(\frac{C_2 + C_1}{2} - C_{eq}\right)$$

$$C_2 = \left[C_1 + \left(\frac{P_d W_s \Delta T}{H}\right)(C_{eq} - C_1)\right] \Big/ \left(1 + \frac{P_d W_s \Delta T}{2H}\right)$$

式中：H 为水深；C_1 和 C_2 分别为前后两时刻的含沙浓度。C_{eq} 和 P_d 分别用式（11）和式（14）计算。

由图 8 含沙浓度随时间变化关系曲线可见，式（8）的计算值与试验资料较为吻合。

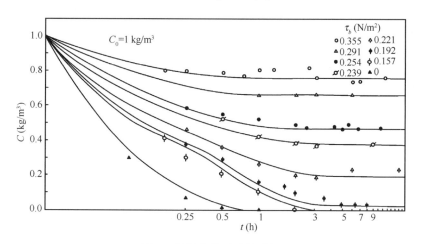

图 8 沉降率关系式的验证

4 结语

（1）基于近年国内外在环形水槽中进行的细颗粒泥沙沉降试验成果，提出了物理现象和意义更为明确的沉降率计算式。其计算值与试验资料较为吻合。

（2）平衡浓度是近年来发现的细颗粒泥沙在沉降过程中的一个重要特性。本文试图探讨 C_{eq} 的物理意义，指出 C_{eq} 与一般条件下泥沙挟沙能力 C_* 之间的差别。并依据试验结果提出计算 C_{eq} 的经验关系式。

（3）本文还阐述了细颗粒泥沙特征沉降切应力$(\tau_b)_{min}$的重要意义，提出$(\tau_b)_{min}$与τ_{cd}在物理意义上的差别。

（4）用式（2）来计算沉降概率时，适用范围小，且由于τ_{cd}的物理意义不准确，无法解释细颗粒泥沙中的一些沉降现象。为此，建议采用式（14）来计算沉降概率，其物理意义更为清晰合理。

参考文献

［1］ Krone R B. Flume Studies of the Transport of Sediment in Estuarial Shoaling Processes ［J］. University of California，1962.

［2］ Partheniades E，et al. Investigation of the Depositional Behavior of Fine Cohesive Sediments in an Annular Rotating Channel ［J］. Cambridge：Massachusetts，1966.

［3］ Mehta A J. Depositional Behavior of Cohesive Sediments ［D］. University of Florida，1973.

［4］ 蒋睢耀. 细颗粒泥沙临界不淤流速的试验研究 ［C］. 第4届全国海岸工程学术讨论会论文集，1986.

［5］ 江峰. 黏性泥沙挟沙规律与沉降规律的试验研究 ［D］. 南京：河海大学，1986.

［6］ Mehta A J. Characterization of Cohesive Sediment Properties and Transport Processes in Estuaries ［M］. Springer Verlag，1986.

［7］ Ren Rushu，Zheng Xiaochuan. Investigation on the Hydrodynamic Behavior of the Cohesive Sediment in Yangtze River Estuary ［C］. Pro. of Coastal and Port Engineering in Developing Countries，1987.

［8］ 窦国仁. 紊流力学（上册）［M］. 北京：高等教育出版社，1981.

［9］ 蒋如琴，等. 含盐浑水的淤积及其二维数值计算 ［C］. 第2届河流泥沙国际学术讨论会论文集，1983.

［10］ 黄建维，孙献清. 黏性泥沙在流动盐水中沉降特性的试验研究 ［C］. 第2届河流泥沙国际学术讨论会论文集，1983.

［11］ 宋根培. 混合沙沉降特性的试验研究 ［J］. 泥沙研究，1985.

［12］ Thorn M F C. Physical Processes of Siltation in Tidal Channel. Pro. of Hydraulic Modelling Applied Maritime Engineering Problems ［J］. ICE，London，1981.

［13］ 钱宁，万兆惠. 泥沙运动力学 ［M］. 北京：科学出版社，1983.

（本文刊于《水利水运科学研究》，1989年第4期）

淤泥质海岸河口悬沙回淤模型试验相似律探讨

摘　要：在盐水条件下，黏性细颗粒泥沙将发生絮凝，基本沉降单元不再是单颗粒泥沙，而是絮团。床面泥沙的起动悬扬特性也不同于粗颗粒泥沙，本文主要探讨模拟近海条件下淤泥质港口航道悬沙回淤模型试验相似规律。根据细颗粒泥沙动水条件下絮凝沉降特点，提出需要满足的相似条件和相似关系，并将之用于厦门港等物理模型，取得较好效果。

关键词：黏性泥沙；悬沙回淤；海岸河口；相似律

1　前言

我国 18 000 km 的海岸线中，淤泥质海岸占 4 000 km 以上，淤泥质海岸岸滩平缓（坡度为 1/500~1/2 000），自然水深小，滩面沉积物细（粒径为 0.001~0.01 mm），在较强的水动力条件下，大量泥沙悬扬，并随潮流输移运动，在相对平静水域，由于盐水条件下细颗粒泥沙的絮凝作用，迅速落淤。落淤到床面上的泥沙抗冲能力主要取决于泥沙固结程度，落淤初期，密度很小（1.05~1.20 g/cm³），在潮流波浪作用下容易再度悬扬扩散和输移。

我国有不少重要港口位于淤泥质海岸河口，在有掩护的情况下，港内水域相对平静，形成回淤环境。由于滩宽水浅，建港要求挖槽，挖槽内的泥沙回淤强度有时是决定能否建港的关键。研究淤泥质海岸河口处泥沙输移运动具有重要现实意义。

物理模型是目前模拟和研究海岸河口泥沙运动的主要方法之一。如前所述，近海环境下，水动力条件的非恒定性和盐水时细颗粒泥沙的絮凝特性，使海岸地区泥沙运动机制与河流有较大差别。在河口，径流与潮流的相互作用、咸淡水的混合等，使问题更加复杂。要正确地复演和预演这些现象十分困难。

在 20 世纪 50 年代，天津大学曾做过塘沽新港小模型，初步探讨了悬沙运动模型律。60 年代后，内河悬沙模型试验的实践和理论为开展海岸河口悬沙模型提供了经验。70 年代以来，我国先后建立近海地区潮汐水流悬沙模型十余个（表1），这些试验大部分都是借鉴内河悬沙模型试验相似理论和方法。事实上，即使在内河条件下泥沙运动的机制也没有完全掌握，一些重要的相似准则还是建立在经验或半经验基础上。将这些相似关系搬用到海洋条件，有时会产生较大的相似偏差。因此，基于近海动力和泥沙特点，探讨正确模拟海岸河口地区细颗粒泥沙运动的方法和相似律，也具有重要的理论意义。

表 1　我国部分潮汐悬沙模型

模型名称	研究单位	天然沙 d_{50}（mm）	模型沙			主要比尺						备注
			类型	d_{50}（mm）	W（cm/s）	λ_L	λ_h	λ_W	λ_{r0}	λ_C	λ_{t2}	
长江口海门江心沙北泓	南京水利科学研究院华东水利学院	0.007~0.045	木粉	0.200	0.340	500	50	1.55	3.33	1.66	—	1973 年
镇江港整治模型	华东水利学院	0.027	木粉	0.127	0.118	500	70	1.16	2.46	60.0	240	1975 年
射阳河闸下裁湾	南京水利科学研究院	0.029	木粉	0.070	0.039	500	100	2.00	2.32~2.60	1.29	208~295	浑水动床 1973—1976 年
甬江口	浙江水利河口研究所	底沙 0.015~0.017	塑料沙	0.100	0.017	350	50	1.00	0.96	0.15	632	1977 年
钱塘江富阳—海宁河段	浙江水利河口研究所		塑料沙	0.210	—	1500	100	—	—	—	—	1973—1978 年
南通挖入式港池	南京水利科学研究院	0.007	电木粉	0.020	0.001	200	100	5.00	1.75	0.56	60	1987 年
锦州港	南京水利科学研究院	0.006	电木粉	0.020~0.035	—	800	100	1.25	1.40	0.50	240	1988 年
连云港	南京水利科学研究院	0.004	木粉	0.051	0.026	500	60	0.95	1.49	0.20	398	1988 年
灌河口外航道	河海大学	底沙 0.010	电木粉	0.038	0.035	1000	100	1.03	1.24	0.40	260	1990 年
秦山取水口（整体）	浙江水利河口研究所	0.020~0.040	木粉	0.120 干 0.270 湿	0.190	1500	100	0.65	1.73	0.30	866	1990 年 浑水动床
秦山取水口（局部）	浙江水利河口研究所	0.033	电木粉	0.038	0.028	500	120	2.63	2.20	0.45	210	1990 年
上海外高桥港池	南京水利科学研究院	0.013	电木粉	0.018	—	600	120	2.25	2.33	0.54	237	1991 年
厦门港	南京水利科学研究院	0.004	木粉	0.051	—	550	60	0.87	1.49	0.36	283	1989—1992 年

1.1　淤泥质海岸河口细颗粒泥沙运动特性

黏性细颗粒泥沙沉降特性和冲刷特性与无黏性泥沙有很大差别，在模拟泥沙运动时必须考虑这些特性所起的作用。

1.1.1　黏性细颗粒悬沙沉降特性

黏性细颗粒泥沙在盐水条件下将发生絮凝，基本沉降单元不再是单颗粒泥沙而是絮团。絮团沉速远大于单颗粒。如泥沙颗粒粒径为 0.003 mm，其静水沉速仅为0.000 5 cm/s（15℃），而在一般海水条件下，絮团沉速可达 0.05 cm/s 左右[1]，即沉速增加 100 倍。显然，在模拟悬沙沉降时应以絮团作为模拟对象。

1.1.2　絮团的沉速

试验表明，当含沙浓度不太大时，絮团静水沉速随含沙浓度增大而增大，图 1 中实测沉速分布实质上反映絮团粒径分布，絮团粒径分布的均匀性要远高于单颗粒泥沙。研究还表明，由于絮团粒径范围较小，相应沉速范围也较小，一般 0.015～0.06 cm/s，相当于粒径 0.015～0.03 mm 的单颗粒泥沙沉速。由于絮团容重很小，其实际尺度要远大于上述单颗粒泥沙粒径。

近 10 年，我国曾进行一些紊动水流条件下絮凝沉降试验，取得许多有价值的成果。絮团动水沉速是甚为复杂的问题，影响因素颇多，如水流紊动强度、含沙浓度、盐度、温度、泥沙和水质的物理化学性质等，在近海条件下水流紊动强度和含沙浓度是其中较重要因素，笔者在文献［2］中通过分析，导得动水沉速表达式：

$$W_m = P_d W_s \tag{1}$$

式中：W_s 为絮团静水沉速；P_d 为沉降概率。

$$P_d = 2\phi\left(\frac{\beta W_s}{\sigma}\right) - 1 \tag{2}$$

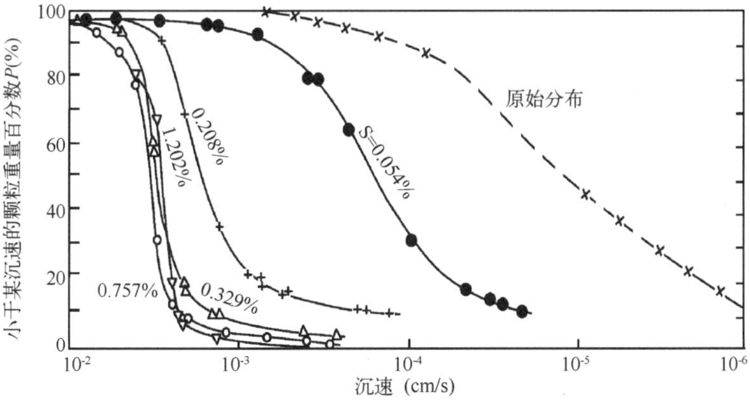

图 1　絮团沉速随浓度的变化[3]

式中：ϕ 为概率函数；$\beta = \sqrt{\dfrac{\gamma_f - \gamma}{\gamma}}$，$\gamma_f$ 为沉降单元容重；$\sigma = 0.033\, u_*$。

1.1.3　絮团粒径和容重

如前所述，絮团容重较小，粒径较大。絮团结构松散脆弱，极易破坏，取样困难，加上絮团本身是由雪片状的絮粒、内部封闭水及表层束缚水构成的一个整体，与水几乎不可分，采用直接测量法极为困难。杨美卿应用黄河花园口淤泥（$d_{50}=0.003\ 1$ mm）进行试验，确定絮团中封闭水含量 96%，亦即絮团容重为 1.056 g/m³左右[4]，此结论与夏震寰教授分析结果一致[3]，与 Krone 给出的旧金山湾淤泥絮团容重量值（1.03~1.07 g/cm³）也大致相同[5]。但絮团容重和尺度显然与单颗粒泥沙尺度有关。研究表明，随着单颗粒泥沙粒径增大，絮凝程度逐渐降低，絮团尺度减小而容重增大。当泥沙粒径大于 0.015~0.03 mm时，几乎不再发生絮凝。因此絮团粒径可以 0.015~0.03 mm 为下限。

目前，关于天然条件下絮团沉降特性资料十分缺乏，在近海河口水动力条件下情况更为复杂。许多现象还需作更深入的研究工作。

1.1.4 黏性细颗粒泥沙的沉降率

Krone 通过水槽实验，提出细颗粒泥沙沉降率关系式[5]

$$\left(\frac{\mathrm{d}m}{\mathrm{d}t}\right)_d = -P_d\,W_s\,C$$

式中：$P_d = (1-\tau_b/\tau_{cd})$；$\tau_{cd}$ 为泥沙淤积临界摩阻切应力；τ_b 为床面切应力。

近年环形水槽试验揭示出细颗粒泥沙在沉降过程中存在平衡浓度 C_{eq}（图 2），整个沉降过程中含沙浓度的变化过程从 C_0 到 C_{eq}。其沉降率可表示为

$$S_d = \left(\frac{\mathrm{d}m}{\mathrm{d}t}\right)_d = -W_s(C - C_{eq})$$

由前面式（1）可得：

$$S_d = -P_d\,W_s(C - C_{eq}) \tag{3}$$

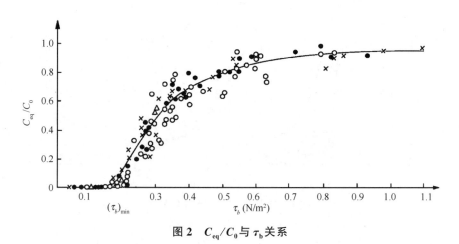

图 2　C_{eq}/C_0 与 τ_b 关系

笔者在文献［2］讨论了平衡浓度 C_{eq} 的物理意义，认为可将平衡浓度 C_{eq} 看成是沉降条件下的挟沙能力 C_*，但 C_{eq} 与 C_* 有以下两点差别：①C_{eq} 仅是细颗粒泥沙在沉降条件下的特性，冲刷时尚未观测到类似特性，这与通常意义上的挟沙能力概念不同。②C_* 主要取

决于水流动力条件（u_*）及泥沙颗粒特性（W），即 $C_* = f(u_*, W)$，而 C_{eq} 则主要与水流强度及初始含沙浓度有关：$C_{eq} = C_0 \cdot f(u_*)$，而与泥沙特性无明显关系。

1.2 细颗粒泥沙的起动、悬扬和冲刷率

1.2.1 泥沙的起动悬扬

无黏性泥沙，无论悬沙还是底沙，其稳定力均为重力（体力）；而细颗粒床面泥沙起动机制与粗颗粒不同，随着颗粒变细，颗粒的面力（黏结力）作用逐渐超过体力（重力）。床面黏性细颗粒泥沙的起动悬扬主要取决于床面泥沙的固结程度及泥沙和水的物理化学特性。沉积于床面的泥沙由于固结作用，其密实程度不仅是时变的，而且在空间分布上也不均匀。细颗粒泥沙床面临界冲刷条件实质上即为其起动悬扬条件。20 世纪 60 年代以来，国内外已对细颗粒泥沙起动悬扬条件进行了不少研究工作，根据实验室和现场研究，一般认为泥沙临界冲刷切应力为

$$\tau_c = nC^k \tag{4}$$

式中：C 为床面泥沙含沙量，与湿容重关系为 $\gamma_m = \gamma + (1 - \gamma/\gamma_S) \cdot C$，指数 $k = 2.2 \sim 3.23$，系数 n 随泥质特性变化幅度较大，$n = 8.65 \times 10^{-10} \sim 1.297 \times 10^{-6}$。

1.2.2 床面泥沙冲刷率

通过水槽试验研究，已得到不少计算淤泥冲刷率的关系式。对于人工铺设比较均匀的床面泥沙，多采用：

$$S_e = \left(\frac{dm}{dt}\right)_e = M\left(\frac{\tau_b - \tau_c}{\tau_c}\right) \tag{5}$$

式中：S_e 为冲刷率；M 为与床面泥沙特性及固结程度有关的经验系数，其量值范围变化较大，一般需通过试验来确定。

实际床面在垂直分布上是不均匀的，其抗冲临界切应力 τ_c 随深度的增加而逐渐加大，这时冲刷率计算式一般为深度的函数。目前已有一些经验关系式，由于式中往往有难以确定的参数，一般无法用于实际。

2 悬沙回淤模型相似律

2.1 控制方程

海岸河口区域，水平方向几何尺度及运动尺度均远大于垂直方向，一般可概化为二维问题处理。取单位床面面积上水柱体为控制体，可得二维输沙对流扩散方程：

$$\frac{\partial(HC)}{\partial t} + u\frac{\partial(HC)}{\partial x} + v\frac{\partial(HC)}{\partial y} = \frac{\partial}{\partial x}\left(HD_x\frac{\partial C}{\partial x}\right) + \frac{\partial}{\partial y}\left(HD_y\frac{\partial C}{\partial y}\right) + S \tag{6}$$

式中：$H = \eta + h$，η 为水位，h 为水深；D 为有效紊动扩散张量；S 为水柱体源/汇项，包括

人工取、抛沙，河流输沙及床面与水柱体之间的泥沙交换。一般可不考虑前两项，即 $S = S_d + S_e$，S_d 和 S_e 为单位面积床面回淤率和冲刷率，考虑到天然条件下床面冲淤过程应和潮汐一样呈周期性变化，在以回淤为主的情况下，冲刷过程即为憩流期间新落淤到床面上泥沙中的一部分或全部重新悬扬过程，由于潮汐周期较短，可将新落淤到床面上的泥沙作为均匀淤泥处理，冲刷率采用式（5），回淤率采用式（3）。

床面与水柱体之间的泥沙交换（S），即床面的冲淤必导致水深的变化，因此，还须补充边界条件，即床面变形方程：

$$\gamma_0 \frac{\partial h}{\partial t} = S \tag{7}$$

2.2 悬沙回淤相似律

由式（3）至式（7）可得以下相似关系

（A）动水沉降相似关系：$\lambda_{P_d} \lambda_{W_s} = \lambda_u \dfrac{\lambda_h}{\lambda_L}$

（B）回淤量相似关系：$\lambda_C \lambda_{t_2} = \lambda_{\gamma_0} \lambda_t$

（C）起动相似关系：$\lambda_{u_*} = \lambda_{u_{*c}}$ 或 $\lambda_u = \lambda_{u_c}$

（D）含沙浓度相似关系：$\lambda_C = \lambda_{C_{eq}}$ 或 $\lambda_C = \lambda_{C_*}$

（E）冲刷率相似关系：$\lambda_M = \dfrac{\lambda_h}{\lambda_t} \lambda_C$

事实上很难完全满足上述相似要求。首先，模型沙往往是无黏性泥沙，其沉降和冲刷规律与天然条件下黏性细颗粒泥沙有一定差别；其次，天然条件下泥沙运动的一些重要特性和规律我们还不能充分掌握，有些关系式基本上还是经验性的（如近海条件下挟沙能力 C_*）。因此需要进行优化处理，略去一些次要相似要求，保证主要物理现象的相似要求。

动水沉降相似要求必须满足。由分析可知，条件（A）不仅适用于黏性泥沙，也适用于无黏性泥沙，是具有普遍意义的相似关系。

相似关系（E）主要适用于黏性泥沙，而我们主要关心悬沙回淤问题，冲刷率相似关系目前可暂不考虑。事实上目前许多泥沙模型设计中均将冲刷率相似要求等价于沉降率相似要求，即将主控方程中的 S 用下式表示

$$S = -\alpha W(C - C_*) \tag{8}$$

并认为 $C > C_*$ 时，S 就是回淤率；$C < C_*$ 时，S 即为冲刷率。这样处理后，冲刷率相似关系与沉降率相似关系完全相同，这样做是否合理是值得商榷的。由式（8）可以看出，当 $C < C_*$ 时，"冲刷率 S" 与泥沙沉速 W 成正比关系显然有悖于常理。

起动相似关系式（C）可适当予以考虑，如前所述，原型沙与模型沙粗细不同，黏结力作用也不同，需根据适用各种条件的统一起动流速公式来导出有关相似要求，事实上这些关系式往往并不可靠。实际工作中，一般通过对原型沙和模型沙进行水槽试验以确定起

动流速比尺。

迄今悬沙模型的含沙浓度比尺 λ_c 多依据挟沙能力关系式导得。目前关于黏性细颗粒泥沙是否有挟沙能力尚有争议。但根据多年工程实践，人们认识到近海条件下风浪潮流非恒定性强。特别是风浪，带有很大的随机性，要严格确定动力与泥沙运动之间关系几乎不可能。但对确定的海域，从常年统计情况来看，往往存在着一定的水沙关系。可以用一些经验关系式来描绘。为此，我们认为在模型设计阶段可用某些经验关系式来初估含沙浓度比尺范围。但正如文献［6］所指出，挟沙能力关系式是纯经验的，并不可靠，更不严格，但床面变形方程式（7）是严格的，一般情况下只要根据相似关系式（C）调整 λ_c 与 λ_{t2}，可以保证回淤部位和回淤量相似。

3 讨论和结语

（1）本文以絮团作为基本沉降单元，导得以絮团作为模拟对象的悬沙沉降相似关系。我们曾经应用文中各相似关系式设计了连云港悬沙模型[7]和厦门港悬沙模型，实践证明，应用本文提出的细颗粒泥沙沉降模式及相应的相似关系，模拟海岸河口细颗粒泥沙运动是可行的、也是合理的。

（2）本文涉及的一些细颗粒泥沙特性，如絮团静水沉速和动水沉速等，由于影响因素多，有些还涉及复杂的物理化学作用过程，目前研究成果十分有限，文中所作的概化处理尚待今后更多资料来印证和完善。

（3）由于天然条件下黏性细颗粒泥沙运动特性与模型沙有较大差别，要运用模型沙精确复演天然条件下泥沙冲淤现象是困难的，为了尽可能正确地复演和预演天然条件，一是要抓住主要矛盾，二是在试验方法上多加改进。目前常用的模型沙是电木粉和木粉，我们还应设法寻找其他价廉适用的模型沙，天然淤泥能否作为模型沙也需作进一步的论证。

参考文献

［1］黄建维. 黏性泥沙在静水中沉降特性的试验研究［J］. 泥沙研究，1981（2）.

［2］徐啸. 细颗粒黏性泥沙沉降率的探讨［R］. 水利水运科学研究，1989（4）.

［3］钱宁. 高含沙水流运动［M］. 北京：清华大学出版社，1989：30-31.

［4］杨美卿. 细泥沙絮凝的微观结构［J］. 泥沙研究，1986（3）.

［5］Krone R B. Flume Studies of the Transport of Sediment in Estuarial Shoaling Processes［D］. University of california，1962.

［6］武汉水利电力学院. 河流泥沙工程学［M］. 北京：水利电力出版社，1983：230.

［7］徐啸. 淤泥质海岸半封闭港池回淤规律初步研究［J］. 泥沙研究，1993（1）.

（本文刊于《河海大学学报》，1994 年第 1 期）

近海航槽的回淤率计算

摘　要：本文应用黏性细颗粒泥沙近年试验成果，对近海动力条件进行适当概化，由输沙连续方程导得以悬沙落淤为主的航槽回淤率计算关系式。通过连云港、赤湾港等航道港池实测资料验证，说明本文提出的计算模式可用来预报近海航槽的回淤率。

关键词：近海航槽；黏性泥沙；悬沙回淤计算

在近海动力环境下挖槽（航道或港池）回淤计算目前基本上还处于探讨阶段。常用的方法是现场观测资料分析及在此基础上采用某些经验关系式进行预报计算（如刘家驹关系式[1]）。这主要是由于近海动力环境复杂，概化处理困难，尤其细颗粒黏性泥沙运动规律迄今还不是很清楚，要用比较严密的数学方法来解决这一问题十分困难。尽管如此，近年仍然有不少学者进行不懈的探索研究，对一些问题的认识也在逐渐深化。

我们基于近年细颗粒泥沙沉降试验的成果，已探讨了恒定流条件下黏性细颗粒泥沙沉降率的计算问题[2]。近海动力条件比较复杂，一般不属于恒定流，但在某些特定情况下，根据以往的经验，可作适当地概化，使之基本上符合准恒定流条件，进而可以利用这些成果。这也是目前处理泥沙问题常用的方法。下面即探讨近海淤泥质浅滩挖槽回淤率计算问题。

1　近海浅滩挖槽回淤率计算

如在原来基本上处于冲淤平衡状态的淤泥质浅滩上开挖航槽，可以认为，航槽内一般处于淤积状态。因颗粒较细，泥沙输移主要形式是悬移。考虑到航槽水平尺度（L）一般远大于垂直尺度（H），可将航槽断面概化，如图 1 所示。图中 H 为水深；u 为 x 方向沿水深平均流速；C 为沿水深平均含沙浓度；下标 1 表示浅滩，下标 2 表示航槽。取单位长 $\mathrm{d}x$ 水柱体进行分析，可得以下输沙连续方程：

$$\frac{\partial(CH)}{\partial t} + \frac{\partial(CHu)}{\partial x} = \frac{\partial}{\partial x}\left(HK_x\frac{\partial C}{\partial x}\right) + R(x) \tag{1}$$

式中：K_x 为沿水流方向悬沙扩散系数；$R(x)$ 为单位水柱体内泥沙的增率（源/汇）。

要得到式（1）的精确解很困难，如做某些合理简化，可设法得到符合一定精度要求的近似解。

在近海区输移细颗粒泥沙的主要动力是潮流，它是非恒定流，但如用半潮平均值建立

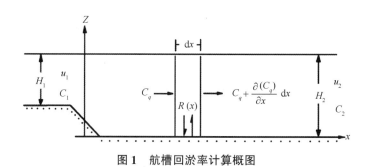

图 1　航槽回淤率计算概图

的一些经验关系来估算输沙规律，不但可将复杂的问题简单化，而且基本上能较好地反映实际情况并解决生产实际问题。

下面即针对半潮平均情况进行分析。此时航槽两侧浅滩上平均水深为 H_1，流速为 u_1（均为半潮平均值，下同），含沙浓度为 C_1，潮流从浅滩通过航槽时，由于过水断面加大，流速变小，紊动强度减弱，造成淤积环境，假设纵向扩散形成的质量输运远小于水流对流质量输运，即 $u\dfrac{\partial C}{\partial x}\gg K_x\dfrac{\partial^2 C}{\partial x^2}$，这可从单位宽度上两者的质量通量之比值 M 来估计：

$$M = \frac{HK_x\dfrac{\partial C}{\partial x}}{CHu} = \frac{K_x}{u}\frac{\partial}{\partial x}(\ln C) \tag{2}$$

一般 $M<10^{-4}$，说明扩散项质量输运对计算结果精度影响不大，可忽略不计。因航槽内处于以淤积为主的状态，单位时间内进出单位水柱体 $\mathrm{d}x$ 的泥沙增率 $R(x)$ 主要是回淤到航槽内的泥沙。笔者基于近年关于黏性细颗粒泥沙沉降试验成果，提出计算细颗粒泥沙沉降率关系式[2]：

$$\frac{\mathrm{d}m_1}{\mathrm{d}t} = -P_d W_s(C - C_{eq}) \tag{3}$$

式中：P_d 为沉降概率；W_s 为静水絮凝沉速；C_{eq} 为细颗粒泥沙回淤平衡含沙浓度，负号表示沉降。在潮流条件下，泥沙增率 $R(x)$ 中还应考虑水流对床面的冲刷作用。细颗粒泥沙的冲刷率主要取决于床面处水流切力及床面泥沙的固结程度。在冲淤基本平衡的近海浅滩航槽内，水动力的冲刷作用主要是将已回淤到床面的泥沙中的一部分重新悬浮起来。因沿水流方向动力及床面泥沙条件相同，可近似认为冲刷率为常数 E：

$$\frac{\mathrm{d}m_2}{\mathrm{d}t} = E \tag{4}$$

则单位水柱体 $\mathrm{d}x$ 内泥沙增率 $R(x)$ 为

$$R(x) = \frac{\mathrm{d}m_1}{\mathrm{d}t} + \frac{\mathrm{d}m_2}{\mathrm{d}t} = -P_d W_s(C - C_{eq}) + E \tag{5}$$

考虑到采用半潮平均条件，水流为准恒定流，假设输沙符合恒定不均匀条件，即不随时间变化，但因泥沙的落淤，沿程含沙浓度是变化的，则式（1）可简化成

$$\frac{\partial(CHu)}{\partial x} = -P_d W_s(C - C_{eq}) + E \tag{6}$$

式中：$Hu = q$，为航槽内单宽流量，常量。在航槽有限长范围内，可以忽略沉速 W_s 的变化，沉降概率也作线性化处理，即与 x 无关，这样简化处理后式（6）中仅含沙量 C 随 x 变化：

$$\frac{\partial C}{\partial x} = -\frac{P_d W_s}{q}(C - C_{eq}) + \frac{E}{q} \tag{7}$$

由所给条件，式（7）可按常微分方程处理，即

$$\frac{dC}{dx} = -\frac{p_d W_s}{q}(C - C_{eq}) + \frac{E}{q} \tag{8}$$

或

$$\frac{dC}{C - C_{eq} - \dfrac{E}{P_d W_s}} = -\frac{P_d W_s}{q}dx \tag{9}$$

对式（9）积分并考虑边界条件可得

$$\ln\left(C - C_{eq} - \frac{E}{P_d W_s}\right) = -\frac{P_d W_s}{q}x + \ln\left(C_0 - C_{eq} - \frac{E}{P_d W_s}\right)$$

移项整理后

$$C(x) = \left(C_0 - C_{eq} - \frac{E}{P_d W_s}\right)\exp\left(-\frac{P_d W_s}{q}x\right) + \left(C_{eq} + \frac{E}{P_d W_s}\right) \tag{10}$$

式中：C_0 为航槽入口处含沙浓度。利用式（10）即可算出沿水流方向上各处含沙浓度，进而算出有关部位的回淤率或回淤量。航槽沿程上任一点的回淤率应等于此点悬沙输沙率的变化率，如以 $P(x)$ 表示 x 处回淤率，则

$$P(x) = -\frac{d(Cq)}{dx} = P_d W_s\left(C_0 - C_{eq} - \frac{E}{p_d W_s}\right)\exp\left(-\frac{P_d W_s}{q}x\right) \tag{11}$$

由式（11）可见航道内回淤率沿程按指数规律递减。在 T 时段内淤厚为

$$\Delta h(x) = \frac{P_d W_s T}{\gamma_0}\left(C_0 - C_{eq} - \frac{E}{P_d W_s}\right)\exp\left(-\frac{P_d W_s}{q}x\right) \tag{12}$$

应用式（12）可算出航槽回淤剖面。细颗粒泥沙沉速 W_s 一般很小（小于 0.000 6 m/s），当航道计算长度 L 不大时，可用式（13）近似估算整个航槽内平均淤厚：

$$\overline{\Delta h} = \frac{P_d W_s T}{\gamma_0}\left(C_0 - C_{eq} - \frac{E}{P_d W_s}\right) \tag{13}$$

但如 L 值较大，用式（13）计算结果可能偏大，可用式（14）计算：

$$\overline{\Delta h} = \frac{Tq}{\gamma_0 L}\left(C_0 - C_{eq} - \frac{E}{P_d W_s}\right)\left[1 - \exp\left(-\frac{P_d W_s}{q}L\right)\right] \tag{14}$$

式中：γ_0 为回淤到床面上的泥沙干容重。

以上各式是根据半潮平均条件，近似作准恒定流处理而得，式中与动力因素有关的参数应按半潮平均条件来取值。在充分掌握现场资料的基础上，采用适当的年平均水文泥沙

参数，借以预测航道回淤率，仍然可以获得满意的结果[3,4]。下面讨论确定各参数的方法。

2 主要参数的确定

2.1 含沙浓度 C_0

C_0 是挟沙水流进入航槽前浅滩上的含沙浓度，用以近似作为航槽起始点含沙浓度。"风浪掀沙、潮流挟沙"是淤泥质海岸泥沙运动特点，大风天碎波区含沙浓度可达每立方米几千克，由潮流输运形成大片浊水；无风天含沙浓度每立方米仅几十克。对于不同的季节或不同的计算时段应取不同的 C_0 值。为确定代表性较好的年平均值，应尽可能收集较长时段的现场实测水文泥沙资料，用以综合分析确定较合理的 C_0 值。

我国塘沽新港、连云港等淤泥质海岸港口为解决回淤问题，积累了大量宝贵资料，在此基础上建立了一些估算 C_0 值的经验关系式，例如连云港地区有[1]

$$C_0 = K \frac{(|U_T| + |U_W|)^2}{g H_1} \tag{15}$$

式中：K 为与当地水沙条件有关的经验常数；U_T、U_W 分别为与潮流、波浪因子有关的参数。可以看出，C_0 不仅受控于波浪潮流等动力条件，还与水深成反比，特别在碎波点外，含沙浓度随水深增大而减小。图 2 为连云港沿岸海域年平均含沙量随水深变化情况[3]。

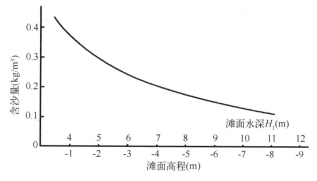

图 2　连云港地区浅滩高程与含沙量关系

2.2 沉降概率 P_d

在文献［2］中笔者已由紊动力学理论导得：

$$P_d = 2\phi\left(\frac{\beta W_s}{\sigma}\right) - 1 \tag{16}$$

式中：$\phi\left(\dfrac{\beta W_s}{\sigma}\right)$ 为概率函数；σ 为垂直脉动速度均方差，$\sigma \approx 0.033\, u_*$，$u_*$ 为摩阻速度；$\beta =$

$\sqrt{\dfrac{\gamma_f - \gamma}{\gamma}}$，$\gamma_f$ 为细颗粒泥沙絮团容重。

在近海区动力情况复杂，航槽内紊动强度（用 u_* 表征）应视具体情况而定。如计算时段短，则应根据此时段内动力条件变化过程来确定沉降概率。对于年平均情况，因回淤主要发生在大风天后紊动强度迅速减弱的过程中，根据经验，可由潮流条件来估算 P_d。考虑到潮流的非恒定性，其沉降概率要小于平均流速相当的恒定流，可乘上一个小于 1 的系数 k，在连云港地区，$k=0.40$。P_d 值范围见表 1。

表 1　P_d 值范围

$\dfrac{\beta W_s}{\sigma}$	0.0	0.1	0.2	0.3	0.4	0.5	0.6	0.7	0.8	0.9	1.0	1.1
$\phi\left(\dfrac{\beta W_s}{\sigma}\right)$	0.50	0.54	0.58	0.62	0.66	0.69	0.73	0.76	0.79	0.82	0.84	0.86
P_d	0.00	0.08	0.16	0.24	0.32	0.38	0.46	0.52	0.58	0.64	0.68	0.72
$\dfrac{\beta W_s}{\sigma}$	1.2	1.3	1.4	1.5	1.6	1.7	1.8	1.9	2.0	2.5	3.0	4.0
$\phi\left(\dfrac{\beta W_s}{\sigma}\right)$	0.88	0.90	0.92	0.93	0.95	0.96	0.965	0.970	0.980	0.994	0.999	1.0
P_d	0.76	0.80	0.84	0.86	0.90	0.92	0.93	0.94	0.96	0.99	1.0	1.0

2.3　细颗粒泥沙沉降平衡浓度 C_{eq}

C_{eq} 可用式（17）估算[2]：

$$C_{eq} = C_0 \left[1 - e^{-\alpha(u_* - u_{*\min})} \right] \tag{17}$$

当 $u_* \leqslant u_{*\min}$ 时，悬沙最终可能全部沉淤，即 $C_{eq}=0$。根据试验，长江口淤泥 $u_{*\min}=0.85\sim0.95$ cm/s，连云港淤泥 $u_{*\min}=0.66\sim0.81$ cm/s，α 可取为 0.5。

2.4　静水絮凝沉速 W_s

由于絮凝作用，W_s 值范围为 $0.015\sim0.06$ cm/s，W_s 取值是否合适对计算结果影响很大，如可能应通过试验来确定 W_s。

2.5　航槽内冲刷率 E

细颗粒黏性泥沙的冲刷问题相当复杂，现不予讨论。为简便计算，可采用以下方法近似估算 E。考虑到研究的岸滩为冲淤平衡状态，可认为其冲刷率 E_1 近似等于其回淤率 dm_1/dt，即可由式（3）算得 E_1，并用简单的线性内插来估算出不同开挖深度航槽内的 E 值。

2.6　航槽内单宽流量 q

$q_2 = H_2 u_2$，当水流横跨航槽，$u_2 \approx u_1 (H_1/H_2)$。当航槽两侧为开敞的浅滩，且流向与

航槽轴线夹角 θ 较大时，可用上法估算 u_2。当 θ 较小，浅滩与航槽流向接近，因航槽水深大，摩阻小，对浅滩上水体有吸附作用，增加航槽中单宽流量，这时可用以下经验关系式估算 u_2[5]：

$$u_2 = u_1 \left[\left(\beta - \frac{H_2 - H_1}{H_1} \right) (0.27 + 0.004\ 3\theta) \right]^{0.5} \qquad (18)$$

式中：θ 以度计；β 为经验系数，可由图3确定[6]。

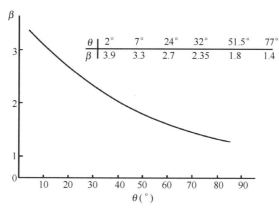

θ	2°	7°	24°	32°	51.5°	77°
β	3.9	3.3	2.7	2.35	1.8	1.4

图3　θ 与 β 关系曲线

3　验证算例

3.1　连云港外航道试挖槽[6]

图4为连云港形势图，港址附近淤泥厚达 10～18 m，滩面平缓，从多年平均情况来看，浅滩处于相对平衡状态。泥沙中值粒径为 0.002～0.004 mm，干容重 $\gamma_0 = 640\ \text{kg/m}^3$，静水絮凝沉速取为 0.06 cm/s[7]。1978年4—7月在海峡东口外 -5～-6 m 高程浅滩上进行试挖，挖槽长 1 500 m，底宽 80 m，边坡为 1:7，竣工时平均底高程为 -10.14 m。航槽走向方位角为 74°，挖槽附近潮流椭圆长轴与挖槽轴夹角约 70°，年平均含沙浓度如图2所示。由浚前水文测验资料知，挖槽附近涨落潮平均流速为 0.28 m/s。根据上述资料算得挖槽处沉降概率 P_d 为 0.41，$E = 0$，考虑到挖槽宽度较小，且沉速 W_s 很小，可用式（13）算得挖槽内年淤厚为 0.78 m。

该试挖槽浚后检测回淤情况为：1978年7月4日至1979年7月23日，淤厚79 cm；1979年7月23日至1980年8月17日，淤厚82 cm；1980年10月22日至1981年10月25日，淤厚40 cm。可见计算结果接近实际情况。

3.2　连云港设计外海航道回淤预测

连云港设计外海航道走向与试挖槽一致，自东口外 -4 m 高程起到外海 -12 m 处长约

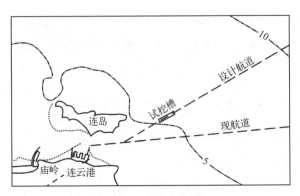

图 4　连云港试挖槽形势

18 200 m。1985 年河海大学曾进行外海航道浑水淤积试验[7]，分别对 10 万吨级、5 万吨级及 2.5 万吨级航槽（槽底高程分别为-12 m、-10 m 及-7.5 m，槽宽分别为 250 m、200 m 及 160 m）进行淤积量试验研究，结果列于表 2，E_7、E_9、E_{15} 和 E_{16} 为设计航槽附近水文测验点。现按航道所在水域水文泥沙条件算出设计航道沿程回淤率，也列于表 2，可见计算结果与试验结果基本一致。

表 2　连云港设计外海航道沿程年淤厚

	测点位置		起始点	E_7	E_9	E_{15}	E_{16}
	浅滩高程（m）		-4.0	-5.6	-6.2	-7.8	-9.6
淤积厚度（m/a）	10 万吨级航槽	试验值（m）	1.10	0.88	0.70	0.52	0.26
		计算值（m）	1.29	0.80	0.69	0.46	0.35
	5 万吨级航槽	试验值（m）	0.90	0.72	0.54	0.32	—
		计算值（m）	1.10	0.70	0.51	0.30	—
	2.5 万吨级航槽	试验值（m）	0.80	0.62	0.44	—	—
		计算值（m）	0.84	0.44	0.35	—	—

3.3　连云港庙岭港池回淤计算[8]

庙岭港池位于连云港海峡西口，泊位前沿基槽长 500 m，底宽 60 m，开挖于-1 m 高程开敞浅滩上，由海峡往复水流挟带的泥沙通过基槽时产生回淤，其现象与外海航槽回淤有相似之处。1983 年 7 月竣工时底高程为-12.5 m，经过边坡坍塌稳定后，9 月 15 日检测为-11.44 m，到 1985 年 5 月 10 日港池底面平均高程上升到-6.7 m。根据海峡西口水文泥沙资料可算得庙岭港池回淤概率为 0.77，$E=0$，-1 m 高程浅滩年平均含沙浓度 C_0 取 0.39 kg/m³，$C_{eq}=0$，可算得从 1983 年 9 月 15 日至 1985 年 5 月 10 日共 473 天中淤厚为

$$\Delta h = \frac{473 \times 24 \times 3\,600}{\gamma_0} k P_d W_s (C_0 - C_{eq}) = 4.60 \text{ m}$$

与实测淤厚 4.74 m 是相当吻合的。

3.4　赤湾港航道回淤率

赤湾港为一半封闭港池。进港航道水深 10.7 m，航道两侧浅滩水深约为 7.7 m。港内底质为粉砂质淤泥，颗粒中值粒径为 $d_{50}=0.003\sim0.05$ mm。泥沙运动以悬移状态为主，涨落潮平均含沙浓度为 0.17 kg/m³。根据航道附近水文测验资料分析，水流流向与航道走向接近正交，平均流速为 0.46 m/s。根据上述给定的水、沙及地形资料，算得 $P_d=0.23$，$C_{eq}=0.089$ kg/m³，$E/(kP_dW_s)=0.007$，航道内年平均淤厚为 0.22 m，根据 1983—1984 年检测结果为 0.25 m/a 左右，实测值与计算值基本一致。

4　结语

（1）近十余年来，国内外许多学者对黏性细颗粒泥沙进行了一系列的实验室研究，对其悬浮、输移、沉降、固结等方面机理有了更为深刻的认识，笔者在文献［2］中已基于这些研究成果探讨了恒定流条件下细颗粒泥沙的沉降规律；在本文中则设法探讨如何将这些新近研究成果应用于天然条件下外海航道和港池的回淤率计算。文中将近海动力条件适当概化，由输沙连续方程导得物理图像较清晰的回淤率计算关系式，并对连云港、赤湾港等航槽进行了验证计算。

（2）浅滩含沙浓度 C_0 和絮凝静水沉速 W_s 是影响计算精度的两个重要参数。W_s 应通过实验来确定。要确定代表性较好的 C_0，则需尽量多收集现场各种条件下的水文、泥沙资料。

（3）本文提出的回淤率计算式原则上也适用于以悬沙输移为主的河口地区挖槽回淤计算，但河口地区水、沙条件及边界条件与开敞的外海浅滩有一定差别，如何进行河口地区回淤预报计算，尚待今后进一步研究。

参考文献

［1］刘家驹．连云港外航道的回淤计算及预报［J］．水利水运科学研究，1980（4）．

［2］徐啸．黏性细颗粒泥沙的沉降率［J］．水利水运科学研究，1989（4）．

［3］刘家驹．连云港扩建工程港口回淤问题的研究［J］．水利水运科学研究，1982（4）．

［4］金镠，等．淤泥质海岸浅滩人工挖槽回淤率计算方法的探讨［J］．泥沙研究，1985（2）．

［5］李安中，等．连云港外海航道模型清水试验报告［J］．河海大学学报，1986（9）．

［6］上海航道局连云港小组．连云港试挖槽浚前水文测验资料整理及说明［R］．1978．

［7］李安中，等．近海开敞水域挖槽回淤试验研究［J］．河海大学学报，1986（9）．

［8］连云港建港指挥部工程处．连云港回淤问题研究成果综合（提纲）［R］．1981．

（本文刊于《海洋学报》，1990 年第 1 期）

近海航道回淤预报

摘　要： 本文回顾了近年在预报淤泥质海岸、河口航道回淤方面所进行的工作，并将预报航道回淤率的关系式分为三类。本文简要地介绍了这三类关系式的推导过程，讨论了它们的优缺点、适用条件以及一些主要参数的确定方法。

关键词： 近海航道；悬沙回淤计算关系式综述

由于波、流、潮和风暴等的作用，近海环境动力条件较为复杂。加之，对细颗粒泥沙运动的机理尚待进一步研究和掌握，致使进行淤泥质海岸（河口）挖槽回淤率的预报存在一定困难。目前常用的预报方法有：①按经验关系式计算；②现场资料分析；③实物模型试验；④数学模型计算（解析解及数值解）。第②和第③种方法需进行大量的现场和室内试验工作，在人力、物力上耗费较多；而数学模型则须建立在对所研究现象的机理充分认识的基础上，这正是目前的不足之处，加上计算手段等条件限制，故尚处于起步阶段。如若建立一些简单的经验关系计算式，能迅速估算出回淤量，这对航槽的建设和维护具有重要意义。目前，已有的经验关系式基本上可分为三类。本文简要地介绍这些回淤率关系式，并进行适当的讨论。

1　第一类回淤率计算式

第一类回淤率计算式的基本形式为

$$P = K_a f\left(\frac{H_1}{H_2}\right) WC_1 \tag{1}$$

式中：P 为整个航槽内单位面积回淤率；K_a 为系数；W 为静水沉速；C_1 为航槽附近浅滩上含沙浓度；H_1、H_2 分别为浅滩及航槽水深。对某个确定的位置，式（1）中的 $K_a WC_1$ 可作为常数处理。这时航槽的回淤率仅为其几何条件（相对开挖水深）的函数。因而使用较方便，深受工程界欢迎。

Л. А. 罗加切夫[1]、C. V. Gole 等[2]、刘家驹[3]和罗肇森等[4]等的回淤计算关系式都可归纳入这一类。其中，刘家驹的经验关系式近年在我国一些近海航槽回淤预报中应用较多，现择要介绍如下。

20 世纪 70 年代末，刘家驹在研究连云港航槽回淤问题时，根据淤泥质海岸泥沙运动主要为悬移形态，以及水流、波浪共同掀沙和潮流挟沙的特点，并在分析了塘沽新港和连云港现场实测水文泥沙资料后，得到水体平均含沙量的经验关系式：

$$C = K_b \frac{(|U_T| + |U_W|)^2}{gH} \tag{2}$$

式中：U_T 为潮流时段平均流速和风吹流时段平均流速的合成流速；U_W 为波动水质点的平均水平速度；K_b 为系数。当挟沙水流流经航槽时，由于水深 H 加大，水流动力减弱，将有部分泥沙沉淤，如图 1 所示（下标 1、2 分别代表浅滩和航槽），则航槽中可能发生的单宽回淤率为

$$P = \eta(C_1 q_1 - C_2 q_2) \tag{3}$$

式中：η 称为航槽内有效落淤系数。

$$\eta = K_c \frac{WL}{u_2 H_2} \tag{4}$$

式中：L 为航槽宽；K_c 为系数。

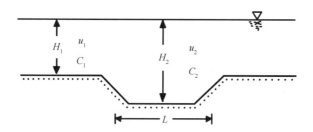

图 1　第一类关系式计算简图

刘家驹又做以下两个假定：

（1）假设航槽水流连续条件满足

$$u_1 H_1 = u_2 H_2 = q_1 \tag{5}$$

（2）假设式（2）中的 U_T、U_W 均服从如式（5）的类似连续条件。将式（2）、式（4）和式（5）代入式（3），经过适当简化处理，得水流与航槽走向呈正交时单位面积航槽回淤率：

$$P = K\left[1 - \left(\frac{H_1}{H_2}\right)^3\right]WC_1 \tag{6}$$

当水流流向与航槽轴线交角为 θ 时，则有

$$P = K\left[1 - \left(\frac{H_1}{H_2}\right)^3\right]WC_1 \sin\theta \tag{7}$$

式（7）主要适用于 θ 角较大，水流流向与航槽轴线接近正交情况。在部分河口，由于水流流向与航槽轴线接近一致，此时，θ 角较小，航槽内摩阻小会对附近浅滩水流具有吸附作用，致使单宽流量增大，式（5）即不适用。这时航槽中平均流速应通过实测或数值计算来确定。河海大学李安中等[5]曾讨论了这一问题。如仅考虑水流作用，由式（2）、

式（3）和式（4）可导得

$$P = KWC_1 \frac{q_1}{q_2} \left[1 - \left(\frac{u_2}{u_1} \right)^3 \right] \tag{8}$$

显然，当 $q_1 = q_2$ 时，式（8）即为式（6）。

第一类航槽回淤率关系式的物理图像清晰，结构简单，曾用于连云港、上海港、赤湾港、黄浦新沙港和汕头港等海岸河口航道回淤计算，为解决生产上的实际问题起到了积极的作用。但第一类关系式属于半经验半理论性的。这一类计算航道回淤率的主要关系式如表 1 所示。

表 1　第一类航槽回淤率计算的主要关系式

作　者	Л. A. 罗加切夫（1952）	C. V. Gole（1971）	刘家驹（1980）	罗肇森（1987）
动力条件	1. 水流流向与航槽可以斜交 2. 风强度弱时，主要由水流掀沙和输沙；风强度大时，波浪掀沙、水流输沙	1. 水流流向基本上垂直于航槽轴线 2. 波浪掀沙，潮流输沙	1. 水流流向基本上垂直于航槽轴线 2. 潮流、风吹流、波浪综合掀沙，潮流输沙	1. 水流流向与航槽轴线基本一致 2. 只考虑水流作用
连续条件	航槽中无纵向水流时 $u_1 H_1 = u_2 H_2$ 有弱纵向水流时 $u_2 = \sqrt{\dfrac{H_1}{H_2}} u_1$ 有强纵向水流时 $u_2 = u_1$	$u_1 H_1 = u_2 H_2$	$u_1 H_1 = u_2 H_2$	u_2 由数值计算确定
输沙率	$V > V_K$ 时，$C = (185/H)(V-5)$ $V \leq V_K$ 时，$C = 35 (V/V_K)^2 + 20$	$C \propto u^2$	$C = K_b \dfrac{(\mid U_T \mid + \mid U_W \mid)^2}{gH}$	$C = K_b u^2 / gH$
有效回淤系数	$\eta_1 = K_c \dfrac{WL}{u_2 H_2}$	$\eta_2 = K_c \dfrac{WL}{u_2 H_1}$	$\eta_3 = K_c \dfrac{WL}{u_2 H_2}$	
沿航槽轴向单位面积回淤率	$P_1 = K \left[\dfrac{H_1 u_1}{H_2 u_2} \right] \cdot W(C_1 - C_2)$	$P_2 = K \left(\dfrac{u_1}{u_2} \right) \cdot W(C_1 - C_2)$	$P_3 = KW (C_1 - C_2) \sin\theta$	$P_4 = \dfrac{KW(C_1 - C_2)}{\cos n\theta}$
回淤率的其他形式	—	$P_2 = KWC_1 (H_2/H_1) \times [1 - (H_1/H_2)^2]$	$P_3 = KWC_1 \times [1 - (H_1/H_2)^3] \cdot \sin\theta$	$P_4 = KWC_1 \{[1 - (H_1/H_2)^3] \times [1 + (\Delta q/q_1)^2]\}(1/\cos n\theta)$
备注	V 为风速 V_K 为临界风速 下标 1 表示浅滩 下标 2 表示航槽	下标 1 表示浅滩 下标 2 表示航槽	θ 为水流主流向与航槽轴线之间夹角	下标 1 表示整治前；下标 2 表示整治后。$\cos n\theta \approx 1$ q_1 为航槽整治前单宽流量，Δq 为航槽整治后单宽流量增量

2　第二类回淤率计算式

这一类关系式主要基于 R. B. Krone[6]、E. Partheniades[7] 和 A. Kandiah[8] 等关于细颗粒泥沙冲淤特性试验成果而导得。并认为细颗粒泥沙冲淤率取决于床面切应力 τ_b：

当 $\tau_b < \tau_{cd}$ 时，淤积率$\frac{\mathrm{d}m_1}{\mathrm{d}t} = C_b W_b \left(1 - \frac{\tau_b}{\tau_{cd}} \right)$ 　　　　　　　　　　　　　　　(9)

当 $\tau_b > \tau_c$ 时，冲刷率$\frac{\mathrm{d}m_2}{\mathrm{d}t} = M \left(\frac{\tau_b}{\tau_c} - 1 \right)$ 　　　　　　　　　　　　　　　(10)

如能建立水流动力条件与床面切应力之间的关系，积分求出冲刷量和淤积量，其差值即为净淤积量。式中的 C_b 为床面附近含沙量；W_b 为相应沉速；M 为冲刷常数，与床面土壤结构有关；τ_{cd} 为淤积临界切应力；τ_c 为冲刷临界切应力。

现以 A. J. M. Harrison 和 M. W. Owen[9] 的计算方法为例，说明这类关系式的特点。Harrison 等在研究河口地区与潮流方向垂直的航槽中细颗粒泥沙淤积率时，假定：

（1）潮波过程线为正弦曲线，摩阻速度为 $u_* = u_{*0} \sin \sigma t$ [u_{*0} 为峰值，$\sigma = 2\pi/T$，T 为潮波周期（图 2）]；

（2）W_b 和 C_b 保持稳定和均匀；

（3）床面处淤泥密度 ρ 为常量（即 M 为常数）。

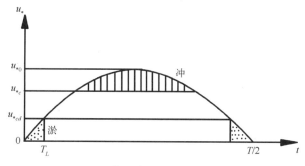

图 2　第二类关系式计算简图

由式（10）可导得

$$\mathrm{d}t = \frac{\mathrm{d}u_*}{\sigma u_{*0} \cos \sigma t} = \frac{\mathrm{d}u_*}{\sigma u_{*0} \sqrt{1 - \left(\dfrac{u_*}{u_{*0}} \right)^2}} \tag{11}$$

将式（11）代入式（9）可得

$$\mathrm{d}m_1 = C_b W_b \left[1 - \left(\frac{u_*}{u_{*cd}} \right)^2 \right] \frac{\mathrm{d}u_*}{\sigma u_{*0} \sqrt{1 - \left(\dfrac{u_*}{u_{*0}} \right)^2}} \tag{12}$$

每潮周期淤积量

$$m_1 = 4\int_0^{u*cd} \mathrm{d}m_1 \tag{13}$$

同理可得每潮周期冲刷量

$$m_2 = 4\int_{u*c}^{u*0} \mathrm{d}m_2 \tag{14}$$

积分后相减即得每潮周期净回淤量

$$m = m_1 - m_2 = C_b W_b \frac{2}{\pi}(Q - E) \tag{15}$$

$$Q = \left[\arcsin\left(\frac{u_{*cd}}{u_{*0}}\right)\right]\left[1 - \frac{1}{2}\left(\frac{u_{*0}}{u_{*cd}}\right)^2\right] + \frac{1}{2}\left[\left(\frac{u_{*0}}{u_{*cd}}\right)^2 - 1\right]^{1/2} \tag{16}$$

$$E = \frac{M}{C_b W_b}\left\{\frac{1}{2}\sqrt{\left(\frac{u_{*0}}{u_{*c}}\right)^2 - 1} - \left[\frac{\pi}{2} - \arcsin\left(\frac{u_{*c}}{u_{*0}}\right)\right] \times \left[1 - \frac{1}{2}\left(\frac{u_{*0}}{u_{*c}}\right)^2\right]\right\} \tag{17}$$

单位时间的回淤率为

$$P = \frac{m}{T} = C_b W_b \frac{2}{\pi}(Q - E) \tag{18}$$

式（16）和式（17）不仅形式上较繁，且含有较多的待定系数，有的须通过试验来确定，有的则至今还没有较好的确定方法。表 2 中列出的一些有关参数资料表明，M 值有的竟相差两个数量级，特别在现场条件下要正确估算 M 值很困难。加之，被应用的实验室成果均在均匀稳定流条件下得到；实验时，人工铺设的床面与天然沉积海床也存有一定差别。为将实验成果应用于天然条件，需做许多假设，有些假设是否合理尚待更多资料验证。

表 2　细颗粒泥沙的一些特性参数

地　点	泥　沙　条　件	u_{*c} (cm/s) 清水	u_{*c} (cm/s) 盐水	u_{*cd} (cm/s) 清水	u_{*cd} (cm/s) 盐水	$\dfrac{u_{*cd}}{u_{*c}}$	M [g/(m²·s⁻¹)]
泰晤士河口	$d_{50} = 0.035$ mm	1.8	2.2	0.8	—	0.41	1.7
旧金山湾	$d_{50} = 0.002$ mm	—	2.4	—	0.9	0.36	
帕朗那河口	底质 $d_{50} = 0.05$ mm　悬沙 $d_{50} = 0.002$ mm	1.8	—	0.7~1.1		0.39~0.61	—
纪龙德河口	$d_{50} = 0.002$ mm　$\gamma_0 = 1.15 \sim 1.2$ g/cm³	1.7		—		—	0.21
连云港	$d_{50} = 0.002 \sim 0.004$ mm　$W_{50} = 0.07$ cm/s	1.8		0.9		0.5	0.066
连云港	$\gamma_0 = 1.15 \sim 1.2$ g/cm³　$W = 0.05$ cm/s	1.8		0.7		0.39	0.033

赵今声曾介绍了这方面的工作。金镠等也曾用类似方法计算连云港地区部分航槽回淤率[10]。第二类关系式设法应用实验室中一些成果以解决实际问题，这种探讨和尝试很有意义，也是研究近海航槽回淤问题的一个途径。

3　第三类回淤率计算式

第三类关系式基本上是参照明渠稳定均匀流中不平衡输沙原理导得。假设航槽始、终端符合平衡输沙条件，水流进入航槽后，水深加大，水流条件变化，导致泥沙沉降落淤，沿程含沙浓度变化，近似处于稳定不均匀输沙条件。如通过某些方法确定含沙量变化规律，即可知回淤情况。这一类关系式的典型形式为

$$P = (C_1 q_1 - C_2 q_2)[1 - \exp(-\alpha L)] \tag{19}$$

其中：下标 1、2 分别表示航槽的始、终端；α 为系数；L 为航槽计算长度（图 3）。

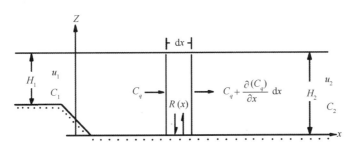

图 3   第三类计算关系式计算简图

推导这一类关系式有两种途径：

第一种途径是基于悬沙扩散方程来描述航槽中泥沙运动

$$\frac{\mathrm{d}C}{\mathrm{d}t} = W\frac{\partial C}{\partial z} + \varepsilon \nabla^2 C \tag{20}$$

在一定边界条件下，可得到适用于一定范围的含沙浓度空间分布近似解，据此，导得简化的回淤率计算式。此法在明渠流中应用较多[11]。近十余年来，国内外有些学者试图将这种模式引用到近海动力环境，例如 Mayor-Mora 等[12]假设在波浪和中等水流综合作用下，床面处的悬沙浓度主要取决于波浪，但泥沙浓度垂线分布则由水流控制，悬沙浓度由沉降、扩散和对流三种作用所确定。设航槽内近似符合稳定均匀流条件，而悬沙在 x 方向是稳定非均匀的，式（20）则为

$$u\frac{\partial C}{\partial x} = W\frac{\partial C}{\partial z} + \varepsilon\left(\frac{\partial^2 C}{\partial x^2} + \frac{\partial^2 C}{\partial y^2}\right) \tag{21}$$

结合一定的边界条件和简化处理后，可得航槽内含沙浓度剖面：

$$C(x, z) = C_{b1}\exp\left(-\frac{W}{\varepsilon}\frac{H_1}{H_2}z\right)\exp\left(-\frac{W^2}{\varepsilon u_2}\frac{H_1}{H_2}x\right) + C_{b2}\exp\left(-\frac{W}{\varepsilon}z\right)\left[1 - \exp\left(-\frac{W^2}{\varepsilon u_2}x\right)\right] \tag{22}$$

在航槽上游起始输沙率

$$q_{10} = \int_0^{H_1} C_{b1}\exp\left(-\frac{W}{\varepsilon}z\right)u_1\mathrm{d}z \tag{23}$$

在航槽下游无限远处（$x\to\infty$）输沙率

$$q_{20} = \int_0^{H_2} C_{b2}\exp\left(-\frac{W}{\varepsilon}z\right)u_2\mathrm{d}z \tag{24}$$

在航槽中任意点处输沙率为

$$q(x) = \int_0^{H_2} C(x, z) u_2 \mathrm{d}z \tag{25}$$

最后，可得自航槽起点到任意距离 x 之间的回淤率：

$$P = q_{10} - q(x) = \left[1 - \exp\left(-\frac{W^2}{\varepsilon u_2} \frac{H_1}{H_2} x \right) \right] q_{10} - \left[1 - \exp\left(-\frac{W^2}{\varepsilon u_2} \right) \right] q_{20} \tag{26}$$

当水流流向与航槽线夹角为 θ 时，Mayor-Mora 等处理为

$$P = \left\{ \left[1 - \exp\left(-\frac{W^2}{\varepsilon u_2} \frac{H_1}{H_2} \frac{x}{\sin\theta} \right) \right] q_{10} - \left[1 - \exp\left(-\frac{W^2}{\varepsilon u_2} \frac{x}{\sin\theta} \right) \right] q_{20} \right\} \sin\theta \tag{27}$$

L. Mikkelsen 等曾应用式（27）估算某海域挖槽回淤量[13]，海域内床面为极细沙和粉砂土（$d_{50} = 0.05$ mm），悬沙沉降是回淤的主要原因，挖槽长 2 000 m，宽 400 m，原水深 7 m，开挖后水深 10 m。经计算每天淤积 1~2 cm。

通过以上介绍可见：

（1）求解扩散方程的近似解是相当繁杂的过程，解的可靠性取决于对近底扩散输移能力变化的正确估价，亦即正确地确定泥沙紊动扩散系数 ε 和含沙浓度的相对变化情况，而这恰是目前悬沙运动研究的薄弱环节。

（2）当水流流向与航道轴线大致一致时，不能再用简单的连续方程 $u_1 H_1 = u_2 H_2$，据此导得的式（26）即不再适用。正确的途径是通过试验或计算确定航槽中水流大小，以估算扩散系数和其他有关参数。W. D. Eysink 等[14]曾专门讨论了这一问题，并导得适用于河口地区的关系式：

$$P = (C_1 q_1 - C_2 q_2) \left[1 - \exp\left(A \frac{x}{H_2} \right) \right] \tag{28}$$

式中：$A = f(W/u_*, \Delta/H)$，Δ 为航道底糙率，反映床面泥沙条件，E. W. Bijker[15]也曾导得：

$$P = (C_1 q_1 - C_2 q_2) [\exp(-ax)] \tag{29}$$

式中：$a = \dfrac{W C_{b1} \left(1 - \dfrac{\varepsilon_2 H_1}{\varepsilon_1 H_2} \right)}{C_1 q_1 - C_2 q_2}$。

第二种途径是在悬沙运动中，事实上纵向扩散形成的质量输移远小于水流对流运动形成的质量输移，忽略不计扩散项质量输移，对计算精度影响并不大。基于这种考虑，由稳定不均匀输沙条件（取垂线平均）得输沙量平衡方程

$$q \frac{\mathrm{d}C}{\mathrm{d}x} = R(x) \tag{30}$$

式中：单位水柱体与床面泥沙交换率 $R(x) = P(x) + E(x)$，$P(x)$ 为回淤率，$E(x)$ 为冲刷率。以前主要限于研究明渠水流，不同的作者对 $R(x)$ 作不同的处理，得到不同的结果，但其概化图形是类似的，基本上可归纳为

$$R(x) = \alpha W(C_* - C) \tag{31}$$

定义 C_* 为挟沙能力，当 $C > C_*$，产生回淤，反之，则为冲刷。这里需要指出，泥沙沉降和冲刷的机理并不相同，沉速 W 既作悬沙的沉降速度，又作为床面泥沙的冲刷悬浮速率指标，物理意义矛盾；以一个关系式同时表示冲和淤两种不同机理的现象显然不够合理。文献［11］指出，即使在明渠水流条件下，式（31）也没有可靠的试验资料印证，因而大大降低了其理论和实用价值。

根据近年国内外关于细颗粒泥沙的一些沉降试验成果，笔者提出了稳定均匀流条件下沉降率关系式[16]：

$$P = P_d W(C - C_{eq}) \tag{32}$$

式中：P_d 为沉降概率，$P_d = 2\phi\left(\dfrac{\beta W_s}{\sigma}\right) - 1$，$\phi$ 为正态概率积分，$\beta = \sqrt{\dfrac{\gamma_f - \gamma}{\gamma}}$，$\gamma_f$ 为沉降单元容重，σ 为垂向脉动速度均方差，$\sigma = 0.033\, u_*$；C_{eq} 为细颗粒泥沙淤积过程最终平衡含沙浓度。

在此基础上，将近海潮汐水流泥沙条件进行半潮平均处理，概化为准稳定流，对式（30）积分后代入边界条件，可得到沿水流方向含沙浓度

$$C(x) = \left(C_1 - C_{eq} - \frac{E}{KP_d W}\right) \exp\left(-\frac{KP_d W}{q}x\right) + \left(C_{eq} + \frac{E}{KP_d W}\right) \tag{33}$$

和任意点的回淤率

$$P(x) = -\frac{\mathrm{d}(Cq)}{\mathrm{d}x} = KP_d W\left(C_1 - C_{eq} - \frac{E}{KP_d W}\right) \times \exp\left(-\frac{KP_d W}{q}x\right) \tag{34}$$

当计算长度 L 不大时，可用式（34）近似代表整个航槽回淤率，当 L 较大时，整个航槽内平均回淤率

$$P = \frac{1}{L}[C_{1q} - C(L)_q] = \frac{q}{L}\left(C_1 - C_{eq} - \frac{E}{KP_d W}\right) \times \left[1 - \exp\left(-\frac{KP_d W}{q}L\right)\right] \tag{35}$$

式中：K 为潮流条件修正系数（$K = 0.4$）；E 为航槽内冲刷常数[17]。应用式（35）验证计算了连云港、赤湾港等近岸航槽的回淤量，与现场及试验结果基本吻合。

4 讨论

（1）当 $q_1 = q_2$ 时，式（3）和式（19）可写成：

$$P = \eta q(C_1 - C_2) \tag{36}$$

对第一类关系式，$\eta = K\dfrac{WL}{u_2 H_2}$ \hfill (37)

$$\eta = K\frac{WL}{u_2 H_2} \tag{37}$$

对第三类关系式，$\eta = 1 - \exp\left[-\dfrac{P_d W}{u_2}\dfrac{L}{H_2}\right]$ \hfill (38)

$$\eta = 1 - \exp\left[-\frac{P_d W}{u_2}\frac{L}{H_2}\right] \tag{38}$$

可见，这两类关系式具有内在联系。式（37）为经验关系，式（38）由不平衡输沙原理导

得，具有半理论半经验性质。

（2）含沙浓度 C_1 和沉速 W 对回淤计算的影响很大。由于絮凝作用，W 值在 0.015～ 0.06 cm/s 之间变化。目前，还没有确定 W 的简便方法，因 W 不仅与盐度等有关，还与含沙浓度有关，如有可能应通过试验来确定。在开敞的近海环境（包括河口），C_1 既受潮流影响，又与风浪强度有关，对于不同的季节或计算时段，C_1 值也不相同。计算前应尽量收集各种季节和情况下的水文泥沙条件进行综合分析，以确定较适宜的 C_1 值。

（3）各计算式中：关于 C_1 的定义比较一致，但 C_2 却有所不同，在第一类关系式中：C_2 为航槽内挟沙能力。在第三类关系式中：C_2 定义为无穷远处（$x \rightarrow \infty$）航槽内平衡含沙浓度。常用类似于式（2）的挟沙能力来估算 C_2。近年在环形水槽[18]和直水槽[19]中试验结果均表明，当水流切应力小于某一 $(\tau_b)_{max}$ 时；水体中泥沙最终将全部沉降到床面，即 $C_2=0$。此外，在沉降试验中，平衡含沙浓度与初始浓度有关，这些特性都无法用挟沙能力概念来描述。

（4）在这三类关系式推导过程中，常应用连续条件 $u_1H_1=u_2H_2$，当水流流向与航道轴线接近一致时，此连续条件即不适用。一般讲，流量会增大，这既导致进入航槽输沙率增大，又因动力水平提高而不利于泥沙沉淤。如何综合考虑这些影响，还需进一步做工作。

（5）这三类关系式主要适用于以悬移运动为主的细颗粒近海岸滩条件。它们都属于经验或半经验的，各自有一定的适用范围和条件，正确运用它们的前提是对泥沙运动机理的正确理解和比较全面地占有现场水文泥沙资料。

参考文献

[1] Л А 罗加切夫. 确定海航道的研究内容、范围及淤积的计算方法 [M]. 梁其荀译. 1952.

[2] Gole C V, Tarapre Z S, Brahma S B. Predication of Siltation in Harbor Basins and Channels [C]. Proc. of the 14th IAHR, 1971, (4): 33-40.

[3] 刘家驹. 连云港外航道的回淤计算及预报 [J]. 水利水运科学研究, 1980, (4).

[4] 罗肇森, 辛文杰, 黄晋鹏. 珠江黄埔新沙港区泥沙回淤预报 [J]. 水利水运科学研究, 1987, (4).

[5] 连云港建港指挥部工程处. 连云港回淤问题研究成果综合（提纲）[R]. 1981.

[6] Krone R B. Flume studies of the transport of sediment in estuarial shoaling process [D]. Univ. of California, 1962.

[7] Partheniades E. Erosion and deposition of cohesive material in River Mechanics [J]. Fort Collins, Colorado: 1971, (2).

[8] Kandiah A. Fundamental aspects of surface erosion of cohesive soils [D]. Univ. of California, 1974.

[9] Harrison A J M. Owen M W, Siltation of fine sediments in estuaries [C]. Proc. of the 14th IAHR, 1971, (4): 1-8.

[10] 金镠, 等. 淤泥质海岸浅滩人工挖槽回淤率计算方法的探讨 [J]. 泥沙研究, 1985, (4).

[11] 朱鹏程, 等. 二元均匀水流淤积过程的研究及其应用 [R]. 北京水利水电科学研究院, 1964.

[12] Mayor-Mora D, et al. Sedimentation Studies on the Niger River Delta [C]. Proc. of the 15th Coastal Eng.

Conf., 1976, （2）: 151-2169.

[13] Mikkelsen L, et al. Sedimentation in Dredged Navigation Channels ［C］. Proc. of the 17th Coastal Eng. Conf., 1980: 1719-1734.

[14] Eysink W D, et al. Computional Methods to Estimate the Sedimentation in Dredged Channels and Harbor Basins in Estuarine Environments ［C］. In. Conf. on Coastal and Port Eng., 1983: 1072-1083.

[15] Bijker E W. Sedimentation in Channels and Trenches ［C］. Proc. of the 17th Coastal Eng. Conf., 1980: 1709-1718.

[16] 徐啸. 细颗粒黏性泥沙沉降率的探讨 ［J］. 水利水运科学研究, 1989 (4).

[17] 徐啸. 近海航槽的回淤率计算 ［J］. 海洋学报, 1990 (1).

[18] Mehta A J, Partheniades E. On the Deposition Properties of Estuarine Sediments. Proc. of the 14th Coastal Eng. Conf. ［C］. 1974: 1232-1251.

[19] 黄建维, 孙献清. 黏性泥沙在流动盐水中沉降特性的试验研究 ［C］. 第二次河流泥沙国际学术讨论会论文集, 北京: 水利电力出版社, 1983.

（本文刊于《水利水运科学研究》, 1991 年第 1 期）

淤泥质海岸半封闭港池回淤规律的初步研究

摘　要：根据黏性细颗粒泥沙特性，考虑絮团动水沉降相似要求，选用木粉作为模型沙，在连云港模型内进行定床浑水悬沙试验，研究连云港西海堤建成后各种半封闭港池条件下泥沙回淤规律。

关键词：淤泥质海岸；半封闭水域；回淤计算规律；实验研究

1　前言

沿海地区的开放和国民经济的迅速发展对港口建设提出更迫切的要求，如何正确估算淤泥质海岸港口回淤量是关系港口发展前景的重要问题。泥沙回淤量主要取决于泥沙特性、泥沙来源及水流动力条件，在给定的自然条件下，港内流态及泥沙沉积又直接与港口布置形式有关。港口布置形式可概化为四类：开敞式，通道式，半封闭式及封闭式。半封闭港池又可分为环抱式、挖入式和袋式等。国内一些学者曾从不同角度探讨研究半封闭港池回淤规律。天津新港、连云港等港口也积累了不少宝贵的现场资料。由于影响因素较多，许多问题还需要探讨研究，例如纳潮面积、港内浅滩范围、潮汐特性、口门尺度等因素与回淤率（单位时间单位面积淤积厚度）和淤积分布之间的关系等。本文所进行的工作就是在以上工作的基础上，通过悬沙浑水定床模型试验，探讨潮汐条件下半封闭港池回淤规律。

悬沙试验在连云港潮汐水流模型上进行。连云港原为海峡港口，目前正在修建 6.7 km 长连接大陆和连岛的西大堤，大堤建成后将形成一个近 20 km^2 的狭长的半封闭海湾港口。

2　悬沙回淤相似条件及模型沙选择

2.1　连云港泥沙特性及基本参数

连云港沿岸为淤泥质海岸，在 1128—1855 年间黄河夺淮入海，在苏北倾注了大量泥沙，淤泥厚达 10~18 m，根据 1978 年试挖槽挖泥资料，海底表层 1 m 为淤泥层，在风浪作用下极易扬动，随潮流输移。该层淤泥中值粒径为 0.003 5 mm，泥沙级配曲线如图 1 所示。

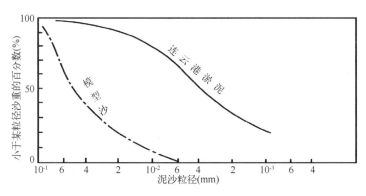

图 1 泥沙级配曲线

连云港地区海域近期沉积以细颗粒悬沙沉积为主,模型主要考虑悬沙运动相似,在潮汐水流条件下,二维悬沙输沙方程为

$$\frac{\partial C}{\partial t} + \frac{\partial (Cu_i)}{\partial x_i} - \frac{\partial}{\partial x_i}\left(E_i \frac{\partial C}{\partial x_i}\right) = S \tag{1}$$

式中:下标 $i=1$,2,表示水平方向坐标;C 为含沙浓度;E 为泥沙紊动扩散系数;S 为源/汇项,包括泥沙回淤、冲刷悬扬及人工取抛沙等。

$$S = S_d + S_s + S_m \tag{2}$$

式中:S_d 为沉降率;S_s 为冲刷率;S_m 为人工取抛沙率。现主要考虑沉降相似,沉降率可用式(3)表示:

$$S_d = -\frac{KW_m}{H}(C - C_{eq}) \tag{3}$$

式中:K 为潮流非恒定性修正系数;W_m 为相应恒定流条件下特征沉降单元(絮团)动水沉速;C_{eq} 为细颗粒泥沙沉降平衡含沙浓度;H 为水深。如忽略水流扩散作用,式(1)成:

$$\frac{\partial C}{\partial t} + \frac{\partial (Cu_i)}{\partial x_i} = -\frac{KW_m}{H}(C - C_{eq}) \tag{4}$$

为正确模拟细颗粒泥沙沉降运动,应正确估计基本沉降单元(絮团)的动水沉速 W_m,而 W_m 取决于黏性泥沙的絮凝条件,即颗粒间相互碰撞和黏合条件。研究表明,在众多因素中,水流紊强和含沙浓度起主要作用。关于动水沉速的研究目前还缺少成熟的理论,可做如下简化[1]:

$$W_m = \alpha W_s \tag{5}$$

$$\alpha = 2\phi\left(\frac{\beta W_s}{\sigma}\right) - 1 \tag{6}$$

式中:ϕ 为概率函数;$\beta = \sqrt{\dfrac{\gamma_f - \gamma}{\gamma}}$,$\gamma_f$ 为沉降单元容重;$\sigma = 0.033\,u_*$。在低浓度情况下,

可近似认为絮团静水沉速 W_s 为定值，参考前人研究成果，可取 $W_s = 0.05$ cm/s。关于絮团密度，目前研究成果甚少，夏震寰在研究花园口淤泥时指出，絮团含水量可达 96% 以上。杨美卿应用临界点干燥法制备试样进行电子显微镜摄影分析，肯定了夏震寰等的结论[2]。连云港淤泥条件与花园口接近，故初步取 $\gamma_f = 1.07$ g/cm^3。

2.2 悬沙沉降运动比尺设计

由式（4）可得相似关系：

$$\lambda_K \lambda_{W_m} = \lambda_K \lambda_\alpha \lambda_{W_s} = \lambda_u \frac{\lambda_H}{\lambda_L} \tag{7}$$

因模型与原型潮波特性相同，$\lambda_K \approx 1$。原连云港潮汐模型有以下比尺关系：水平比尺 $\lambda_L = 500$，垂直比尺 $\lambda_H = 60$，速度比尺 $\lambda_u = 7.75$，时间比尺 $\lambda_t = 64.55$，可得

$$\lambda_{W_m} = \lambda_\alpha \lambda_{W_s} = \lambda_u \frac{\lambda_H}{\lambda_L} = 0.93 \tag{8}$$

α 是与相对紊强有关的动水沉降系数，在潮汐条件下，可用半潮平均条件来近似处理，口门是半封闭港池控制部位，现以连云港老港区东堤头断面作为口门，此处涨落潮平均流速 $u = 0.4$ m/s，平均水深 $h = 11.5$ m，可算得 $u_{*p} = 1.67$ cm/s，$\alpha_p = 0.19$。式中下标 p 代表原型，m 表示模型条件。

2.3 模型沙的选择

由于原型沙很细，需采用轻质沙，经过比选，最后确定用木粉，其级配曲线如图 1 所示；模型沙颗粒湿容量 $(\gamma_s)_m = 1.18$ g/cm^3，中值粒径 $(d_{50})_m = 0.051$ mm，静水沉速 $(W_s)_m = 0.025$ cm/s，根据前述比尺关系，可算得相应动水沉降系数 $\alpha_m = 0.4$，动水沉降比尺

$$\lambda_{W_m} = \frac{(\alpha W_s)_p}{(\alpha W_s)_m} = \frac{0.19 \times 0.05}{0.40 \times 0.025} = 0.95$$

基本上可满足式（8）的沉降相似比尺要求。

2.4 关于扬动相似

在水槽中对模型沙进行起动和扬动试验，结果见表 1。连云港港区航道内回淤泥沙经过短期密实后，取样测定 $\gamma = 1.15 \sim 1.20$ g/cm^3。考虑到新淤泥密度较小，现按 $\gamma = 1.15$ g/cm^3 考虑，由实测 $\tau_c \sim \gamma$ 资料可查得相应临界起动摩阻流速为 $(u_{*c})_p = 1.55$ cm/s，如以水槽中开始产生浑水悬扬摩阻流速 $(u_{*c})_m = 0.63$ cm/s 作为扬动标准，则可得扬动速度比尺 $\lambda_{uc} = \lambda_{u*c}/\lambda_f^{1/2} = 7.11$，式中 $\lambda_f = \dfrac{\lambda_H}{\lambda_L}$。

表 1　水槽中模型沙起动和扬动试验结果

摩阻流速 u_*（cm/s）	现　象
0.45	个别颗粒动
0.47	少量颗粒动
0.51	普遍动
0.63	沙纹背水面浑水悬扬
0.91	大颗粒普遍滚动，小颗粒悬扬

事实上，木粉的起动机制不同于黏性泥沙，床面上的木屑运动更类似于无黏性泥沙，这会使底沙运动产生一定偏差。我们主要模拟悬沙沉降运动，试验表明，扬动相似上的偏差，对模型的整体回淤规律影响并不大。

2.5　冲淤时间比尺及含沙浓度比尺

由床面变形方程

$$\frac{\partial C}{\partial t} + \frac{\partial (C u_i)}{\partial x_i} = \frac{\gamma_0}{H} \frac{\partial Z}{\partial t_2} \tag{9}$$

可得

$$\lambda_{t_2} = \frac{\lambda_{\gamma 0} \lambda_t}{\lambda_c} \tag{10}$$

式中：$\lambda_t = 64.55$，淤积物干容重比尺 $\lambda_{\gamma 0}$ 可通过试验确定，至于含沙浓度比尺 λ_c，一般用挟沙力比尺来表示。挟沙能力是经验关系，黏性泥沙的挟沙力问题尚有待于进一步探讨。现在常用的方法是通过对现场资料验证试验来调整修正冲淤时间比尺 λ_{t_2} 和含沙量比尺 λ_c。连云港老港区类似于环抱式港池，表 2 列出老港区近年回淤情况，模型中老港区条件相当于表 2 中"延伸"情况。因半封闭港池港内回淤主要与涨潮阶段水-沙条件有关，由试验资料可知，西大堤建成后，老港区东堤头处涨潮水流强度与建堤前相近，而含沙浓度可能有所下降。在考虑以上各因素后，取老港区年回淤率 1.0 m 作为确定回淤时间比尺的依据。取东堤头处多年平均含沙浓度 0.25 kg/m³ 作为原型含沙浓度。通过验证试验最后取含沙浓度比尺 $\lambda_c = 0.2$，淤积时间比尺 $\lambda_{t_2} = 398$。

表 2　连云港老港区各时期淤积情况

时　　期	有效水域面积（m²）	年淤积量（×10⁴ m³）	平均回淤率（m/a）
1967—1973 年	112 400	14.10	1.25
1973—1975 年	285 445	38.13	1.34
1975—1977 年	353 505	44.52	1.26
1977—1980 年	571 035	56.05	0.98
延伸	680 000	58~62	0.85~0.90

3 试验情况及成果分析

3.1 试验方法

每次试验前 1 h 左右，将木粉和水按一定比例搅拌，因木粉很细，很快即达到饱和潮湿条件。试验时，涨潮阶段将挟沙水流均匀地注入东口外缘。经计算，注入挟沙水流仅占涨潮单宽流量的 1.5%，故可忽略其影响。考虑到木粉易变质及水流的分选作用，所有试验用沙仅用一次即废弃。

3.2 试验方案

连云港潮汐模型布置情况如图 2 所示。各试验方案情况如表 3 及图 2 所示。方案 D、E是为了进一步研究纳潮面积的影响而进行的补充试验。港区水深为 11 m，各组试验一般重复一次。

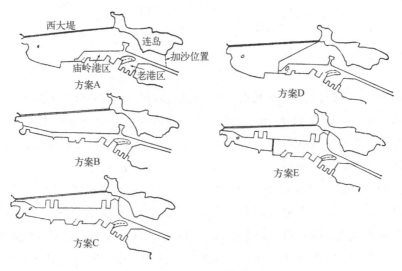

图 2 连云港定床悬沙试验方案

表 3 试验方案

方案	港区情况	纳潮面积 A_0（km²）	港池面积 A（km²）	浅滩面积 $A_0 - A$（km²）
A	庙岭港区建成	18.18	3.08	15.10
B	庙岭	16.21	4.64	11.57
C	庙岭墟沟北港区建成	10.38	8.88	1.50
D	见图 2	8.62	3.08	5.54
E	见图 2	7.17	5.67	1.50

3.3　成果分析

3.3.1　纳潮面积与口门处（东堤头）平均流速

1977 年以来，在模型上进行了各种方案水流试验，表 4 列出有关结果。口门及港内水流强度不仅与潮差纳潮面积有关，且与口门尺度有关，限于条件，未能采用不同口门尺寸进行试验。但据现有资料分析，可明显看出纳潮面积与口门尺寸之比值大小是影响口门附近流态的重要因子，并对港内回淤形态产生直接影响。

表 4　不同纳潮面积口门处平均流速（m/s）

纳潮面积（km²）		建堤前	7.04	7.17	8.62	10.38	11.35	18.08	18.18	19.47
平均流速	东流*（m/s）	0.56	0.16	0.19	0.29	0.38	0.47	0.62	0.67	0.75
	西流*（m/s）	0.23	0.28	0.21	0.20	0.30	0.45	0.58	0.61	0.65

＊此表数据取自物理模型多年试验结果。"东流"即流向向东、"西流"即流向向西。

3.3.2　含沙浓度变化规律

在试验过程中采用定时抽取水样及直接用光电测沙仪量测两种方法。根据资料分析可得以下结论。

（1）口门处含沙浓度作周期性变化，浓度峰值发生在中潮位涨急时，然后迅速减少，这说明回淤主要发生在涨憩阶段，与自然界观察到的现象是一致的（图 3）。

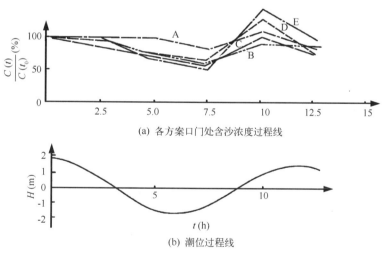

(a) 各方案口门处含沙浓度过程线

(b) 潮位过程线

图 3　各方案口门处含沙浓度变化过程

（2）港内各点含沙浓度作同样的周期变化，只是相位比口门略有滞后，这与潮位滞后相一致，自口门向港内浓度变化幅度逐渐变小。

（3）从方案 A 到 E，随着纳潮面积减小，口门处含沙浓度变化幅度增大，这和水流强度小、泥沙落淤快有关。

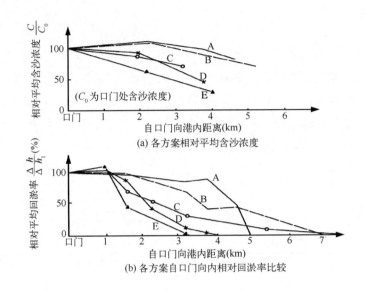

图 4　各方案自口门向内平均含沙浓度及回淤率分布

（4）图 4（a）为各方案口门向内平均含沙浓度变化情况，方案 A、B 由于纳潮面积大，口门附近流场强，涨急落急时都可能将部分回淤到床面上的泥沙重新悬扬，使口门内个别点平均含沙浓度接近或大于口门处，而方案 D、E 纳潮面积小，口门流速小，进入口门后泥沙落淤量大，自口门向港内含沙浓度减小梯度较大。

（5）图 4（b）是根据这些实测资料算得平均回淤率沿程变化情况，可以看出，凡水流扩散处或产生回流处回淤率较大。一般情况下，回淤率自口门向港内沿程逐渐减小，但随着纳潮面积增大，口门处回淤率峰值有向港内移动的趋势。

（6）各方案的回淤率及回淤量列于表 5。由表 5 可以看出，随着有效港池面积 A 的增大，回淤总量 Q 增大，而回淤率 Δh 减少。西大堤建成后初期（相当于方案 A），港池平均回淤率约为 0.8 m/a，年回淤量为 244×10⁵ m³，随着墟沟港区和北港区的开发扩建（相当于方案 B 和 C），回淤率减小到 0.59 m/a 和 0.36 m/a 左右，而回淤量增加到 273×10⁵ m³/a 和 320×10⁵ m³/a。这一变化趋势与目前在一些半封闭港口观测到的情况是一致的。

表 5　各方案回淤率及回淤量

方案	纳潮面积 A_0（km²）	港池面积 A（km²）	年回淤量 Q（×10⁵ m³）	平均回淤率 Δh（m/a）
A	18.18	3.08	244	0.79
B	16.21	4.64	273	0.59
C	10.38	8.88	320	0.36
D	8.62	3.08	223	0.72
E	7.17	5.67	243	0.43

4　讨论

4.1　半封闭型港域回淤分布

　　因半封闭港池动力条件和泥沙运动规律均较开敞式复杂，港内淤积泥沙的分布规律和淤积速率也不同于开敞式港池。

　　由试验可知，挟沙水流进入半封闭港池后随着水流强度的减弱而逐渐落淤，含沙浓度随之减小。在港内没有其他沙源的情况下，湾顶回淤量一般较小，自口门向内回淤量逐渐减小［图4（b）］。

　　港内泥沙回淤分布主要取决于水流条件，而这又与当地潮汐特性、港内水域面积及浅滩形态、口门相对尺寸、港口平面布置形式等因素有关。例如其他条件相同，狭长型海湾和宽短型海湾回淤形态显然不一样。限于条件，本实验研究主要集中于纳潮面积对回淤形态的影响，有一定局限性，但对类似的狭长型半封闭港口的回淤形态预测仍有一定参考价值。

　　通过本试验研究可知，连云港西大堤建成后，老港区和庙岭港区回淤强度接近，老港区西堤的西北侧范围可能是港内回淤量最大的部位。

　　在本试验中也对西大堤内侧浅滩回淤情况进行了观测，建西大堤前浅滩基本处于冲淤平衡状态，建堤后浅滩范围内水流形态发生较大变化，流场强度显著减弱，因此浅滩上也发生可观的泥沙回淤现象，限于篇幅不予赘述。

4.2　连云港港区平均回淤率预报分析

　　前面已述及连云港西大堤建成时港内平均淤厚约为 0.8 m/a，并随有效港域面积扩大而减小。图5绘制了港域面积 A 与港池平均回淤率 Δh 之间的关系。需要说明的是，港内浅滩面积大小对港池回淤率有一定影响。当连云港西大堤刚建成时，总水域面积约

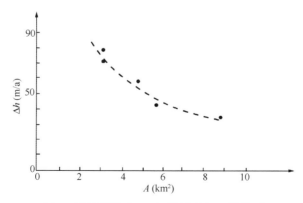

图5　港池回淤率 Δh 与港域面积 A 的关系

18 km², 其中浅滩面积约占 83%, 试验中浅滩部位也发生可观的泥沙淤积, 在大风天波浪掀沙作用下, 部分泥沙将重新悬扬并可能落淤到附近港池内, 在模型中不能复演这一现象, 因此港内回淤量可能偏小。刘家驹等曾应用半理论半经验公式估算了西大堤建成后港内平均回淤率, 其量值约为 1.2 m/a, 是实验结果的 1.5 倍。如前所述, 关于半封闭港池回淤规律还有待于深入研究, 而且一般新建港口回淤量往往偏大, 当边界条件经过调整后, 回淤量将下降到某一稳定值, 因此以上两个值可作为今后泥沙回淤率的上限和下限。

4.3　关于扬动相似偏差的影响

本试验主要考虑泥沙沉降相似, 扬动相似有一定偏差。实验表明, 水流动力越弱, 这一偏差造成的影响越小。一般主要影响口门附近局部范围, 对整体回淤效果影响不大。

5　结语

(1) 本研究基于黏性细颗粒泥沙运动特点, 考虑絮团动水沉降相似要求来进行比尺设计, 选用木粉为模型沙, 在连云港模型内进行定床浑水悬沙回淤试验研究, 试验结果表明, 港内泥沙回淤趋势和量级是合理的, 说明用木粉模拟泥质海岸港池内以沉降为主的悬沙运动是可行的。

(2) 试验结果表明, 潮汐条件下半封闭港池内泥沙回淤主要是涨潮挟沙水流将泥沙带入港内, 由于水流沿程减弱, 泥沙沉降回淤, 回淤率自口门向港内逐渐减小。随着港池面积的增大, 总回淤量呈指数规律递增, 而平均回淤率则逐渐降低。

(3) 初步估计, 连云港西大堤建成初期港内平均回淤率为 0.8~1.2 m/a, 随着港区开发和浅滩水域的减少, 最后降低到 0.4~0.6 m/a。随着北港区的扩建, 港池北侧的回淤率将大于南侧。

(4) 减少港内无用水域虽可减少港内总回淤量, 但口门部位回淤率却随之增大。港内浅滩的围垦回填应经过严格论证, 如可能应尽量扩建为港池。

(5) 本试验研究初步探讨类似于 (建成西大堤后) 连云港的半封闭港池回淤规律, 限于水平和条件, 必有许多不足之处, 待今后进一步工作来提高完善。

参考文献

[1] 徐啸. 细颗粒黏性泥沙沉降率的探讨 [J]. 水利水运科学研究, 1989 (4).
[2] 杨美卿. 细泥沙絮凝的微观结构 [J]. 泥沙研究, 1986 (3).

(本文刊于《泥沙研究》, 1993 年第 1 期)

海岸河口半封闭港池悬沙淤积规律试验研究

摘　要：通过典型挖入式港池悬沙回淤试验，研究半封闭池内泥沙回淤规律，在此基础上通过理论分析，探讨预报半封闭港池回淤率计算关系式。并应用连云港、天津新港等现场资料及若干模型试验资料进行验证，结果表明本文所提出的计算关系式是合理的。

关键词：海岸河口；半封闭水域；悬沙回淤规律；试验研究

1　前言

我国很大一部分海岸属于淤泥质海岸，近年随着沿海地区的开放，国民经济迅速发展，在淤泥质海岸新建和扩建了不少港口，其中一部分属于半封闭港口，如兴建西大堤后的连云港，封堵北堤缺口后的天津新港，上海港外高桥挖入式港池等。研究半封闭港口内泥沙运动规律，估算新港口的回淤率，寻求合理的减淤措施，具有重要的现实意义。

在文献［1］中，我们以连云港为原型，试验研究了建成西大堤后连云港海湾港域内泥沙回淤规律，对半封闭港池含沙浓度变化情况，港内回淤分布及港池面积对回淤率的影响等进行了初步分析讨论，同时认识到半封闭港池回淤规律与开敞式不同，影响因素较多，为了掌握其机理，有必要进行更一般性的研究。为此，我们接着进行形状比较规则的挖入式港池浑水回淤试验，进一步探讨研究不同的纳潮面积和不同潮型条件下港内泥沙回淤规律，并根据这些资料进行综合分析，设法寻求具有普遍意义的定量关系。

2　半封闭港池浑水回淤试验研究

2.1　试验条件及组次

模型方案和区划如图 1 所示，港池单元尺度 500 m×650 m，模型比尺条件与连云港模型相同[1]，港内水深相当于原型 11 m，参照连云港潮汐特点，潮汐采用 3 种：大潮潮差 4.1 m；中潮潮差 3.4 m；小潮潮差 2.7 m。试验方式和浑水系统、悬沙相似条件及模型沙选择原则，均与文献［1］相同，模型各项比尺及模型沙特性，见表 1 和表 2。

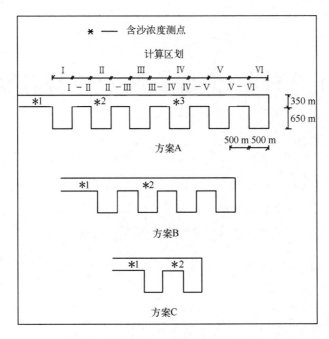

图1 试验方案、港池区划和尺寸

表1 泥沙特性

名 称	单 位	原 型	模 型
泥沙中值粒径 d_{50}	mm	0.003 5（单颗粒）	0.051
沉降颗粒容重 γ_s	g/cm³	1.07	1.18
沉降颗粒静水沉速 W	cm/s	0.05	0.025
淤积物干容重 γ_0	g/cm³	0.64	0.43
临界扬动摩阻流速 u_*	cm/s	1.55	0.63
年平均含沙浓度 C	kg/m³	0.25	1.25

表2 比尺情况

比尺名称	计 算	实 际	比尺名称	计 算	实 际
水平比尺 λ_L		500	淤积物干容重比尺 λ_{γ_0}		1.49
垂直比尺 λ_h		60	含沙浓度比尺 λ_c		0.20
时间比尺 λ_τ	64.55	64.55	淤积时间比尺 λ_{τ_2}	481	398
速度比尺 λ_u	7.74	7.74	扬动流速比尺 λ_{u_0}	7.74	7.71
动水沉速比尺 λ_{W_m}	0.93	0.95			

2.2 试验成果分析

2.2.1 港内流态

试验表明，涨潮时港内产生顺时针回流，落潮时产生逆时针回流。越向港内水流越弱。

2.2.2 港内含沙浓度变化

口门处含沙浓度是港内回淤的控制因素，本试验采用光电测沙仪直接测量，每个全潮测 25 次（相当于原型 0.5 h 间隔），图 2 为方案 C 的大潮含沙浓度过程线，可以看出口门处含沙浓度随潮流变化而变化，落潮憩流期含沙浓度最低，随着潮位上升含沙浓度迅速增加，涨急时含沙浓度达最大，然后随着涨潮流速的减小而开始下降，涨憩时的含沙浓度接近涨潮平均含沙浓度。

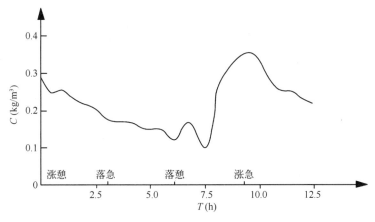

图 2 方案 C 含沙浓度过程线

2.2.3 港内回淤分布和回淤率

在模型中测量回淤厚度可以用直接测量和取底样烘干称重分析两种方法，本试验采用后一种，将各方案回淤量和平均回淤率分别进行计算，结果列于表 3，计算区划如图 1 所示。

表 3 各方案回淤量及回淤率

方案	港内不同位置处回淤量 Q（$\times 10^4$ m³/a）									全港回淤量 Q（$\times 10^4$ m³/a）	平均回淤率 Δh（m/a）
	I	I–II	II	II–III	III	III–IV	IV	IV–V	V		
A-大	76	32	52	16	27	3.0	4.0	0.8	1.2	211	0.52
A-中	74	27.5	43.5	9	17	1.8	3.0	0.6	0.05	176.5	0.43
A-小	65	20	25	3.6	4.7	0.4	2.0	0.06	—	122	0.30
B-大	78	28	31	13	4	0.6	—	—	—	154	0.66
B-中	77	27	23	2.5	2.3	0.2	—	—	—	132	0.56

续表

方案	港内不同位置处回淤量 Q （×10⁴ m³/a）									全港回淤量 Q （×10⁴ m³/a）	平均回淤率 Δh （m/a）
	Ⅰ	Ⅰ-Ⅱ	Ⅱ	Ⅱ-Ⅲ	Ⅲ	Ⅲ-Ⅳ	Ⅳ	Ⅳ-Ⅴ	Ⅴ		
B-小	60	18	19	5	5.3	0.4	—	—	—	108	0.46
C-大	72	21	22	—	—	—	—	—	—	115	0.97
C-中	56	20	19	—	—	—	—	—	—	95	0.81
C-小	39	14	14	—	—	—	—	—	—	67	0.57

＊说明："A-大"，代表方案 A 大潮工况；以此类推。

可以归纳得到以下几个特点：

（1）回淤率自口门向港内递减；

（2）当纳潮面积较大（例如方案 A），大潮会将更多的泥沙输运到港内深处，使港内回淤率增加；

（3）当纳潮面积较小（例如方案 C），潮差变化对口门附近港池回淤率的影响要大于港内。

试验表明，随着港内扩建港池的增大，回淤总量随之增大，但平均回淤率下降，图 3 点绘了不同潮差条件下港域面积 A 与回淤总量 Q 及平均回淤率 Δh 之间的关系，虽然资料点数据不多，但规律性还是十分明显的。

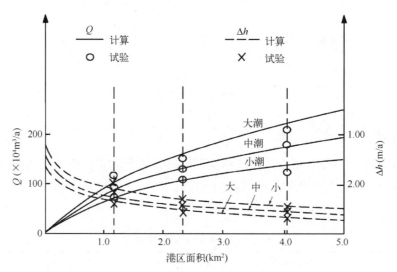

图 3　各方案 Q~A 和 Δh~A 关系

3　半封闭港池回淤规律探讨

我们先从因次分析角度研究回淤量计算式的可能形式。根据现有资料可知，影响半封闭港池总回淤量 Q 的主要因素有：

（1）港域几何条件，包括总纳潮面积 A_0，深水港池航道面积 A，港内浅滩水深 h_1，港池水深 h_2，口门宽度 B 等；

（2）潮汐动力条件，包括当地平均潮差 ΔH，潮波周期 T 等；

（3）港域泥沙条件，主要有口门外涨潮平均含沙浓度 C，泥沙沉速 W，淤积物干容量 γ_0 等；即

$$f(Q, A_0, A, h_1, h_2, B, \Delta H, T, C, W, \gamma_0) = 0 \tag{1}$$

根据因次分析原理和经验，可得

$$f\left(Q', \frac{WT}{\Delta H}, \frac{C}{\gamma_0}, \frac{A}{A_0}, \frac{h_1}{h_2}, \frac{A_0}{Bh_2}, \Delta H', A'\right) = 0 \tag{2}$$

式中：Q' 为无因次形式回淤量，$Q' = \dfrac{Q}{\eta \Delta HA}$，$\eta$ 为港内外水体交换修正系数；$\Delta H'$、A' 分别为无因次形式潮差和港池面积，$\Delta H' = \dfrac{\Delta H}{H''}$，$A' = \dfrac{A}{H''}$，$H''$、$A''$ 分别为某特征长度及特征面积，可用单位值表示；而参数 $\dfrac{WT}{\Delta H}$ 的物理意义类似于"无因次沉速"，W 体现泥沙重力沉降作用，$\dfrac{\Delta H}{T}$ 体现水流动力强度；参数 $\dfrac{A_0}{Bh_2}$ 反映口门相对尺度的影响，式（2）可进一步写成

$$Q = \eta \times \Delta H \times A\left(\frac{WT}{\Delta H}\right)^m\left(\frac{C}{\gamma_0}\right)^n \times f\left(\frac{A}{A_0}, \frac{h_1}{h_2}, \frac{A_0}{Bh_2}, \Delta H', A'\right) \tag{3}$$

根据现有资料分析 $m \approx 1$，$n \approx 1$，即

$$Q = \left(\frac{WT}{\Delta H}\right) \times \left(\eta\frac{\Delta HAC}{\gamma_0}\right) \times f\left(\frac{A}{A_0}, \frac{h_1}{h_2}, \frac{A_0}{Bh_2}, \Delta H', A'\right) \tag{4}$$

3.1 无浅滩半封闭港池回淤规律

为便于讨论，先讨论简单情况，即港内无浅滩且口门因素暂不考虑，则式（4）可写成

$$Q = \frac{WTC}{\gamma_0}\eta A \times f(\Delta H'A') \tag{5}$$

前已述及，在试验中发现回淤量与纳潮面积呈指数关系（图3）。通过对已有资料分析，并参照前人已进行的工作，得到半封闭型港池年回淤量 Q（m³/a）的计算关系式的基本形式如下：

$$Q = \frac{WTC}{\gamma_0}\eta A \times \exp\left[f(A', \Delta H')\right] \tag{6}$$

在此基础上，对实际资料进行拟合，最后得

$$Q = K\frac{WnTC}{\gamma_0}\eta A \times \exp\left[-\beta A^{0.3}\right] \times 10^7 \tag{7}$$

式（7）即无浅滩情况下半封闭港池年回淤量的计算关系式。式中：T 为每潮秒数，n 为一年中潮数，K 为系数，一般情况下 $K \approx 0.4$，施工期及新建成港口 $K \approx 0.5 \sim 0.6$，港域面积单位为 km^2，C、γ_0 单位为 kg/m^3，W 单位为 m/s，T 单位为 s，ΔH 单位为 m。β 为与潮差 ΔH 有关的参数，根据试验资料拟合得式（8）：

$$\beta = f(\Delta H) = 1.896 - 0.221 \times \Delta H \tag{8}$$

下面用一些实例计算来说明式（7）和式（8）的应用情况。

3.1.1　本试验研究

计算结果列于表 4，计算时沉速 $W = 0.0005 \text{ m/s}$，$\gamma_0 = 640 \text{ kg/m}^3$，$C = 0.25 \text{ kg/m}^3$，$\eta = 1$，$\Delta H = 3.4 \text{ m}$。计算结果同时点绘于图 3，可以看出计算结果与实测结果基本一致。

表 4　本试验结果与计算结果之比较

方案		A-大	B-大	C-大	A-中	B-中	C-中	A-小	B-小	C-小
回淤率 Δh	实测值（cm/a）	52	66	97	43	56	81	30	46	57
	计算值（cm/a）	55	69	87	43	56	74	34	45	62

3.1.2　南通港挖入式港池（试验）[2]

试验共有三种方案，港内水深为 6.5 m，口外为水深 10 m 以上的大江，主要是悬沙产生回淤，悬沙中值粒径 $d_{50} = 0.007 \text{ mm}$，为便于比较，现仅对洪季试验结果进行验证计算。潮差取中潮潮差 $\Delta H = 2.2 \text{ m}$，相应含沙浓度 $C = 0.33 \text{ kg/m}^3$，计算结果与试验结果之比较列于表 5。可以看出，港域面积较小时（方案Ⅲ），计算值小于实测值，其原因可能是港域面积较小、口门相对较宽，回流造成的回淤所占比例已不容忽略，η 值应大于 1。

表 5　南通港试验结果与计算结果之比较

方案	面积（km^2）	Q（$\times 10^4 \text{ m}^3$，洪季）		ΔH（m，洪季）	
		实测值	计算值	实测值	计算值
Ⅰ	0.17783	3.38	3.34	0.19	0.19
Ⅱ	0.10671	2.45	2.32	0.23	0.22
Ⅲ	0.03283	1.08	0.884	0.33	0.27

3.1.3　林健试验资料[3]

林健在南通港挖入式港池模型基础上进行一系列挖入式港池浑水回淤试验。根据试验条件，按式（7）进行回淤量计算。计算结果与试验结果之比较列于表 6（注意，表中已将模型数据按比尺换算为原型）。所有试验港池均为矩形。可以看出，当口门宽 60 m 时，修正系数 $\eta \approx 1.25$，说明口门相对较宽，回流影响较大，港内回淤量相应增大。

表 6 林健试验结果与计算结果之比较

组次	潮差 ΔH (m)	面积 A (km²)	d_{50} (mm)	W (cm/s)	γ_0 (kg/m³)	C (kg/m³)	口门宽 (m)	η	Δh (m/a) 计算值	Δh (m/a) 实测值
1	3.2	0.012	0.019 7	0.035	853	0.98	60	1.25	0.39	0.38
2	3.0	0.012	0.014 3	0.018 7	803	0.92	60	1.25	0.20	0.20
3	2.8	0.012	0.017	0.024 7	830	0.81	60	1.25	0.23	0.25
4	2.4	0.012	0.015 2	0.021	813	0.78	60	1.25	0.18	0.22
5	3.2	0.004	0.017 1	0.026 6	831	1.22	30	1.0	0.33	0.33
6	3.2	0.006	0.017 1	0.026 6	831	1.22	30	1.0	0.32	0.34
7	3.2	0.002	0.016 2	0.023 9	823	1.11	30	1.0	0.28	0.30
8	3.2	0.006	0.016 2	0.023 9	823	1.11	30	1.0	0.27	0.31
9	3.2	0.002	0.015 2	0.021	813	1.17	30	1.0	0.27	0.24
10	3.2	0.006	0.015 2	0.021	813	1.17	30	1.0	0.24	0.25
11	3.2	0.012	0.014 1	0.018	802	1.22	60	1.25	0.26	0.25
12	3.2	0.012	0.014 1	0.018	802	1.28	60	1.25	0.26	0.28

3.1.4 上海港外高桥挖入式港池

上海港外高桥挖入式港池位于长江口南港河段中部，目前已在规划中，现应用本文提出的方法预报港池建成后整个港区内平均回淤率。

港池面积 $A=1.82$ km²；平均潮差 $\Delta H=2.54$ m，$\beta=1.34$；长江口年平均含沙浓度 $C=0.5\sim0.7$ kg/m³；泥沙中值粒径 $d_{50}=0.010\,5$ mm，沉速 $W=0.000\,3$ m/s；淤积物干容重 $\gamma_0=760$ kg/m³。考虑到是新建港区，在边界调整期间港区回淤量可能偏大，取系数 $K=0.5$，可以算得：

当含沙浓度为 $C=0.5$ kg/m³ 时，回淤率为 $\Delta h=0.63$ m/a；

当含沙浓度为 $C=0.7$ kg/m³ 时，回淤率为 $\Delta h=0.88$ m/a；

即整个港区平均回淤率约 0.75 m/a 时，与模型试验结果[4]（0.8 m/a）基本一致。

3.1.5 上海宝钢成品码头（现场）[5]

上海宝钢成品码头位于长江口南岸，口门宽 240 m，港域面积 $A=0.6$ km²，港内水深 3.7 m，悬沙中值粒径 $d_{50}=0.010\,5$ mm，中潮潮差 2.54 m，据此计算 1981 年 9 月 24 日至 11 月 24 日、1981 年 11 月 24 日至 1982 年 2 月 8 日和 1981 年 11 月 24 日至 1982 年 9 月 3 日港内回淤量，结果列于表 7，其中沉速与外高桥相同，取值 $W=0.000\,3$ m/s。

表 7 上海宝钢成品码头回淤情况

日期	C (kg/m³)	Q (×10⁴ m³) 计算值	Q (×10⁴ m³) 实测值
1981 年 9 月 24 日至 11 月 24 日	0.347	5.45	4.8
1981 年 11 月 24 日至 1982 年 2 月 8 日	0.383	7.61	7.2
1981 年 11 月 24 日至 1982 年 9 月 3 日	0.347~0.385	25.54~28.50	27.5

3.2 港内有浅滩情况

当半封闭港池内有浅滩时，由于纳潮量增大，港内外交换水体增多，导致进港沙量增加，另一方面，浅滩和深水港池之间有侧向水体交换，深水深池起集沙坑作用；此外浅滩上泥沙易被风浪和水流掀起，加大港内含沙浓度，从而加大深水港区的回淤率。显然，不仅浅滩与深水港池之间面积和水深比值都会影响港池回淤率，而且它们之间相对位置也会影响回淤情况。现基于工程角度仅对其中起主要作用的水域面积和水深因素进行研究。

设深水港域面积为 A，总水域面积为 A_0，当 $A = A_0$，即无浅滩时，港内回淤量可按式（7）计算，设其值为 Q_0，当有浅滩时，浅滩面积为 $(A_0 - A)$，浅滩水深为 h_1，港池水深为 h_2，根据经验，随着港池水深加大，回淤量会稍有增大。根据连云港老港区多年现场实测资料及模型试验资料分析，并参考文献 [6] 进行的工作，可得有浅滩时半封闭港池回淤量的计算关系式

$$Q = Q_0 \times \exp\left\{\frac{1}{4}\left[1 - \left(\frac{h_1}{h_2}\right)^3\right]\left(\frac{A_0 - A}{A_0}\right)^{0.3}\right\} \tag{9}$$

以下为几个验证算例。

3.2.1 连云港半封闭港池回淤模型实验[7]

西大堤建成后，港内有 80% 浅滩，随着港区的开发利用，浅滩面积逐渐缩小，浅滩平均水深约 3 m，模型中试验潮型平均潮差 3.87 m，由此得 $\beta = 1.04$。表 8 列出的是根据式（9）得出的计算值及在浑水回淤模型中的实测值，除 E 组外，计算值与实测值偏差一般在 10% 以内。

表 8　连云港半封闭港池回淤试验结果及计算情况

方　案	A_0 （km²）	A （km²）	Q_0 （×10⁴ m³）	Δh （m/a） 计算值	Δh （m/a） 实测值
A	18.18	3.08	176	0.70	0.79
B	16.21	4.64	220	0.58	0.59
C	10.38	8.88	295	0.37	0.36
D	8.62	3.08	176	0.69	0.72
E	7.17	5.67	242	0.49	0.43

3.2.2 连云港老港区（1967—1980 年）实测资料[7]

计算时采用平均潮差 $\Delta H = 3.4$ m，$\beta = 1.15$，口门含沙浓度为 0.25 kg/m³，沉速为 $W = 0.000\ 5$ m/s，干容重 $\gamma_0 = 640$ kg/m³[2]。计算值与实测值之比较见表 9。

表 9　连云港老港区回淤情况

时段（年）	A（km²）	$\dfrac{A_0-A}{A_0}$	h_2（m）	Q_0（×10⁴ m³）	Q（×10⁴ m³/a）	
					计算值	实测值
1967—1973	0.112 4	0.83	9	15.20	18.86	14.10
1973—1975	0.285	0.58	9	31.55	38.30	38.13
1975—1977	0.354 5	0.48	9	37.50	45.00	44.52
1977—1980	0.571	0.16	10	53.10	60.70	56.05

3.2.3　赤湾港[8]

赤湾原自然水深 0~3 m，湾内原水域面积约 0.8 km²，湾口口门宽约 1 000 m，处于冲淤平衡动力状态，1982 年开始建港，1985 年防波堤建成后，在口门形成一个 300 m 宽的半封闭港池。港内回淤主要以悬沙为主，$d_{50}=0.008$ mm，沉速 $W=0.000\ 3$ m/s，平均潮差 1.36 m，$\beta=1.6$，计算时取 $h_1=3.0$ m，$h_2=11.0$ m。

计算结果列于表 10，根据第四航务工程局 1982 年枯季水文测验资料，口门涨潮平均含沙量为 0.173 kg/m³，其后 1988 年南京水利科学研究院测得口门外涨潮平均含沙量为 0.119 kg/m³。在计算中同时考虑了两种情况。根据最近赤湾港地形监测资料，近年港内回淤率约为 0.40 m/a，考虑到最近港内一直进行施工，必然会加大港内回淤率，从长远看港内回淤率不会大于 0.20~0.30 m/a，计算结果是符合实际情况的，与文献［8］预报结果也一致。

表 10　赤湾港回淤计算结果

方案	A_0（km²）	A（km²）	Δh（m/a）	
			$C=0.119$（kg/m³）	$C=0.173$（kg/m³）
Ⅰ	0.70	0.20	0.28	0.42
Ⅱ	0.50	0.30	0.24	0.36
Ⅲ	0.50	0.50	0.17	0.25

3.2.4　天津新港[9]

天津港自然条件比较复杂，1958 年海河建闸前，港内有强烈的浮泥现象，回淤率达 4.4 m/a 以上。此外，北堤有 1 300 m 长的缺口，在港内形成平面环流，增加了港内外水沙交换量。由于回淤率资料主要是基于挖泥资料换算得到的，不同研究方法得到的结果相差甚大。现根据文献［9］等提供的资料进行计算。计算时潮差为 2.5 m，$A_0=17.5$ km²，结果列于表 11。

表 11　天津新港回淤情况

时段（年）	A（km²）	C（kg/m³）	计算值（×10⁴ m³/a）			实测值（×10⁴ m³/a）
			Q_0	Q	ηQ^*	Q
1954—1958	1.36	0.68	253	323	468	486

续表

时　段 （年）	A （km^2）	C （kg/m^3）	计算值（×10^4 m^3/a）			实测值（×10^4 m^3/a）
			Q_0	Q	ηQ^*	Q
1959—1974	1.66	0.44	186	238	345	344
1976—1983	3.21	0.41	239	303	440	445

*注：$\eta = 1.45$。

可以看出，计算值要比实测值小 1.5 倍左右，原因可能是：①北堤 1 300 m 的缺口直到 1978 年才堵塞，在这之前，缺口的存在加大港内外水体交换量，进而增大港内回淤量；②港内大片浅滩在水流和风浪作用下泥沙悬扬，增大港内含沙浓度；③港内施工增大港内水体含沙量。

3.3　讨论

（1）算例表明，当口门宽度较大时，会增大港内回淤量。其机理可能是口门较宽使口门附近水平回流加强，增加了港内外水体交换量。马麟卿曾进行六种不同口门形式的港池回淤试验，结果表明，口门宽度的作用要大于口门走向。适当减小口门宽度可减少口门内水流回流进而减少回淤量[2]。根据现场观测资料可知，潮汐条件下口门回流形态十分复杂，不仅与口门形式有关，且与口门外流态有关[10]。尚须进行更多的研究工作。

（2）对具有较长瓶颈形引航道的挖入式（或袋式）港池，减小口门（引航道）宽度固然可以加大航道内流速，减少航道内回淤量，却可能增加港池内回淤量。笔者曾进行过一组试验，将方案 A 口门引航道从 350 m 宽改为 200 m 宽，口门缩窄后，由于流速加大，有更多的泥沙被挟运到港内深处，港内回淤量反而有所增大，与文献 [11] 的结论是一致的。至于口门段引航道内泥沙回淤规律，属于潮汐通道范畴，现不予讨论，一般情况下，随着港域面积增大，引航道回淤量减小。

（3）关于系数 η，为便于研究，常做如下简化：

$$进港沙量 \approx \eta \times f(潮汐棱体作用) \approx \eta \times \Delta H \times A \times C$$

式中：$\eta = f$（水平环流作用，垂直环流作用，港内浅滩处水流和风浪掀沙作用）。

目前还缺乏确定 η 的较好方法，根据现有资料分析，笔者建议对于一般港内无大片浅滩的挖入式港池，$\eta = 1 \sim 1.25$；对于连云港和天津新港这种具有大片浅滩情况下的环抱式港池，$\eta = 1 \sim 1.5$。

（4）本文着重讨论了口门以内深水港域平均回淤率，对于一般典型的挖入式港池而论，回淤最大的部位一般位于口门以内水流扩散处，向港内逐渐递减，递减梯度与港域平面布置方式、纳潮面积、港内各部位水深条件、口门相对尺度、潮差及泥沙粒径等有关。

（5）本文所建议的计算方法原则上也可用来估算非泄流条件下闸下回淤，在泄流时则不适用。

4 结语

研究淤泥质海洋半封闭港池回淤规律具有重要现实意义，目前国内外研究尚少，本文通过典型挖入式港池浑水回淤试验研究，提出预报港内回淤量计算关系式（7）至式（9）。通过对国内一些实验室资料和现场资料的验证计算说明以上关系式计算结果在量级上是合理的，在趋势上是正确的。

通过分析可知，影响半封闭港池回淤的因素甚多，本文仅研究了典型条件下一些主要因素的作用，有些问题，例如口门宽度与回流的作用，港域较大时港内浅滩上风浪掀沙作用，港内有径流时咸淡水交汇处泥沙絮凝沉降问题等，有待于今后进一步研究，本文所提出的计算方法也有待于更多资料的验证和修正。

参考文献

［1］徐啸，等.淤泥质海岸半封闭港池回淤规律的初步研究［J］.泥沙研究，1993（1）.

［2］马麟卿，等.南通港挖入式港池悬沙回淤模型试验［R］.南京水利科学研究院，1987.

［3］林健.潮汐河口挖入式港池淤积研究［D］.南京：南京水利科学研究院，1988.

［4］陈志昌，等.上海港外高桥挖入式港池淤积模型试验研究［R］.南京水利科学研究院，1992.

［5］上海港宝山作业区港池试挖回淤观测研究阶段报告［R］.上海航道设计研究所，1985.

［6］刘家驹，张镜潮.连云港扩建工程港口回淤问题的研究［J］.水利水运科学研究，1982（4）.

［7］孙献清，等.连云港现港区淤积分析［R］.南京水利科学研究院，1988.

［8］张镜潮，等.赤湾港泥沙淤积报告［R］.南京水利科学研究院，1983.

［9］许景新.天津新港回淤情况的分析，兼论淤泥质海岸兴建深水大港的可能性［J］.水道港口，1984.

［10］Hans Vollmers. Harbour Inlets on Tidal Estuaries［C］. Proc. 15th CEC., 1976.

［11］常福田.潮汐河段挖入式港口水域布置和淤积分析［J］.水运工程，1984（1）.

（本文刊于《泥沙研究》，1993 年第 4 期）

淤泥质海岸半封闭港口回淤预报

摘　要：本文扼要介绍了淤泥质海岸半封闭港池泥沙回淤特点及现有的计算方法。通过因次分析，探讨了计算半封闭港池平均回淤强度计算式的一般形式，基于试验研究结果和若干现场观测资料，提出港内无浅滩和有浅滩两种情况下半封闭港池回淤率计算关系式。计算结果与实际资料进行比较，两者在量级和趋势上均较吻合。

关键词：淤泥质海岸；半封闭水域；因次分析；回淤计算关系式

1　前言

近年我国在淤泥质海岸新建或扩建了不少半封闭型港口（环抱式、挖入式或袋式等），如天津新港、连云港和赤湾港等。研究半封闭型港口内泥沙运动规律，预报新建港口回淤率，探索有效的减淤措施，具有重要现实意义。

本文基于试验研究成果及一些现场实测回淤资料综合分析，探讨半封闭港口泥沙回淤趋势，试图寻求物理图像清晰、量级基本合理且切实可用的回淤率计算关系式。

2　半封闭港口回淤强度计算关系式

2.1　半封闭港口泥沙回淤特点

港内泥沙回淤的主要形式有如图1所示的三种形式，即：

（1）水位上涨时，浑水随之入港以至回淤，在潮汐海岸河口，这是主要回淤形式；

（2）口门附近回流引起港内外水沙交换，导致口门附近局部回淤；

（3）异重流回淤，仅在弱潮区当暴风或洪水使口门外含沙浓度远大于港内时，可能发生异重流回淤。

在近海地区，潮汐运动使半封闭港池口门附近产生较强水流，使回流淤积和异重流淤积大大减弱，涨落潮引起的淤积是港池淤积的主要形式。港内泥沙回淤分布及回淤率取决于港内水流形态，因半封闭港池边界往往比较复杂，水流形态也比较复杂，直到近十年人们才对港内泥沙回淤分布特点有所认识，并逐渐摸索研究出一些半经验性的回淤率计算方法，其中常用的有回淤比（f）估算法及刘家驹经验关系式等。

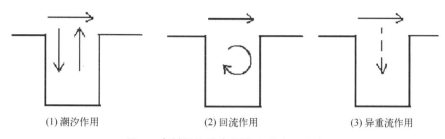

(1) 潮汐作用   (2) 回流作用   (3) 异重流作用

图1 半封闭港池内泥沙回淤主要形式

2.2 现有计算方法简介

2.2.1 回淤比（f）估算法

因泥沙主要来源于口门外，可根据口门处潮位过程及流速、含沙量变化情况，算出进出港沙量，进而算出回淤量与总进沙量之比：

$$f = \frac{\text{进港沙量} - \text{出港沙量}}{\text{进港沙量}} = \frac{\text{回淤量}}{\text{进港沙量}} \tag{1}$$

在已建港的情况下，可根据口门外水文测验资料由式（1）反算 f 值（水文法），或用疏浚量近似表示回淤量 Q 来估算 f 值。

在建港前确定 f 值有很多困难，最常用的方法是用条件相当的港口进行类比，但这样做往往会有较大偏差。近年有些研究者试图建立 f 值与水沙条件之间的经验关系，由于对半封闭港池泥沙回淤规律及主要影响因素的作用缺乏认识，且一般没有实际资料印证，无法实际应用。

2.2.2 刘家驹经验关系式

20 世纪 80 年代初，刘家驹教授在研究分析天津新港和连云港泥沙回淤实测资料后，首先提出计算港内有浅滩的半封闭港池回淤率计算关系式：

$$P = K \frac{TWC}{\gamma_0} \left[1 - \left(\frac{h_1}{h_2} \right)^3 \right] \times \exp \left[\frac{1}{2} \left(\frac{A_0 - A}{A} \right)^{\frac{1}{3}} \right] \tag{2}$$

式中：P 表示回淤率（m/a）；$K \approx 0.4$；T 为相应于一年的秒数（s）；W 为泥沙絮凝沉速（m/s）；C 为计算时段的平均含沙浓度（kg/m³）；γ_0 为淤积物干容重（kg/m³）；h_1、h_2 分别为浅滩水深和港内开挖水深（m）；A 为港内深水面积（km²）；A_0 为港域总面积（km²）。

和所有其他经验关系式一样，以上关系式也有一定的局限性。例如当港内没有浅滩时，即 $A_0 = A$，式（2）即可写成

$$P = K \frac{TWC}{\gamma_0} \left[1 - \left(\frac{h_1}{h_2} \right)^3 \right] \tag{3}$$

实测资料表明，挖入式港池回淤率随港域面积增大而减小，上式不能反映这一规律。此

外，当港外水深 h_1 大于或等于港内水深 h_2 时，根据式（3）回淤率 P 应为零；事实上，在以悬沙为主的情况下，由于港内动力水平低于港外，一般仍将产生回淤。

3 半封闭港口回淤率计算关系式

根据现有资料可知，影响半封闭港池回淤量 Q（或回淤率 P）的主要因素有：

（1）港域几何条件，包括总纳潮面积 A_0，深水港池、航道的面积 A，港内浅滩水深 h_1，港池水深 h_2，口门宽度 B 等；

（2）潮汐动力条件，包括当地平均潮差 ΔH，潮波周期 T 等，考虑到掩护条件较好，可不考虑风浪作用；

（3）泥沙条件，主要为口门处涨潮平均含沙浓度 C，细颗粒泥沙絮凝沉速 W，淤积物干容量 γ_0 等。从而可得

$$f(Q,\ A_0,\ A,\ h_1,\ h_2,\ B,\ \Delta H,\ T,\ C,\ W,\ \gamma_0) = 0 \tag{4}$$

根据因次分析原理和经验，可得

$$f\left(Q',\ \frac{WT}{\Delta H},\ \frac{C}{\gamma_0},\ \frac{A}{A_0},\ \frac{h_1}{h_2},\ \frac{A_0}{Bh_2},\ \Delta H',\ A'\right) = 0 \tag{5}$$

式中：Q' 为无因次形式回淤量，$Q' = \dfrac{Q}{\eta \Delta H A}$，$\eta$ 为半封闭港池内外水体体积交换修正系数；$\Delta H'$、A' 分别为无因次形式潮差和港池面积，$\Delta H' = \dfrac{\Delta H}{H''}$，$A' = \dfrac{A}{A''}$，$H''$ 和 A'' 分别为某特征长度及特征面积，可用单位值表示；而参数 $\dfrac{WT}{\Delta H}$ 的物理意义类似于"无因次沉速"，W 体现泥沙重力沉降作用，$\dfrac{\Delta H}{T}$ 反映潮汐水流动力强弱；$\dfrac{A_0}{Bh_2}$ 表示港域面积与口门断面积之比，反映口门相对尺度的影响。式（5）可进一步写成

$$Q' = \left(\frac{WT}{\Delta H}\right)^m \left(\frac{C}{\gamma_0}\right)^n \times f\left(\frac{A}{A_0},\ \frac{h_1}{h_2},\ \frac{A_0}{Bh_2},\ \Delta H',\ A'\right) \tag{6}$$

或

$$Q = (\eta A \Delta H)\left(\frac{WT}{\Delta H}\right)^m \left(\frac{C}{\gamma_0}\right)^n \times f\left(\frac{A}{A_0},\ \frac{h_1}{h_2},\ \frac{A_0}{Bh_2},\ \Delta H',\ A'\right) \tag{6'}$$

根据经验，$m \approx 1$，$n \approx 1$，式（6'）即为

$$Q = \frac{WTC}{\gamma_0}(\eta A) \times f\left(\frac{A}{A_0},\ \frac{h_1}{h_2},\ \frac{A_0}{Bh_2},\ \Delta H',\ A'\right) \tag{7}$$

为了便于分析，先考虑简单情况，即港内无浅滩且暂不考虑口门因素的影响，则有

$$Q_0 = \frac{WTC}{\gamma_0}\eta A \times f(\Delta H',\ A') \tag{8}$$

Q_0 的下标表示为无浅滩条件。南京水利科学研究院进行了一系列的半封闭泥沙回淤试验研

究，我国一些半封闭港口多年来也积累了不少宝贵的实测回淤资料，通过对这些资料的分析，我们发现半封闭港口泥沙回淤有其特有的规律，即港内平均回淤量 Q 随港域面积 A 的增大呈指数关系递增（图2）。因此式（8）可写成

$$Q_0 = \frac{WTC}{\gamma_0}\eta A \times \exp\left[f(A', \ \Delta H')\right] \tag{9}$$

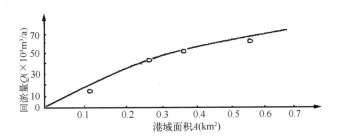

图2　连云港老港区 $Q \sim A$ 关系实测资料分析

在此基础上，与实际资料比较分析，最后得出无浅滩情况下半封闭港池年平均回淤量 Q_0（m^3/a）计算式：

$$Q_0 = K\frac{WCnT}{\gamma_0}(\eta A)\exp\left[-\beta (A')^{0.3}\right] \times 10^7 \tag{10}$$

港池平均回淤率为

$$P_0 = K\frac{WCnT}{\gamma_0}\eta\exp\left[-\beta (A')^{0.3}\right] \tag{11}$$

式中：$K \approx 0.4$，n 为一年中潮数，$n \approx 700$；计算时港域面积单位用 km^2，β 用式（12）计算

$$\beta = 1.896 - 0.221\Delta H' \tag{12}$$

其他有关参数定义及单位与前相同。

　　当港内有浅滩存在时，由于纳潮面积增大，使进港沙量增加；滩槽之间的水沙交换也会增大深水挖槽内的回淤量。通过对试验和现场资料分析，并参考刘家驹关系式，可得出有浅滩时半封闭港池平均回淤量（m^3/a）计算关系式：

$$Q = Q_0\exp\left\{\frac{1}{4}\left[1 - \left(\frac{h_1}{h_2}\right)^3\right] \cdot \left(\frac{A_0 - A}{A_0}\right)^{0.3}\right\} \times 10^7 \tag{13}$$

式中：Q_0 按式（10）算得。

　　图3为部分现场和试验中实测年平均回淤率与按式（10）和式（13）计算结果之比较，可以看出，两者之间相当吻合。具体资料来源及计算方法可参看南京水利科学研究院有关研究报告。

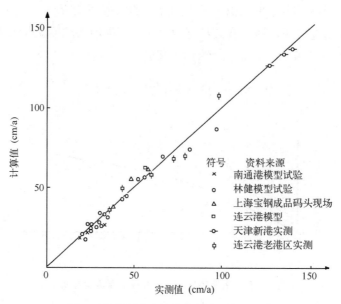

图 3　港池回淤率计算值与实测值之比较

4　讨论

（1）由式（10）等可以看出，沉速 W 和含沙浓度 C 是影响港内回淤的重要参数，对特定的海岸条件，细颗粒泥沙沉降速度可视为常数，这时半封闭港池口门处含沙浓度起十分重要的作用。建港规划时应注意将口门置于含沙浓度较低处。此外，按式（10）等计算时，C 应取涨潮时段平均含沙浓度。

（2）关于系数 η，因进港沙量不仅与水平环流及垂直环流作用有关，当港内有大片浅滩时，还应考虑风浪掀沙引起港内含沙浓度增大。即

进港沙量 $=f$（潮汐棱体作用，水平环流作用，垂直环流作用，港内浅滩水流和风浪掀沙作用）。为便于研究，常做如下简化：

$$进港沙量 = \eta \cdot f(潮汐棱体作用) = \eta \cdot \Delta HAC$$

式中：η 反映了水平环流、垂直环流及浅滩部位风浪掀沙作用等。如前所述，潮汐条件下垂直环流作用可以忽略不计，且考虑到水平环流作用与口门相对尺度 $\left(\dfrac{Bh_2}{A_0}\right)$ 及口门外流态（可以口门外流速 V 表征）有关，则

$$\eta = f\left(\frac{Bh_2}{A_0},\ V,\ \frac{A}{A_0}\right)$$

目前还缺乏确定 η 的较好方法，根据现有资料分析，笔者建议对于一般港内无大片浅滩的挖入式港池，$\eta = 1 \sim 1.25$，对于具有大片浅滩的环抱式港口（如连云港等），$\eta = 1 \sim 1.5$。

（3）本文中所建议的计算回淤率关系式适用于相对稳定条件的港域，对于新建、扩建港区，在边界调整期间港内回淤量必然要偏大，当港域附近有土石方施工或弃土抛泥时，往往会加大港内回淤量，计算时应适当增大系数 K 值。

（4）本文着重讨论口门内整个深水港域范围内的平均回淤率计算方法。至于港内回淤率分布，一般情况下自口门向港内沿程递减，最大回淤率位于口门内水流扩散处。递减规律与港域面积、平面布置形式、港内各部位水深条件、口门相对尺度、潮差、粒径等有关，由于问题复杂性，本文暂未讨论。

参考文献

［1］刘家驹，张镜潮．连云港扩建工程港口回淤问题的研究［J］．水利水运科学研究，1982（4）.

［2］常福田．潮汐河段挖入式港口水域布置和淤积量分析［J］．水运工程，1984（1）.

［3］Eysink W D. 河口地区开挖航道和港池淤积的计算方法［J］．水利水运译丛，1984（1）.

（本文刊于《水运工程》，1991 年第 1 期）

岬角型岸线潮流泥沙特点及海洋工程问题

摘　要： 在一些海岛或湾口部位，因岸线走向发生较大变化，具有"岬角型"岸线特点，随着边界条件的不同，经过这里的潮流具有不同特点的分流、汇流或挑流、绕流等复杂流态。本文结合几个典型的港口工程研究成果，将岬角型岸线处潮流特点进行归纳分类，分析它们的泥沙运动特点及建设海洋工程时可能存在的问题，探讨整治工程的原则和方法等。

关键词： 岬角型岸线；潮流特点；泥沙回淤特点；海洋工程问题

1　前言

在一般平直海岸条件下，近岸区的潮流一般是平行于等深线的沿岸流动。但在一些海岛或湾口部位，岸线走向发生较大变化，具有"岬角型"海岸线特点，经过这里的潮流不再是均匀平顺地流动，而是随着边界条件的不同，呈现出具有不同特点的分流、汇流或挑流、绕流等复杂流态特点，有时会伴随产生大尺度回流或环流现象。在此部位规划建设港口工程或其他海岸工程，就必须充分掌握当地潮流场特点以及相应的泥沙运动特点；否则会直接影响到此区域的船舶航运安全，还可能因严重的泥沙淤积问题导致工程的失败。

本文结合几个典型的港口工程研究成果，将岬角型岸线处潮流特点进行归纳分类，分析它们的泥沙运动特点及建设海洋工程时可能存在问题，探讨整治工程的原则和方法等。

2　岬角型岸线水域潮流类型和特点

下面我们以厦门东渡湾（厦门西海域）湾口处，即鼓浪屿周边海域的潮流特点来说明岬角型岸线水域潮流特点和类型。

图1和图2为东渡湾湾口处水域涨潮、落潮流态示意。

涨潮阶段，涨潮流自厦门大学—屿仔尾断面进入鼓浪屿南海域，涨潮水量中大部分（2/3以上）往西进入九龙江河口湾，约1/3折向北进入厦门东渡湾（厦门西海域）水域。据此可以看出，不同的边界条件产生不同的潮流流态，东渡湾湾口水域大致有两种潮流形态：①环抱式分（汇）流型；②岬角绕（挑）流分（汇）流型。下面分别介绍这些流态的特点和相应的泥沙问题。

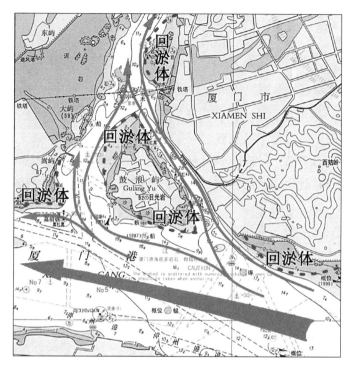

图 1 涨潮流态

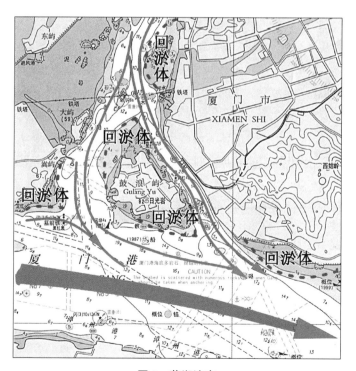

图 2 落潮流态

2.1　环抱式分（汇）流型

根据地形条件，环抱式分（汇）流型又可分为岛屿环抱流型和岬角环抱流型。

2.1.1　岛屿环抱式分（汇）流——鼓浪屿周边流态

（1）潮流特点：潮流正面迎岛流动，遇岛后迎流区潮流分为两股水流，从岛屿两侧流至岛屿背水区，重新汇聚；迎水区和背水区亦即分流区和汇流区。

由图1和图2可以看出，鼓浪屿东南端呈鱼嘴状将涨潮流分成东西两股水流，分别沿鼓浪屿东西两侧北行在鼓浪屿西北端重新汇合。落潮流相反，在鼓浪屿西北端分流，到东南端汇流。

（2）泥沙回淤特点：分（汇）流区水流紊动较强烈，一般产生较多泥沙回淤，当水体含沙量较高时，岛屿前后两端均可能产生鱼嘴型淤积体。

（3）海洋工程问题：淤积区一般不宜建设港口或航道工程；但可依据水流条件布置围海工程。

（4）实例：鼓浪屿、小金门岛、厦门岛等。

2.1.2　岬角环抱式分（汇）流——嵩屿周边流态

（1）潮流特点：潮流正面向岬角型岸线行进，岬角处为分流区；在反向潮流情况下又是汇流区。实质上"岛屿环抱式"与"岬角环抱式"流态相同；"岬角环抱式分（汇）流"更具有普遍意义。

（2）泥沙回淤特点：与"岛屿环抱式"相同，分（汇）流区水流比较紊乱，易产生泥沙回淤，形成鱼嘴形回淤体。嵩屿水域的象鼻嘴浅滩即为典型的鱼嘴形回淤体。

（3）海洋工程问题：淤积区一般不宜建设港口或航道工程；但可依据水流条件布置围海工程，此类围海工程多为"鱼嘴形"工程，起导流或分流作用。此类工程的关键往往是如何确定"鱼嘴点"的位置。为保证鱼嘴两侧水流平顺和比例合适，鱼嘴点应位于天然两股水流的"分流线"上，由于潮流的非恒定性，"分流线"可能不是一条固定线，而是随时摇摆变动，形成一个"分流区"，为此一般需通过试验研究来确定比较合理的"鱼嘴点"。

（4）实例：厦门嵩屿、泉州南安石井、小洋山岛链的颗珠山等。

2.2　岬角绕（挑）流式分（汇）流——沿厦门岛西南海岸的涨落潮水流

（1）潮流特点：潮流以绕（挑）流形式通过岛屿或海岸的岬角，在岬角附近，分为两股水流或与另一股潮流汇合。由于岬角的挑流作用，在岬角"下游"侧岸线处容易形成一定尺度的回流。

（2）泥沙回淤特点：由于较强的绕（挑）流作用，岬角附近往往形成深潭或深槽。当有充分泥沙补给时，潮流主流通过岬角后，在回流区范围内容易形成"弓形"或"半月形"淤积体。

（3）海洋工程问题：在绕流区和回流区建设海岸工程都将面临比较大的水流泥沙问题。特别是在强潮高含沙量水域，往往需要通过试验研究确定工程的可行性。

（4）实例：洋山深水港一期工程（小洋山—镬盖塘方案）、马迹山马屁股卸货码头等。

3 岬角型岸线潮流类型的进一步综合分析

3.1 岬角型岸线潮流类型的进一步概化

根据上述两类岬角型潮流特点可以绘制如图 3 和图 4 两种更具典型意义的流态概化示意图。由图可知，岬角环抱式分（汇）流特点是：岬角在两股（分或汇）水流中间，而岬角绕流式分流（汇流）特点是：岬角在两股（分或汇）水流的一侧。

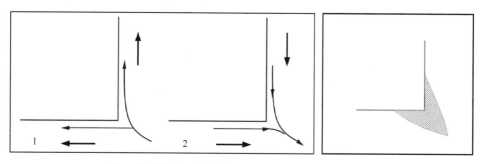

图 3 海岸岬角环抱式分（汇）流型及泥沙回淤特点

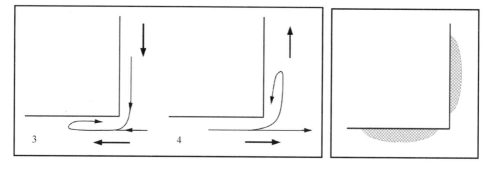

图 4 海岸岬角绕（挑）流式分（汇）流型及泥沙回淤特点

3.2 海岸岬角型潮流类型的工程实例研究[1]

我国是一个海陆兼备的国家，有 18 000 多千米的大陆海岸线，还有 14 000 多千米的岛屿岸线，面积在 500 m² 以上的海岛有 6 500 多个。这些岛屿分布在近 300×10^4 km² 的海域。

21 世纪是海洋世纪。发展海洋经济，建设海洋强国，是我国在新世纪肩负的神圣使命。大量海洋工程的建设需要我们对与之密切关联的海洋动力条件和泥沙运动有正确的理解和认识。下面以工程实例说明在一些复杂边界条件下，如何应用上述认识解决工程问题。

3.2.1 岬角环抱流型的工程实例——厦门嵩屿象鼻嘴岸线条件及嵩屿港区规划研究

3.2.1.1 嵩屿概况

厦门嵩屿象鼻沙嘴位于东渡湾和九龙江河口湾两海湾的潮流分（汇）流处。同时紧邻厦门两个最重要的港区——东渡港区和海沧港区的入海航道。为了达到利用象鼻嘴浅滩围海造地规划和建设嵩屿港区的目的，首先需要掌握当地潮汐水流特点。

3.2.1.2 潮汐水流的模型试验研究[2]

我们利用物理模型对嵩屿港区各种规划方案进行了试验研究，试验结果表明，保证嵩屿规划港区具有比较平顺的水流条件的关键是使嵩屿港区南、东岸线的交点能与两大潮流体系的分流点和汇流点尽可能一致。模型试验中发现涨潮期的两股水流的分流区（线）与落潮流的汇流区（线）并不一致，涨潮分流界线在落潮汇流界线以北，而且在涨、落潮过程中，分流和汇流点（区）随潮流涨落变化而变化，很难使分流（汇流）点与港区的端点完全一致，这将使港区南、东两岸线交点附近水域水流流态十分复杂。物理模型中先后进行了24组不同方案试验。图6和图7为其中部分方案情况。最后推荐方案如图5所示。图8和图9为推荐方案条件下涨急、落急流矢图。

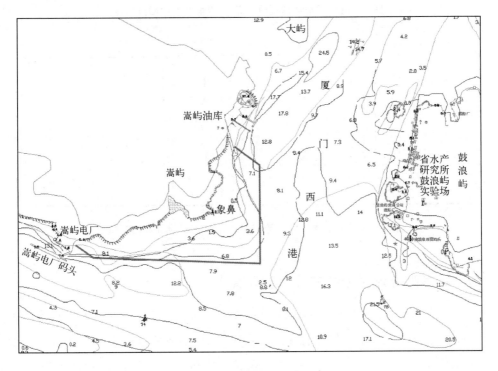

图5 嵩屿港区规划方案示意

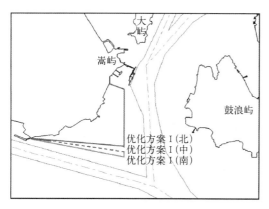

图6　嵩屿港区南侧岸线优化方案

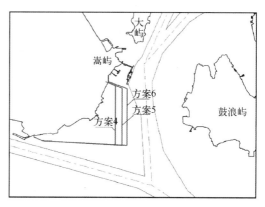

图7　嵩屿港区东侧岸线优化方案

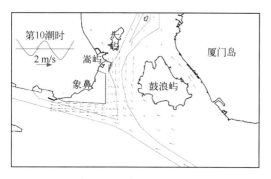

图8　嵩屿港区涨急流矢图（模型）

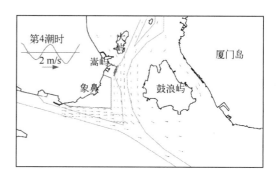

图9　嵩屿港区落急流矢图（模型）

3.2.1.3　工程实施后现场实测资料与试验成果之比较

图10和图11为工程实施后现场实测涨急、落急流矢图。

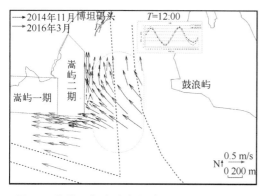

图10　嵩屿二期水域大潮涨潮流矢图（现场）

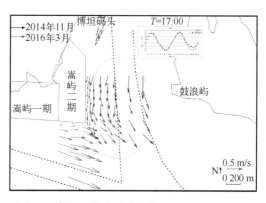

图11　嵩屿二期水域大潮落潮流矢图（现场）

与物理模型试验资料（图 8 和图 9）对比可以看出，涨潮时水流由外海流向嵩屿码头，在码头东南水域分流，分流点偏东码头一侧，现场与模型试验结果一致。落潮时嵩屿东侧水流相对平顺，嵩鼓水道主流区偏向鼓浪屿一侧。但南侧岸线现场水流与模型有一定差别，模型试验水流平顺，现场测量存在回流，产生回流的原因是由嵩屿电厂温排水所引起，模型试验时没有考虑电厂在码头区的排水作用因素。

3.2.2　岬角绕（挑）流型的工程实例——上海洋山深水港一期工程方案布局研究

3.2.2.1　洋山深水港工程概况

大、小洋山海域潮强、流急、含沙量高，岛屿之间潮流形态复杂，水文泥沙条件是直接影响港口建设的关键因素。笔者通过物理模型试验研究确定了深水港总体规划如图 12 所示。

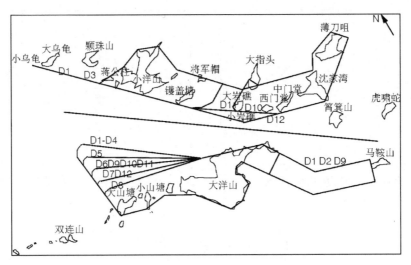

图 12　洋山深水港总体规划方案

3.2.2.2　洋山深水港一期工程方案试验研究[3]

因大、小洋山之间深槽靠近小洋山一侧，且大陆与深水港之间的连接通道也规划在小洋山一侧，洋山深水港的起步工程需在小洋山岛链上布置。

针对一期工程方案进行了多组模型试验研究。试验结果表明，在洋山海域，涨潮期，外海潮波传播较快，造成岛链内外水位差；受洋山岛屿地形影响，小洋山岛链与潮波传播方向有一夹角（约 20°），以致小洋山岛链上各潮流通道内均存在较强的东北—西南方向的涨潮流（图 13）。这一潮流特点导致布置在小洋山岛链上的一期工程码头前沿水域均存在回流区。图 14 为一期工程基本方案（小洋山—镀盖塘方案）实施后码头前大尺度回流示意图。

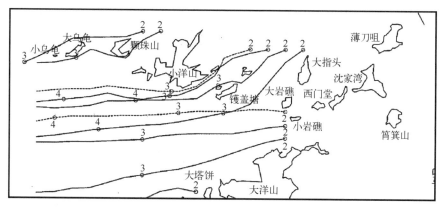

图 13 天然条件下洋山海域涨潮漂流试验成果

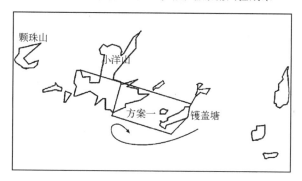

图 14 洋山港一期工程基本方案的回流情况

3.2.2.3 洋山深水港一期工程方案优化试验

为了解决洋山深水港一期工程基本方案码头水域回流问题，笔者等进行了多组方案优化试验[3]。优化原则是：尽量减少或消除涨潮阶段一期码头前大尺度回流现象，使水流平顺，分布均匀，保证船舶靠泊和航运安全，并具有一定水流强度，减少港区泊位泥沙回淤。此外须与总体规划布局一致。

为此，在一期码头东侧镬盖塘—大、小岩礁潮流通道内布置三大类导流整治建筑物：

（1）在镬盖塘—大、小岩礁潮流通道北侧布置导流整治建筑物；

（2）在镬盖塘—大、小岩礁潮流通道中部布置导流整治建筑物；

（3）在镬盖塘—大、小岩礁潮流通道南侧（沿码头岸线方向）布置导流整治建筑物。

根据试验结果分析可知：

（1）如采用全封堵码头上游潮流通道方案，导流整治建筑物最好布置在通道南侧，且其走向尽量与其下游侧工程区岸线走向一致，则可保证工程区水域水流平顺。

（2）如采用半封堵潮流通道方案，则导流整治建筑物布置在通道北侧一般要优于南侧，导流建筑物的位置和长度应通过模型试验确定（图15）。

最后采用的洋山深水港一期工程推荐方案如图16所示。图17为推荐方案实施后的涨潮流流态。从水流条件看，推荐方案码头前水流流态均平顺均匀，比天然条件有所改善。

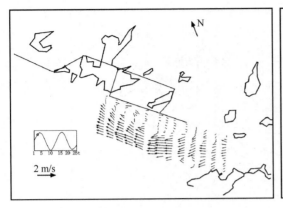 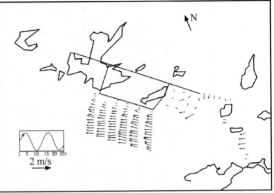

工况1：通道南部布置1 000 m导流堤　　　　　　工况2：通道北部布置1 000 m导流堤

图15　洋山深水港一期工程半封堵方案两种工况条件下涨急流态图[3]

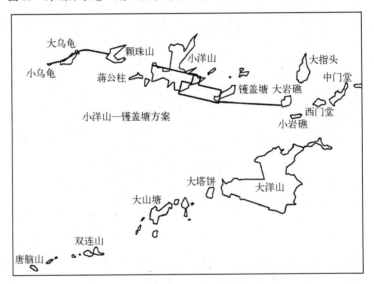

图16　洋山深水港一期工程推荐方案

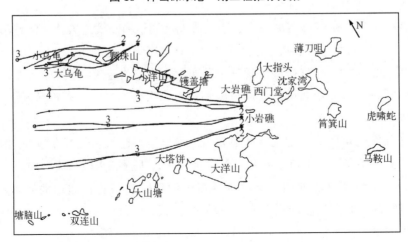

图17　推荐方案条件下涨潮漂流试验结果

3.2.2.4 洋山深水港一期工程实践检验——水流部分

上海洋山深水港区一期工程于 2002 年 6 月正式开工建设，自 2002 年年底开始，建设部门对一期工程施工区域及附近海域进行了大量潮流、泥沙及地形的动态监测工作。

图 18 为图 14 工况条件下现场 ADCP 走航资料，资料分析表明，涨潮期在一期工程码头前水域存在大尺度回流；中交第三航务工程勘察设计院 2004 年 8 月分析报告的描述是"涨潮时，小洋山前沿流速横向梯度较大，调头区流速明显大于码头港池流速，甚至近岸还出现水流反方向流动的现象"。近岸出现反方向的水流现象其实就是流速梯度较大而形成的回流现象。

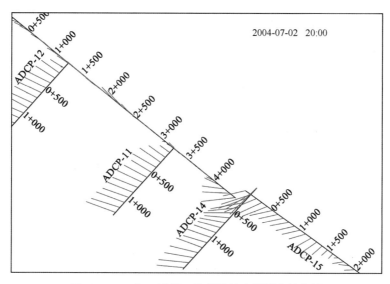

图 18　2004 年 7 月第二阶段港池水域涨急流矢图

依据图 18 中 ADCP-11 走航断面处实测半潮平均流速横向分布绘制如图 19 所示，可以看出，涨潮流在码头前沿仅 0.35 m/s，主流区在离岸 1 000 m 外。落潮流分布相对比较均匀，主流区在离岸 300~800 m 处。

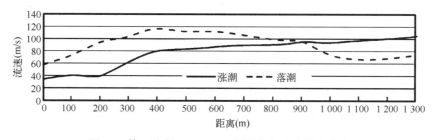

图 19　第二阶段 ADCP-11 断面半潮平均流速分布

图 20 为同一断面处在 2005 年 4 月（第三阶段，工况条件如图 16 所示），即镀盖塘东围堤基本完工工况条件下，所测 ADCP 流速分布，此时码头前水域涨潮、落潮水流均较均

匀，此结果与物理模型试验完全一致。

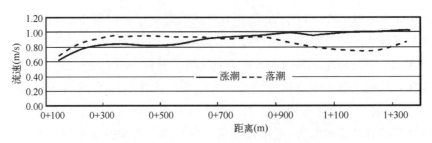

图 20　第三阶段 ADCP-11 断面半潮平均流速分布

3.2.2.5　洋山深水港工程实践检验——泥沙回淤部分

前面已指出，岬角绕（挑）流型条件下，由于较强的绕（挑）流作用，岬角附近往往形成深潭或深槽。潮流主流通过岬角后，由于挑流作用，容易形成一定尺度的回流，当有充分泥沙补给时，在回流区范围内容易形成"弓形"或"半月形"淤积体。图 21为小洋山—镬盖塘港区形成后 4 个月内码头前沿回淤情况，呈现典型的"弓形"回淤体。

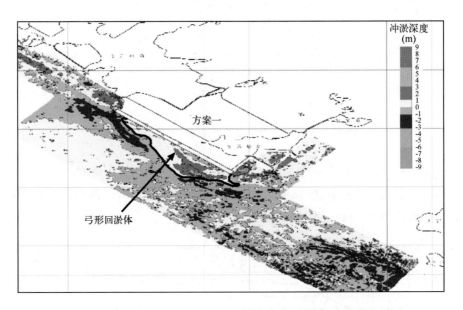

图 21　2004 年 3 月至 2004 年 7 月监测区域冲淤

图 22 为洋山港一期工程东侧全封堵导流整治工程基本完成后，2006 年 4 月至 2007 年4 月，大、小洋山水域地形冲淤变化情况，由于码头区水流平顺，原来的"弓形"淤积体已不复存在。施工期回填泥沙流失造成的回淤也基本被冲刷。工程实践进一步说明采用合适的整治工程可以解决岬角型绕流的流态和相应的泥沙回淤问题。

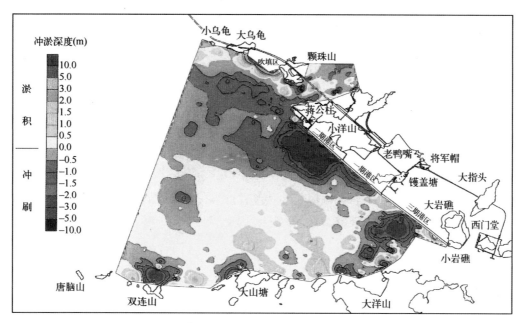

图22　2006年4月至2007年4月大、小洋山水域冲淤

4　结语

（1）在一些海岛或湾口部位，岸线走向发生较大变化，具有"岬角型"海岸线特点，随着边界条件的不同，经过这里的潮流具有不同特点的分流、汇流或挑流、绕流等复杂流态特点。本文结合几个典型的港口工程研究成果，将岬角型岸线处潮流特点进行归纳分类，分析它们的泥沙运动特点及建设海洋工程时可能存在的问题，探讨整治工程的原则和方法等。

（2）岬角环抱型。岬角的迎水区和背水区，即分流区和汇流区，水流紊乱，当水体含沙量较高时，岛屿前后两端均可能产生鱼嘴形淤积体。淤积区一般不宜建设港口或航道工程；但可依据水流条件布置围海工程，此类工程的关键一般是通过试验研究确定合适的"鱼嘴点"的位置。

（3）岬角绕流型。潮流以绕（挑）流形式通过岛屿或海岸的岬角。在岬角附近，分为两股水流或与另一股潮流汇合。由于岬角较强的绕（挑）流作用，岬角附近往往形成深潭或深槽，潮流主流通过岬角后，在岬角的"下游"侧岸线处容易形成一定尺度的回流，当有充分泥沙补给时，在回流区范围内容易形成"弓形"或"半月形"淤积体。一般需要通过整治建筑物改善绕流区水流，基本途径有：

a. 岬角岸线光滑处理（适当的围海工程），减小岬角的挑流作用，使水流流态尽量平顺；

b. 全封堵潮流通道，尽量减小绕流水量（封堵建筑物走向尽量与主流向一致）；

c. 半封堵潮流通道，需通过试验研究确定整治建筑物布置形式。

（4）本文应用工程实例说明几种典型的岬角型岸线潮流特点和泥沙回淤特点，可能遇到的海洋工程问题等。因工程实践和认识水平有限，很多问题的认识还有待今后进一步提高和完善。

参考文献

［1］徐啸，等. 海岛潮流泥沙特点及其工程问题［C］//中国海洋工程学会. 第十八届中国海洋（岸）工程学术讨论会论文集，2017：305-311.

［2］徐啸，等. 厦门港嵩屿港区潮流特性物理模型试验［J］. 水运工程，2017（9）：76-82.

［3］徐啸，等. 洋山深水港一期工程潮流特性物理模型试验［J］. 水运工程，2017（10）：80-86.

（本文刊于《水道港口》，2017 年第 5 期）

第二部分

淤泥质海岸动力及泥沙运动
实例研究——杭州湾及附近

洋山深水港潮汐水流整体物理模型设计

摘　要：洋山深水港海域岛屿星罗棋布，地形复杂，潮流湍急回流多，水体含沙量大；水文泥沙条件成为洋山能否建成深水港的制约因素。本模型为我国第一个四面边界为开敞海域的潮汐水流物理模型，用以复演和预报洋山深水港建成前后港区水流、泥沙运动特点及冲淤变化趋势。

关键词：洋山深水港；潮汐水流；物理模型

1　前言

大、小洋山之间的潮汐通道，除西口中部外，水深一般大于 14 m。其东部为嵊泗列岛和大衢山之间的开阔海域，除小衢山西北部外，水深均超过 15 m，大型集装箱船只进入通道交通便捷。

拟建的洋山深水港海域岛屿星罗棋布，地形复杂，潮流湍急回流多，水体含沙量大；水文泥沙条件成为洋山能否建成深水港的制约因素。本模型为我国第一个四面为开敞海域的潮汐水流物理模型，用以复演和预报洋山深水港工程实施前后港区水流、泥沙运动特点及冲淤变化趋势。

2　洋山深水港自然地理环境

大、小洋山是由 60 多个岛屿组成的崎岖列岛中最大的两个岛屿。崎岖列岛北部水域与长江口外海滨相连，西距上海南汇芦潮港约 30 km，东距嵊泗县 40 km。

大洋山岛屿面积 4.19 km²，是崎岖列岛中最大的岛屿，大洋山与近旁的大山塘、后门山等七八个岛屿组成东西走向的岛群链，岛屿之间为南北向水深较浅的潮汐通道（图 1）。

小洋山面积为 1.76 km²，小洋山与附近的颗珠山等 20 多个大小岛屿组成呈东南—西北走向的岛群链，各较大的岛屿之间形成东北—西南向的水深较浅的小通道。

大洋山岛链与小洋山岛链之间形成一条东南—西北走向，长约 11 km，西口宽（宽约 8 km）而东口狭（宽约 1 km）的扇形深槽（大、小洋山两岛链之间平均距离约为 4 km），最大水深近 90 m，该深槽紧靠岸线，是优良的深水港区。

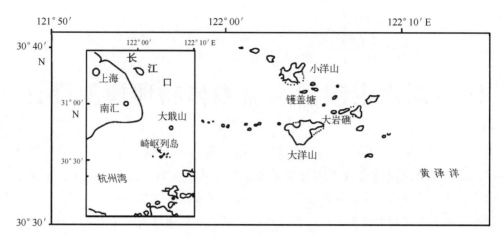

图1 大、小洋山位置

大、小洋山群岛水域具有十分复杂的地形条件，使当地流场条件也相当复杂，潮流运动具有明显复杂的地域特点。

3 模型布置、范围及边界条件

3.1 模型布置方位

为了确定模型合理的布置方位，笔者参考了数学模型成果，并全面分析1996年和1997年水文测验资料，图2为1996年水文测验各站位涨急、落急流矢图。可以看出，大、小洋山附近海域水流主要是ESE—WNW向的往复流，据此初步确定模型南北边界为ESE—WNW方向（图3）。

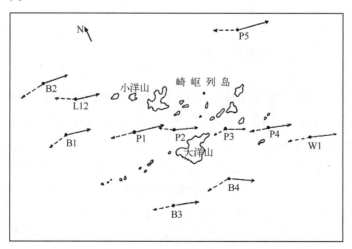

图2 1996年大、小洋山海域涨急、落急流矢图

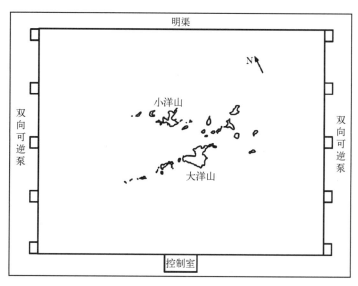

图3　大、小洋山深水港物理模型布置

3.2　模型范围及模型边界的选择

根据设计单位提供的洋山深水港各规划布置方案，本模型主要研究范围为 30°34′—30°40′N、122°00′—122°08′E。由于研究区域位于开敞海域，四面临海，为了保证在各种建港方案条件下主要研究区域内水流条件尽量少受边界条件的影响，必须保持边界与研究范围之间有足够的距离。选择模型边界的原则是：港区各种规划方案条件下，边界处水流形态与工程前基本一致。为此，首先利用数学模型的计算成果，并全面分析水文测验资料，最后确定整体模型水域的东西向范围长约 35 km，南北向范围约 26 km。东边界在徐公岛附近，西边界在小乌龟岛以西 10.5 km 附近；北边界在小乌龟岛以北 9 km 处，南边界距唐脑山岛 9 km 左右。

4　模型几何比尺

4.1　模型水平比尺的确定

模型水平比尺 λ_1 的大小主要取决于以下条件：

（1）物理模型的研究目的和内容；

（2）实验室条件，包括场地大小及（水库）供水条件；

（3）生潮系统能力和规模。

洋山深水港整体模型布置在南京水利科学研究院新建成的海岸工程实验室大厅内，大厅长 86 m，宽 62 m，大厅内有一个 70 m×50 m×0.9 m 的大型水池，大厅外建有两座总库容为 900 m³的地下水库。

根据模型研究范围及实验室场地条件，模型水平比尺 λ_1 取值为 600~750。

当 $\lambda_1 = 600$，模型范围为 58.3 m×43.3 m；

当 $\lambda_1 = 650$，模型范围为 53.9 m×40.0 m；

当 $\lambda_1 = 700$，模型范围为 50.0 m×37.1 m；

当 $\lambda_1 = 750$，模型范围为 46.7 m×34.7 m。

由于模型尺度越大（即水平比尺 λ_1 越小），对生潮系统要求越高，所以还必须综合考虑生潮系统设备条件、施工进度等多种因素。

4.2　垂直比尺 λ_h

由于研究海域水深一般大于 8 m，主要研究水域（即大、小洋山岛屿之间潮流通道）水深一般大于 11 m，表面张力相似要求容易满足，现主要考虑重力相似和阻力相似，即要求模型主要研究区域水流处于阻力平方区。

为保证流态相似，根据阻力平方区要求

$$\frac{u\Delta}{\nu} \geqslant 60$$

Δ 为壁面糙度；u 为水流速度；ν 为流体运动黏滞系数；当水流满足重力和阻力相似时，可采用张有龄公式

$$C_{0P} = 6.75\left(\frac{H_P}{\Delta_P}\right)^{\frac{1}{6}}$$

由此换算得垂直比尺要求：

$$\lambda_h \leqslant \left(\frac{V_P\Delta_P}{60\,C_{cOP}\,\nu}\right)^{0.2}\lambda_1^{0.7}$$

式中：下标 P 表示原型（下标 m 表示模型）；ν 为流体运动黏滞系数；V 为特征流速；$C_{cOP} = C_{c0}/(g)^{1/2}$，$C_{c0}$ 为谢才系数，g 为重力加速度。

根据经验，研究海域床面糙率取 $n = 0.015$，平均水深按 15 m 计算，根据水文测验资料分析，模型边界水域涨落潮平均流速为 $V_P = 0.8$ m/s，水体运动黏滞系数 ν 为 0.010 1 cm²/s。

若水平比尺 λ_1 取为 650，则有：$\lambda_h \leqslant 133$；

若水平比尺 λ_1 取为 700，则有：$\lambda_h \leqslant 140$。

考虑到研究区域最大水深近 90 m，进行综合考虑后取垂直比尺 $\lambda_h = 120$。

模型西边界处按平均水深 10 m 计，最大流速按 3.0 m/s 计：

当水平比尺 $\lambda_1 = 650$，模型西边界断面处最大流量为 $(Q_{max})_m = 0.90$ m³/s；

当水平比尺 $\lambda_1 = 700$，模型西边界断面处最大流量为 $(Q_{max})_m = 0.85$ m³/s。

为了模拟四周为开敞海域的边界条件，生潮设备采用多台双向可逆泵，每台双向泵有效最大流量为 0.15~0.18 m³/s，由此可确定东、西断面各需设置 5 台双向可逆泵。

通过以上分析计算，再考虑工程量和进度等要求，最后确定本模型水平比尺 $\lambda_1 = 700$，垂直比尺 $\lambda_h = 120$。

潮汐海岸河口水域特点是宽浅，为保证流态相似，一般需做成变态模型。迄今我国海岸河口潮汐模型已有几十个之多，积累了丰富的经验。国内外大部分潮汐模型变率多为 5～20，变率的大小取决于流态能否相似、模型加糙要求和泥沙运动相似要求能否满足，变率大则要求模型糙率大，糙率太大模型制作比较困难，也较难进行动床试验。

5 动力相似

5.1 潮汐水流运动基本相似要求

大、小洋山为强潮海域，洋山深水港区整体物理模型首先应满足潮汐水流运动相似。由于水平尺度远大于垂向尺度，一般情况可近似作二维潮流处理，在模型中无法复演科氏地转力影响，且扩散项在量级上要小于惯性项、重力项及阻力项，自由流平面二维潮波方程可简化为

$$\frac{\partial u}{\partial t} + u\frac{\partial u}{\partial x} + v\frac{\partial u}{\partial y} + g\frac{\partial h}{\partial x} + gu\frac{|U|}{C_c^2 h} = 0 \qquad (1)$$

$$\frac{\partial v}{\partial t} + u\frac{\partial v}{\partial x} + v\frac{\partial v}{\partial y} + g\frac{\partial h}{\partial y} + gv\frac{|U|}{C_c^2 h} = 0 \qquad (2)$$

连续方程为

$$\frac{\partial h}{\partial t} + \frac{\partial(hu)}{\partial x} + \frac{\partial(hv)}{\partial y} = 0 \qquad (3)$$

式中：$U = \sqrt{u^2 + v^2}$。由式（1）、式（2）和式（3）可得以下相似关系：

重力相似： $\lambda_u = \sqrt{\lambda_h}$ $\qquad (4)$

阻力相似： $\lambda_c = \sqrt{\dfrac{\lambda_1}{\lambda_h}}$， 或 $\lambda_n = \lambda_h^{2/3}\lambda_1^{-1/2}$ $\qquad (5)$

平面流态相似： $\lambda_u = \lambda_v$ $\qquad (6)$

水流运动相似： $\lambda_u = \dfrac{\lambda_1}{\lambda_t}$ $\qquad (7)$

5.2 悬沙沉降运动相似及模型沙的选择

5.2.1 泥沙运动相似比尺关系

单位水柱体输沙连续方程

$$\frac{\partial(hC)}{\partial t} + \frac{\partial(huC)}{\partial x} + \frac{\partial(hvC)}{\partial y} - \frac{\partial}{\partial x}\left(hE_x\frac{\partial C}{\partial x}\right) - \frac{\partial}{\partial y}\left(hE_x\frac{\partial C}{\partial y}\right) = S \qquad (8)$$

式中：S 为"源/汇"项，包括以下各项：

$$S = S_e + S_d + S_a \tag{9}$$

式中：S_d 为床面泥沙沉降率，S_e 为床面泥沙冲刷率，均为经验关系；S_a 为人为因素（如抛泥采砂等）造成的单位水柱体中泥沙变化率。一般情况下主要关心泥沙回淤问题，着重讨论悬沙沉降相似，沉降率可用式（10）表示

$$S_d = \frac{-W_m(C - C_*)}{h} \tag{10}$$

式中：W_m 为泥沙动水沉速；C_* 为黏性细颗粒泥沙沉降条件下的平衡含沙浓度。将式（10）代入到式（8），可得泥沙动水沉速比尺：

$$\lambda_{W_m} = \lambda_u \frac{\lambda_h}{\lambda_1} \tag{11}$$

及含沙浓度比尺：

$$\lambda_C = \lambda_{C_*} \tag{12}$$

为正确模拟海水条件下细颗粒泥沙沉降运动，必须正确估计基本沉降单元（黏性细颗粒泥沙在盐水条件下基本沉降单元（即絮团）的动水沉速 W_m，而 W_m 取决于黏性泥沙的絮凝条件，即颗粒间相互碰撞和黏合条件。研究表明，影响 W_m 的因素有：水流紊动强度、含沙浓度、泥沙颗粒特性、水体盐度及温度等，其中水流紊强和含沙浓度起主要作用。关于动水沉速的研究目前还缺少成熟的理论，参照文献［1］做如下简化处理：

$$W_m = \alpha W_s \tag{13}$$

式中：W_s 为絮团静水沉速；α 为动水沉降系数，可按式（14）估算：

$$\alpha = 2\phi\left(\frac{\beta W_s}{\sigma}\right) - 1 \tag{14}$$

式中：ϕ 为概率函数；$\beta = \dfrac{\sqrt{\gamma_f - \gamma}}{\sqrt{\gamma}}$，$\gamma_f$ 为沉降单元容重，如果沉降单元为絮团，$\gamma_f = 1.03 \sim 1.07 \ \text{g/cm}^3$；$\sigma = 0.033u_*$，$u_*$ 为摩阻流速。

5.2.2　悬沙沉降运动相似比尺及模型沙的选择

根据洋山海域现场底质取样资料可知，本海域海底沉积物主要成分为粉砂质黏土，中值粒径为 0.01 mm 左右，水体中悬沙中值粒径为 0.008 mm 左右，说明近期沉积以细颗粒悬沙沉积为主，因此模型中首先考虑悬沙运动相似。悬沙沉积运动相似比尺［式（11）］：

$$\lambda_{W_m} = \lambda_u \frac{\lambda_h}{\lambda_1} = 1.88$$

絮团静水沉速 W_s 范围为 $0.015 \sim 0.06$ cm/s，洋山深水港区泥沙尚无这方面资料，考虑到悬沙粒径与金山近似，可取 $W_s = 0.05$ cm/s，由实测资料分析，洋山港区全潮平均流速为 0.9 m/s，平均水深取为 15 m，可算得：$u_* = 2.6$ cm/s 及 $\alpha = 0.124$。

根据经验，用电木粉或木屑均可较好地模拟细颗粒泥沙沉降运动。

如采用电木粉，其容重 $\gamma_s = 1.45\ \text{g/cm}^3$，通过试算，当采用 $d_{50} = 0.025\ \text{mm}$ 时，可得动水沉速比尺 $\lambda_{Wm} = 1.99$。

如采用饱和湿容重为 $1.16\ \text{g/cm}^3$ 的木粉，当 $d_{50} = 0.43\ \text{mm}$ 时，其静水沉速 $W_s = 0.013\ 8\ \text{cm/s}$，动水沉速比尺 $\lambda_{Wm} = 1.95$。

表 1 和表 2 列出洋山深水港区整体模型比尺情况。

表 1　洋山港潮汐水流物理模型比尺情况

名　称	符　号	计　算　值	实　际　值	
水平比尺	λ_1	—	700	
垂直比尺	λ_h	—	120	
水流时间比尺	λ_t	64	64	
流速比尺	λ_u	11	11	
流量比尺	λ_Q	920 174	920 174	
糙率比尺	λ_n	0.92	0.92	
摩阻流速比尺	λ_{u*}	4.54	4.54	
			电木粉	木屑
密实颗粒比尺	$\lambda_{\gamma s}$	—	1.82	2.24
沉降单元动水沉速比尺	λ_{Wm}	1.88	1.99	1.95
沉降单元容重比尺	$\lambda_{\gamma f}$	—	0.74	0.92
淤积物干容重比尺	$\lambda_{\gamma 0}$	—	1.44	1.60
回淤时间比尺，含沙浓度比尺 *	$\lambda_C \lambda_{t2}$	—	112.1	102.4

＊含沙浓度比尺与回淤时间比尺由验证试验确定。

表 2　泥沙特性

名　称	符　号	单　位	原型沙	模 型 沙	
				电木粉	木屑
单颗粒中值粒径	d_{50}	mm	0.008	0.025	0.043
沉降单元容重	γ_f	g/cm³	1.05	1.45	1.16
沉降单元静水沉速	W_s	cm/s	0.05	0.010 5	0.013 8
淤积物干容重	γ_0	g/cm³	0.72	0.5±	0.45±
临界扬动摩阻流速	u_{*c}	cm/s	待试验	待试验	待试验

5.2.3　回淤时间比尺

悬沙运动的底床变形方程可写成

$$\frac{\partial c}{\partial t} + \frac{\partial (cu)}{\partial x} + \frac{\partial (cv)}{\partial y} = \frac{\gamma_0}{h} \times \frac{\partial z}{\partial t} \tag{15}$$

式中：γ_0 为淤积体干容重；z 为床面高程。

由式（13）可导得

$$\lambda_{t_2} = \frac{\lambda_{\gamma 0}}{\lambda_c} \lambda_t \tag{16}$$

5.2.4 含沙量比尺 λ_C

由式（12）可知，$\lambda_C = \lambda_{C_*}$，$C_*$ 为细颗粒泥沙沉降平衡浓度，据研究，C_* 不仅与水流强度、泥沙颗粒特性有关，且与前期（初始）含沙浓度有关，与粗沙挟沙能力概念有一定差别，鉴于目前关于 C_* 研究较少，可近似用挟沙能力经验关系式初估含沙浓度比尺

$$C_* = K \frac{\gamma_S \gamma}{\gamma_S - \gamma} \left(J \frac{U}{W} \right) \tag{17}$$

式中：J 为水力坡度。U、W 意义见前。对于正态模型，由式（17）可得含沙量比尺 λ_{C_*}

$$\lambda_{C_{*'}} = \frac{\lambda_{\gamma_S}}{\lambda_{\frac{\gamma_S - \gamma}{\gamma}}} \tag{18}$$

但近年，无论正态或变态模型均广泛使用式（18）设计含沙浓度比尺。

正如文献[2]所指出，挟沙能力关系式本身是纯经验关系式，不是很可靠，更不严格。但底床变形方程式（15），是严格的理论公式。一般情况下，只要根据式（16）调整回淤时间比尺 λ_{t_2} 和 λ_C，是可以保证回淤相似的。式（18）可作为初估含沙量用。根据经验，在潮汐条件下，含沙浓度比尺太大，则回淤时间比尺太小，会使试验时间过长，难以保证试验质量；但如太小，会使局部回淤量过大，导致冲淤部位分布发生较大偏差，故需通过验证试验来确定。

5.3 床面冲淤相似

在洋山潮汐条件下，涨急、落急流速甚大，完全可能将部分落淤泥沙重新悬扬输移；特别是工程后水流条件发生较大变化，部分地区还可能存在冲刷相似问题，要求满足起动相似条件。由于泥沙运动一些基本特性，如挟沙力、冲刷率、沉降率等目前还未完全掌握，还处于半经验半理论阶段，须用一些半经验公式予以描述，黏性细颗粒泥沙床面冲刷率经验关系式

$$S_e = M(\tau_b - \tau_C) \tag{19}$$

式中：M 为与泥沙特性有关的常数。如设原型与模型具有相同 M 值，据此可得以下比尺关系：

$$\lambda_\tau = \lambda_{\tau_C} \quad \text{或} \quad \lambda u_* = \lambda u_{*C} \tag{20}$$

u_{*C} 为泥沙起动临界摩阻流速。根据单颗粒泥沙运动力学条件分析，结合实际结果可导得泥沙颗粒起动和沉降关系式：

$$u_{*C} = f\left(\frac{u_* d}{\nu} \right) \cdot \sqrt{\frac{\rho_S - \rho}{\rho} g d} \tag{21}$$

$$W = f\left(\frac{Wd}{\nu}\right) \cdot \sqrt{\frac{\rho_s - \rho}{\rho}gd} \qquad (22)$$

式（21）和式（22）中有隐函数 $f(u_*d/\nu)$、$f(Wd/\nu)$，它们"层流区""完全紊流区"和"过渡区"表达式形式不同，由于模型和原型中泥沙运动流态并非完全一致，有时无法用相同形式关系式描述；细颗粒黏性泥沙淤积后黏结力作用显著，因原型砂与模型砂粗细不同，黏结力作用的影响也不一致，需根据适用于不同情况的统一起动流速公式来导出起动流速比尺关系；事实上这些关系式往往不是很可靠，实际工作中，一般是通过对原型砂和模型砂进行水槽试验来确定起动流速比尺。目前尚未进行这些工作，等今后正式开展这部分研究内容时，再补充有关资料。表3为黏性细颗粒泥沙临界起动摩阻流速部分研究成果，可供参考。

表 3　黏性细颗粒泥沙临界起动摩阻流速部分研究成果

研究人	动力条件	淤泥容重（g/cm³）	u_{*C}（cm/s）
唐存本	水流	1.315~1.478	0.98~1.74
米尼奥	水流	1.27	1.80
Rarthenides	水流	新淤	0.98
Arulannandan	水流	新淤	2.00
Harrison	水流	新淤	1.80
刘家驹	波浪	1.50	1.30~2.90
顾家龙等	波浪	1.315~1.478	0.98~1.55

6　生潮方式

生潮方式有水位控制和流量控制等方式。流量控制技术要求较高。主要用于水流条件较复杂的外海开敞断面。国内大亚湾核电站等潮汐模型采用此法并取得成功。当控制断面为河口、湾口等具有明确边界限制的通道处，且控制断面水流流态比较单纯时，采用水位控制更易取得成功，本模型四面均为开敞海域，采用流量控制比较合理。生潮设备采用双向可逆泵。

7　结语

洋山深水港所在的崎岖列岛位于强潮、高含沙量的杭州湾海域，潮流是影响泥沙运动的主要海洋动力因素，为此，潮流的相似也是关系到深水港模型可靠性的关键技术。

本文采用四周为明渠、并辅以可逆双吸泵的模型布置，这样不仅四周边界均可产生潮汐水流、满足复杂的海洋潮流环境，且可避免传统生潮系统（尾门或潮水箱等）高耗能现象，大大节约能源和水量。实践已证明，在本模型上所进行的试验水流平稳、重复性好，可以进行长时段的试验。

　　本模型为我国第一个四面为开敞海域的潮汐水流物理模型，模型建成后，较好地复演和预演了洋山深水港各种方案的水流特点，大部分成果的合理性已被工程实践所证实。

参考文献

［1］徐啸．细颗粒黏性泥沙沉降率的探讨［J］．水利水运科学研究，1989（4）．

［2］武汉水利电力学院．河流泥沙工程学［M］．水利出版社，1982．

洋山深水港总体规划方案试验研究

摘　要：通过潮汐水流整体物理模型试验，对洋山深水港总体规划方案进行全面深入地比选研究。

关键词：洋山深水港；总体规划；模型试验

上海是我国最大的工业、商业和港口城市，位于我国最为发达的东部沿海经济带和长江流域沿江经济带的交汇点，具有得天独厚的区位优势。迄今上海地区尚无大型深水港，在上海附近海域开辟全天候能停泊的第五、第六代集装箱船只的深水大港，已成为上海建成国际航运中心的关键。

大、小洋山属于南汇嘴东南海域的崎岖列岛，距上海芦潮港仅 30 km。水深一般大于 14 m，各岛屿岸坡峻陡，深水区离岸很近，适于建设深水港（图1）。

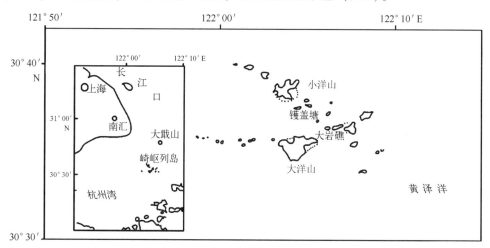

图 1　大、小洋山地理位置

鉴于崎岖列岛附近海域边界条件复杂，平面上岛屿星罗棋布，大小岛屿 60 多个，垂向上岩礁与深潭相间、地形起伏很大，造成潮流湍急、回流多，水流的三维性很强，为更好地复演和预报洋山深水港总体规划方案实施前后潮汐水流运动特征、泥沙运动规律以及可能发生的冲淤变化，进行了洋山深水港潮汐水流整体物理模型试验研究。

洋山深水港总体规划可布置浅水泊位 22 个，深水泊位 48 个，其规模十分巨大，在世界上也是屈指可数的深水大港。洋山深水港的建设，不仅在我国国民经济建设中具有十分重要的意义，也是我国加入 WTO 后积极参与世界经济竞争的重要战略举措之一。

1 洋山深水港整体模型概况

此部分内容可参考前文，即《洋山深水港潮汐水流整体物理模型设计》，不再赘述。

2 洋山深水港规划方案简介[1]

模型中主要进行了图 2 和图 3 所示两种方案试验。图 2 所示方案又称为双通道方案，

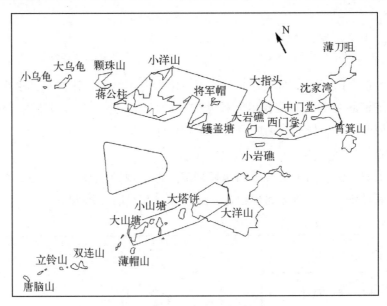

图 2 洋山深水港双通道方案

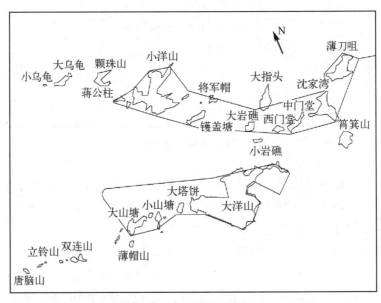

图 3 洋山深水港单通道方案

其特点是南、北两港区基本上沿大、小洋山岛链走向布置，北港区在原小洋山—镬盖塘潮汐通道深槽处布置了挖入式港池并保留了大岩礁西侧潮汐通道；南北港区西口中间布置面积约 4.1 km² 的人工岛（故本方案也称为人工岛方案），人工岛与南北两港区之间形成两个通道，通道宽度均为 1.5 km。图 3 所示方案又称为单通道方案，此方案特点是岸线比较平顺，北港区依然按小洋山岛链走向布置，只是不留挖入式港池和大岩礁西侧潮汐通道。南港区岸线随西口门宽度加大而呈放射形变化。

3　试验成果分析

3.1　工程前天然流态（图4）

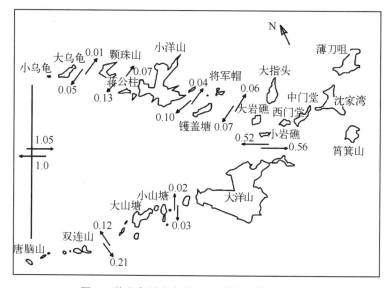

图4　洋山岛链上各潮流通道涨、落潮分流比

（1）从总体上看，洋山海域涨、落潮流主要为东东南—西西北方向的往复流，主流向与规划主航道线走向基本一致。

（2）小岩礁与大洋山之间的大洋山深槽平均水深 50 m 左右，最大水深约 90 m，大潮平均涨潮流速为 80~85 cm/s，平均落潮流速为 105 cm/s 左右，在涨落潮总水量中，通过位于大、小洋山之间窄口处涨潮水量约占 52%、落潮水量约占 56%；说明大、小洋山之间的主槽内落潮流稍强于涨潮流。

（3）小洋山岛链上潮流通道以涨潮流为主。

3.2　双通道方案流态特点

3.2.1　水流形态

双通道方案条件下虽然南北港区基本上按大、小洋山岛链方位布置，但人工岛东西两端分别产生涨、落潮回流或尾涡，此范围内水流紊乱。此外，在落潮期，人工岛将较强的落潮水流挑向南、北港区，使人工岛南北侧通道范围内产生大尺度回流（图5）。

图5   双通道方案落潮流态照片

3.2.2   潮流场强度变化

（1）双通道方案条件下，人工岛南北两通道内水流强度均比工程前增大，北通道落潮流增加较多，南通道涨潮流增加较多。

（2）人工岛东、西两侧水流强度均有所减弱，尤其是落潮流情况下人工岛以东港区内水流强度减弱15%左右。

（3）窄口处涨潮流增大8%左右，落潮流减少7%左右，全潮平均水流强度与天然条件大致相当。

（4）北港区的挖入式港池内水流强度仅为天然条件下的20%，而且口门附近始终存在回流；一般情况下，在高含沙量水域挖入式港池内泥沙迅速落淤是难以避免的。

3.3   单通道方案流态特点

3.3.1   水流形态

除了大洋山岸线转折处，由于地形原因引起局部回流外，整个港内水流比较平顺。

3.3.2   潮流场强度变化

单通道方案水流试验成果表明，随着西口宽度的增大，港内水流强度按一定规律变化。根据单通道方案各断面全潮平均相对流速（即与工程前对应值之比），绘制了不同方案条件下自西向东各过水断面全潮平均流速变化过程线如图6所示，测流断面位置如图7所示，西口不同宽度方案布置情况如图8所示。

由图7和图8可得出以下规律：

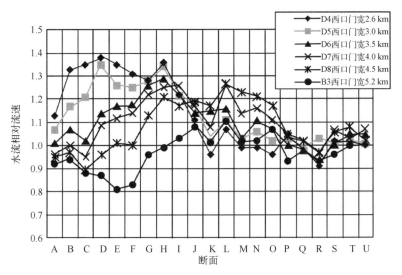

图 6　单通道方案西口不同宽度时各断面全潮平均流速相对值

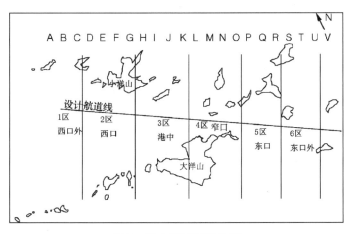

图 7　洋山海域测流分区

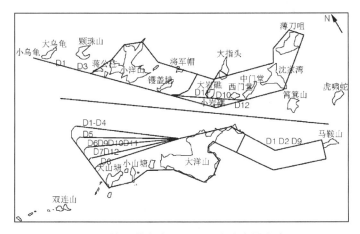

图 8　单通道方案西口不同宽度布置方案

（1）自西口外 A 断面（大乌龟）至 J 断面（镶盖塘东）范围内，随着西口门宽度的增加水流强度逐渐减小；西口 D 断面（颗珠山）附近对口门宽度变化最为敏感，流速变化幅度最大，由此向港内流速变化幅度逐渐变小；到 I-J（镶盖塘）断面处，水流变化幅度达到最小。

（2）自 J 断面（镶盖塘东）至 P 断面（中门堂）水域，随着西口门宽度的增加，水流强度增大；窄口地区（L~O）是对口门宽度变化的第二个敏感地区。

（3）自 P 断面（中门堂）至 U 断面（马鞍山），即港区东口以外水域，对西口门宽度的变化已不敏感，即西口宽度变化对此范围水流影响很小。

图 9 为西口水域和窄口水域处流速与西口门宽度之间关系，由图可以清楚地看出，在单通道方案条件下，港域西口门内 3 km 左右范围内水流强度随西口门宽度增大而逐渐减小，而中部窄口地区 3 km 范围内水流随西口门宽度增大而逐渐增加。由于港域西部一定范围内水深不够，需要开挖，从泥沙回淤角度看，水流不小于天然条件下的对应值，为满足这一要求，西口门宽度不宜过大。此外，为了使窄口地区基本能维持原来水流强度，西口门宽度也不宜太小。

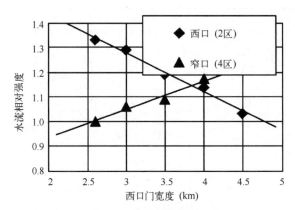

图 9　不同西口宽度港区各区全潮相对强度变化

3.4　从航运安全和泥沙角度选择最佳工程方案

如前所述，为了改善航运条件，希望降低港内水流强度；但为防止港内泥沙回淤，又要求港内水流强度不要降低过多，最好流场强度能与天然条件相当。在需要挖深处，水流强度还应稍大于原来流速，以维持挖后水深。由图 6 可以看出，当西口门宽度为 3.5 km 时，西口门断面（D 断面）处水流可维持为天然条件的 1.13 倍，而窄口断面（M 断面）水流为天然条件 1.05 倍，显然可满足上述要求。

4　结语

（1）大、小洋山岛链呈喇叭形，采用封堵岛链上各潮流通道、沿岛链布置泊位和航道，既可以充分利用大、小洋山之间深槽水深，也可规避岛屿之间潮流通道产生的复杂水流条件，基于以上考虑采用单通道和双通道方案是合理的。

（2）试验表明，采用单通道方案封堵岛链上潮流通道后，由于总流量的减少，使西口门附近水域单宽流量减小、泊位和航道浚深处泥沙回淤率增大；同时窄口区单宽流量增大将不利于航运安全。

（3）通过对单通道方案优化比选试验，发现西口门开口宽度与港内水流特性之间具有一定规律，即随着西口门宽度减少，使通过大、小洋山深槽的总水量减少，但西口门处单宽流量加大、窄口水域单宽流量减少，这样既解决了西口门水流较弱可能产生的泥沙回淤问题，又可解决窄口区水流强度过大对航运安全的威胁。试验表明，西口门采用3.5 km宽方案时，可以达到较好效果。

根据地形地理条件，洋山深水港起步工程一般会布置在小洋山岛链，将来位于小洋山岛链西部港区水域的泥沙回淤强度可能较大，适时考虑大洋山港区规划方案的实施是必要的。

（4）试验表明，双通道方案可以改善窄口地区水流条件，对航运是有利的，但由于人工岛的存在，使港内西口区和港中区产生回流及尾涡。今后可通过优化人工岛形态的试验研究，设法寻求更合理可行的双通道方案。

（5）大、小洋山海域水体含沙量较大，根据经验不宜布置挖入式港池[2]。

参考文献

[1] 上海国际航运中心洋山深水港区潮汐水流整体物理模型总体规划布局方案比选试验 [R]. 南京水利科学研究院，1998.

[2] 上海国际航运中心洋山深水港区动力条件和泥沙问题初步分析 [R]. 南京水利科学研究院，1999.

（本文刊于《第十一届中国海洋（岸）工程学术讨论会论文集》，2003 年）

洋山深水港一期工程潮流特性物理模型试验

摘　要：大、小洋山海域潮强、流急、含沙量高，岛屿之间潮流形态复杂。布置在小洋山岛链上的一期工程方案实施后，涨潮期在码头水域形成大尺度回流区。针对此问题，进行了潮流物理模型试验，得到了比较满意的一期工程推荐方案，该方案实施后，较好地解决了码头水域涨潮流的回流问题。同时，结合洋山深水港一期工程方案比选试验，对岛屿附近典型潮汐水流及对应的泥沙运动特点进行分析，指出在这些水域布置海洋工程应注意的事项。

关键词：洋山深水港；一期工程方案；潮流特性；模型试验

1　洋山深水港概况

大、小洋山是由 60 多个岛屿组成的崎岖列岛中最大的两个岛屿。天然形成两个呈喇叭形的岛链。1998 年南京水利科学研究院针对洋山深水港总体规划布局进行研究，得出以下主要结论：

（1）沿大、小洋山岛链布置泊位和航道可以充分利用中间深槽水深，也可规避岛屿之间潮流通道内复杂的水流条件。

（2）采用单通道方案封堵岛链上潮流通道后，同时减少西口门宽度（如采用 3.5 km 宽），既可增大西侧水域水流强度、解决西港区浚深后泥沙回淤问题；又可减小中间窄口区水域水流强度，满足航运安全要求（图1）[1]。

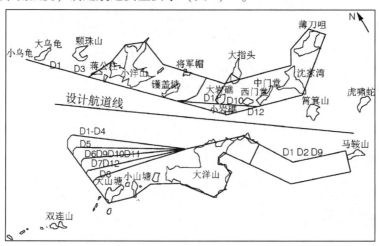

图1　洋山深水港总体规划布局单通道方案

因大、小洋山之间深槽靠近小洋山一侧，且大陆与深水港之间的连接通道也规划在小洋山一侧，洋山深水港的起步工程主要考虑在小洋山岛链上布置。

大、小洋山海域潮强、流急、含沙量高，岛屿之间潮流通道水流形态复杂，水文泥沙条件是直接影响港口建设是否可行的关键因素。

2 小洋山岛链潮流通道地形条件

小洋山与附近的大乌龟、颗珠山、镬盖塘、大岩礁和西门堂等30余个大小岛屿组成呈东南—西北走向的岛链，各较大的岛屿之间形成东北—西南向的潮流通道，比较大的潮流通道地形条件见表1和图2[2]。

表1 小洋山岛链潮流通道几何条件

编号	名称	通道宽（m）	平均水深（m）	断面面积（×10⁴ m²）
1	大乌龟—颗珠山	960	7.04	0.67
2	颗珠山—蒋公柱	1 060	18.33	1.94
3	小洋山—镬盖塘	780	16.60	1.26
4	镬盖塘—大岩礁	1 830	13.44	3.43
5	大岩礁—西门堂	800	6.20	0.50

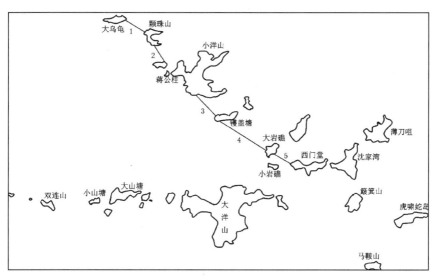

图2 小洋山岛链上5个主要潮流通道

3 天然条件下小洋山岛链主要通道潮流水流条件

在涨潮阶段，大、小洋山之间深槽内主流呈"射流"形态进入西侧喇叭口水域，小洋山岛链近岸区水流流速明显弱于中间深槽主流区（图3）[3,4]。

涨潮期，外海潮波传播较快，造成岛链内外相位差；整个海域涨落潮流呈往复流特点，主流向为290°～110°，而小洋山岛链呈310°～130°走向，小洋山岛链与潮波传播方向有一约

20°的夹角；所以小洋山岛链上各潮流通道内均存在较强的东北—西南方向的涨潮流。

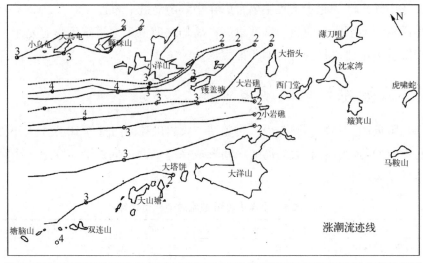

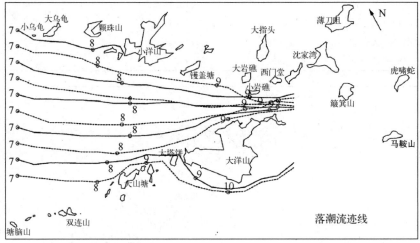

图 3　洋山深水港天然条件下涨、落潮漂流迹线试验成果[4]

　　由于上述两种原因，导致小洋山主要潮流通道的涨潮流进入大、小洋山水域后，其主流向均偏离岛链轴向（即拟选码头岸线走向），使通道西侧岛屿水域容易产生回流现象。

　　落潮时，受喇叭口地形影响，大、小洋山间主槽集水作用较强，使小洋山岛链各主要岛屿南侧近岸区水流相对比较平顺（图 3）；小洋山岛链上各潮流通道内落潮流强度一般小于涨潮流。

4　洋山深水港一期工程方案平面布置优化试验研究

4.1　一期工程平面布置三种主要方案

　　根据总体规划布局要求，以及小洋山岛链的地形和水流特点，初步提出以下三个主要方案（图4）：

方案Ⅰ，小洋山、镬盖塘"两大块方案"；

方案Ⅱ，小洋山—镬盖塘港区方案；

方案Ⅲ，小洋山港区方案。

三种方案有其共同点，即码头岸线走向与小洋山岛链方向一致（310°~130°走向），码头前泊位水域宽50 m，其自然泥面标高不足-17 m（测图基面）的均浚深至-17 m。

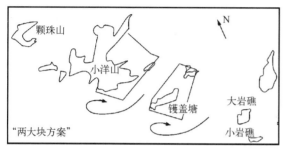
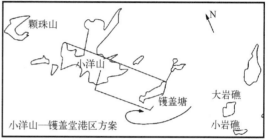
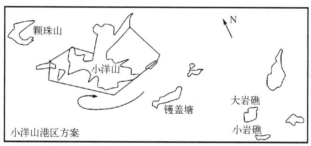

图4 洋山深水港一期工程三种主要方案涨潮流期间码头区水域回流情况[2]

4.2 一期工程三种主要方案水流特点

4.2.1 涨潮阶段码头前水域水流流态

模型试验表明，三种主要方案涨潮期码头前水域均存在较大尺度回流（图4），在小洋山岛链上布置一期工程方案，应着重解决涨潮流阶段的回流问题。

产生回流的机制是：小洋山岛链上各潮流通道内均存在较强的东北—西南方向的涨潮流，使主流与小洋山岛链走向（即码头岸线走向）之间有一定夹角，涨潮主流远离码头岸线，以致在码头前水域形成较大尺度回流区。回流尺度与横向流速梯度密切相关。下一小节提供模型试验有关成果。

4.2.2 涨急时码头前瞬时流速梯度

横向流速梯度越大，越容易产生较强回流。从流速梯度看，小洋山、镬盖塘"两大块方案"最差，小洋山—镬盖塘港区方案次之，小洋山港区方案最好（表2）。

表 2   涨急时码头前 3 条纵向测流断面间平均流速梯度 (cm/s·m)[5]

范围	"两大块方案"		小洋山—镀盖塘港区方案	小洋山港区方案
70~280 m（泊位区）	0.38	0.06	0.55	0.17
280~490 m（调头区）	0.20	0.15	0.30	0.05
平 均	0.29	0.38	0.42	0.11

4.2.3   码头前水域相对平均流速

从表 3 所列流速条件看，小洋山、镀盖塘"两大块方案"最差，另两个方案稍好。

表 3   涨急时码头前水域平均相对流速（与工程前天然流速之比值）[5]

范围	"两大块方案"		小洋山—镀盖塘港区方案	小洋山港区方案
距岸 70 m	0.48	0.37	0.80	1.19
距岸 280 m	0.56	0.99	0.93	1.10
距岸 490 m	0.60	0.75	1.22	0.94
平 均	0.55	0.70	0.98	1.08

通过以上分析比较，可以认为一期工程三种主要方案中，小洋山、镀盖塘"两大块方案"不可取，小洋山港区方案和小洋山—镀盖塘港区方案各有利弊。

4.3   一期工程方案优化试验[4]

基于上述试验成果的基础上，并综合考虑各种因素后，确定采用小洋山—镀盖塘方案作为基本方案，并在此基础上进行了优化试验。

4.3.1   优化原则

（1）尽量减少或消除涨潮阶段码头前沿较大尺度回流，使水流平顺，分布均匀，保证船舶靠泊和航运安全，并具有一定水流强度，减少港区泊位泥沙回淤。

（2）与总体规划布局一致。

4.3.2   优化方案简介（图 5）

基本思路是在镀盖塘—大、小岩礁潮流通道内布置导流整治建筑物，设法减弱涨潮流产生的回流强度。

（1）在潮流通道北侧布置导流整治建筑物。

（2）在潮流通道中部布置导流整治建筑物。

（3）在潮流通道南侧（沿码头岸线方向）布置导流整治建筑物。

4.3.3   试验结果

（1）各类导流堤若不能全堵镀盖塘—大、小岩礁潮流通道，一般不能解决码头前回流问题，其布置位置应尽量在潮流通道北侧，否则会产生较强的涨潮横向水流直冲航道（图 6）。

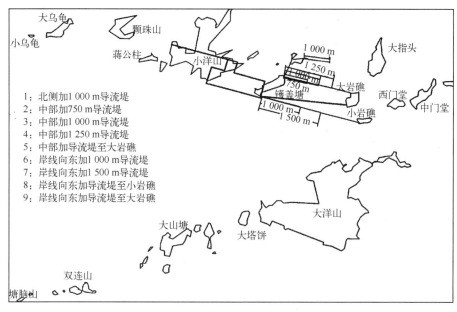

图 5　洋山深水港一期工程优化方案示意

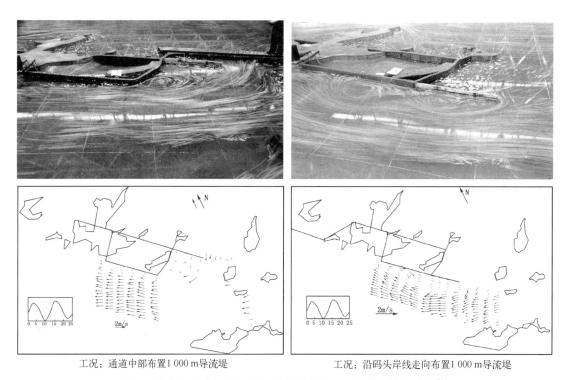

工况：通道中部布置1 000 m导流堤　　　　　工况：沿码头岸线走向布置1 000 m导流堤

图 6　洋山深水港一期工程两种半堵方案工况条件下涨急流态[2]

（2）全堵镬盖塘—大、小岩礁潮流通道方案可以减弱回流现象，但整治建筑物一般不宜布置在潮流通道的北侧，否则会形成"挖入式"水域，在高含沙水流条件下会产生泥沙大量淤积现象，码头前水域流态也不理想。导流整治建筑物应尽量与相邻码头岸线走向一致。

（3）在可能的条件下，洋山深水港一期工程方案应尽量封堵小洋山岛链上涨潮通道，这样可使码头前水域水流平顺，分布均匀，既可保证航运安全，又可减少泥沙淤积。

（4）岸线尽量平顺光滑，减少不必要的凹凸不平岸线。

（5）根据近40组一期工程方案试验，综合考虑各方面因素后，最后确定一期工程推荐方案为小洋山—镬盖塘港区优化方案（图7），此方案基本解决了码头前水域的涨潮流回流问题。

图8为推荐方案条件下物理模型中涨、落潮漂流试验成果。

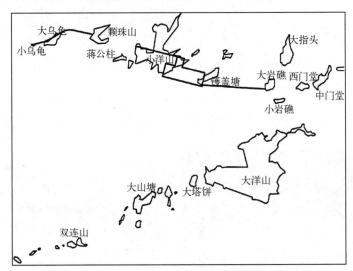

图7 洋山深水港一期工程推荐方案（小洋山—镬盖塘港区优化方案）

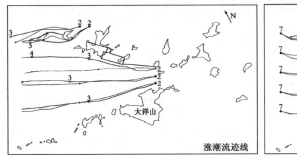 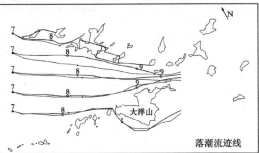

图8 洋山深水港一期工程推荐方案条件下涨、落潮漂流迹线试验成果[4]

5 洋山深水港一期工程推荐水流特点[4,5]

5.1 水流特点

洋山深水港一期工程推荐方案主要试验成果列于表4和表5。

表 4　洋山深水港一期工程推荐方案条件下沿程水流速度（cm/s）变化[5]

范围及潮型	小乌龟—蒋公柱		蒋公柱—小洋山		小洋山—镬盖塘（码头）				镬盖塘—大岩礁		窄口段	
					码头泊位区		调头区					
	涨潮	落潮	涨潮	落潮	涨潮	落潮	涨潮	落潮	涨潮	落潮	涨潮	落潮
天然条件	87	124	101	130	95	118	98	125	78	118	113	124
优化方案	92	118	88	112	78	105	102	123	87	112	133	138
变化（%）	+6	−5	−13	−14	−16	−10	+6	−1	+11	−5	+17	+11

表 5　洋山深水港一期工程推荐方案条件下涨急沿程流速梯度 [cm/（s·m）][4]

工况	小乌龟—蒋公柱			蒋公柱—镬盖塘			镬盖塘—大岩礁			窄口段		
	$T=14$ s	$T=15$ s	$T=16$ s	$T=14$ s	$T=15$ s	$T=16$ s	$T=14$ s	$T=15$ s	$T=16$ s	$T=14$ s	$T=15$ s	$T=16$ s
优化前	0.19	0.16	0.16	0.21	0.26	0.23	0.11	0.12	0.12	0.17	0.23	0.22
优化后	0.07	0.09	0.12	0.10	0.12	0.12	0.11	0.12	0.14	0.14	0.24	0.24

从小洋山岛链岸线前水域沿程相对水流强度情况来看（表4），一期工程推荐方案码头泊位区流速比天然减小10%~16%，调头区涨潮平均流速增大6%，落潮平均流速与天然流速基本相当。从码头前水域沿程流速梯度情况来看（表5），推荐方案基本解决了码头前水域的回流问题。

5.2　一期工程推荐方案对洋山海域宏观流态的影响[4]

描述流体运动的方法基本有两种：拉格朗日法和欧拉法。前面我们用到的流场流矢图为欧拉法，漂流就是拉格朗日法；漂流可反映某一质点在流场中的运动轨迹。

在天然条件下（图3），涨潮时，小洋山岛链上游质点经各潮流通道流入大、小洋山水域，并以与小洋山岛链呈20°左右的夹角流向西侧水域。经窄口流入的质点过窄口后逐渐扩散，由于受北侧涨潮流的压迫，并向南偏向大洋山岛链。落潮时，水流相对平顺，迹线与小洋山岛链基本平行，水流质点大部分汇入窄口。

在小洋山—镬盖塘港区推荐方案条件下（图7），涨潮时，小洋山岛链北侧水流质点绕过杨梅咀经颗珠山—蒋公柱通道进入洋山水域；经窄口的水流质点一部分流向码头前沿，并与码头前沿线平行流向西侧水域，大洋山岛链侧迹线基本没变。落潮时，仅在小洋山前1 600 m范围水域范围内水流迹线有变化，与天然条件相比，水流迹线偏向小洋山一侧。以上分析表明：

（1）洋山深水港一期工程的建设，封堵了小洋山岛链一些潮流通道，改变了原有的边界条件，但影响范围主要在小洋山一侧，对大洋山一侧水流条件影响较小。

（2）小洋山—镬盖塘港区方案较好地改善了小洋山岛链前码头水域水流流态。

6　洋山深水港一期工程方案水流特点的进一步讨论

根据上述小洋山岛链上各岛屿及相邻潮流通道潮流特点，可知岛屿附近潮流可分为以下两大类型[6]。

6.1 环抱式分（汇）流型（图9）

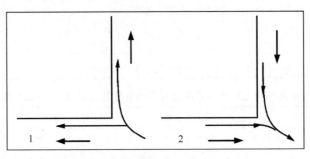

图9 环抱式分（汇）流型

（1）潮流特点：潮流环绕海岛或岬角两侧流动。即海岛或海岸岬角处为潮流的分、汇流区。在涨潮（落潮）阶段潮流被岬角分为两股水流沿岬角两侧流动，在落潮（涨潮）阶段，岬角两侧潮流在此汇合。

（2）泥沙回淤特点：分、汇流区水流紊动较强烈，一般产生较多泥沙回淤，形成鱼嘴形淤积体。

（3）海洋工程问题：淤积区不宜建设港口或航道工程；但可依据水流条件布置"鱼嘴形"围海工程，起导流或分流作用；此类工程的关键往往是如何确定"鱼嘴"位置；一般需通过模型试验来确定。

6.2 绕（挑）流式分（汇）流型（图10）

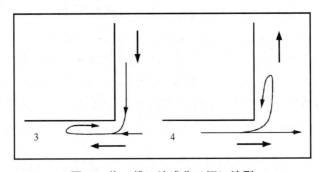

图10 绕（挑）流式分（汇）流型

（1）潮流特点：一股潮流以绕流形式通过岛屿或海岸的岬角后与另一股潮流汇合，或分成两股不同方向的潮流。由于较强的绕流作用，往往在岬角附近没有泥沙回淤，甚至形成深潭或深槽；但潮流主流通过岬角后，由于岬角的挑流作用，容易形成较大尺度的回流。

（2）泥沙回淤特点：潮流主流通过岬角后，容易形成较大尺度的回流，当有充分泥沙补给时，在回流区范围内容易形成半月形淤积体。

（3）海洋工程问题：在绕流区和回流区建设海岸工程都将面临比较大的水流泥沙问题。特别是在强潮高含沙量水域，往往需要通过物理模型研究确定工程的可行性。

（4）实例：洋山镬盖塘通道一期工程。

（5）工程措施：绕流区岸线光滑处理；全封堵潮流通道（封堵建筑物走向尽量与主流向一致）；半封堵潮流通道，在产生绕流的岬角上游侧，布置恰当的丁坝工程，用以将潮流主流挑离岬角，减弱回流强度。

7 洋山深水港一期工程方案港池泥沙回淤率和回淤量[7,8]

在物理模型中进行的定床浑水悬沙淤积模型试验结果列于表 6。从泥沙回淤情况看，一期工程推荐方案港池年回淤量为（70~100）×10^4 m^3，维护量为（50~70）×10^4 m^3。其中码头前沿泊位区回淤量较小，调头区回淤量较大。

表 6 一期工程推荐方案港区范围内回淤率和回淤量

方案	位置	回淤率（m/a）	年回淤量（×10^4 m^3）	年维护量（×10^4 m^3）
推荐方案	码头前沿	1.32~1.83	19~26	5~7
（小洋山—镬盖	调头区	0.48~0.66	53~74	44~60
塘港区方案）	全港池	0.58~0.80	72~100	49~67

8 结 语

（1）大、小洋山海域潮强、流急、含沙量高，岛屿之间潮流通道水流形态复杂，水文泥沙条件是直接影响港口建设的关键因素。

（2）根据总体规划布局，一期工程方案需布置在小洋山岛链上。模型试验表明，小洋山岛链上各潮流通道内均存在较强的东北—西南方向的涨潮流，因主流向与码头岸线走向呈一定夹角，导致涨潮主流偏离一期工程码头岸线，在码头前沿水域容易形成较大尺度回流区。

（3）通过洋山深水港一期工程多组优化方案潮汐水流物理模型试验，提出了比较满意的一期工程推荐方案（小洋山—镬盖塘港区优化方案），从水流条件看，推荐方案码头前水流流态均平顺均匀，比天然条件有所改善。

（4）结合洋山深水港一期工程方案比选试验，对岛屿附近典型潮汐水流及对应的泥沙运动特点进行概括和分析，并指出在这些水域布置海洋工程应注意事项。

（5）根据定床泥沙淤积试验情况看，一期工程推荐方案条件下，虽然港池水深较大，其泥沙回淤维护量为（50~70）×10^4 m^3/a。

参考文献

［1］上海国际航运中心洋山港区潮汐水流整体物理模型总体规划布局方案比选试验研究［R］. 南京水利科学研究院，1998.

［2］上海国际航运中心洋山深水港一期工程方案潮汐水流试验研究［R］. 南京水利科学研究院，1999.

［3］上海国际航运中心洋山深水港动力条件和泥沙问题初步分析［R］. 南京水利科学研究院，1999.

［4］上海国际航运中心洋山港区北港区及一期工程平面布置优化试验研究［R］. 南京水利科学研究院，2000.

［5］上海国际航运中心洋山港区一期工程平面布置优化试验研究综合报告［R］. 南京水利科学研究院，2001.

［6］徐啸. 岬角型岸线潮流泥沙特点及海洋工程问题［J］. 水道港口，2017（5）.

［7］上海国际航运中心洋山深水港一期工程物理、数学模型试验研究［R］. 南京水利科学研究院，2002.

［8］上海国际航运中心洋山深水港一期工程方案定床泥沙物理模型试验研究［R］. 南京水利科学研究院，2002.

（本文刊于《水运工程》，2017 年第 10 期）

洋山深水港一期工程施工期水文泥沙资料分析
（2002 年 4 月至 2005 年 7 月）

摘　要：通过对洋山港一期工程施工期地形冲淤资料分析认为，影响洋山深水港一期工程施工期地形冲淤变化的主要原因有两条：一是施工期港区陆域抛吹填泥沙的流失；二是港区建设改变了边界条件，引起水流流态和泥沙输运规律随之调整变化。到 2005 年 7 月为止，现场潮流流场和水下地形的变化与模型试验预测结果基本一致。

关键词：洋山港区；一期工程施工期；现场资料；模型试验

1　前言

在大量试验研究工作的基础上，上海洋山深水港一期工程于 2002 年 6 月正式开工建设。自 2002 年年底开始，建设部门重点对一期工程施工区域及附近海域有计划地实施潮流、泥沙及地形的动态监测工作。

本研究的目的是掌握一期工程施工以来港区水文泥沙和地形变化特点，找出泥沙运动的动力机制，同时检验和判断前期所进行的大量模型试验研究成果的准确性和可靠性，以积累经验改进和指导后续工程的设计和施工。

2　洋山深水港工程概况（图 1）

大、小洋山位于长江口南汇嘴芦潮港东南约 30 km 海域，位于杭州湾口北部，其北部水域与长江口外海滨相连，南临舟山群岛，东濒大陆架海域。大、小洋山海域潮强、流急、含沙量高，港内最大流速在 2.0 m/s 以上，年平均含沙量为 1.5 kg/m³ 左右，岛屿之间潮流形态复杂，水文泥沙条件是直接影响港口建设

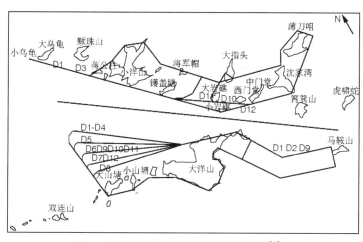

图 1　洋山深水港总体规划单通道方案[1]

的关键因素[2]。

物理模型试验研究确定了深水港总体规划如图 1 所示，一期工程推荐方案如图 2 所示。

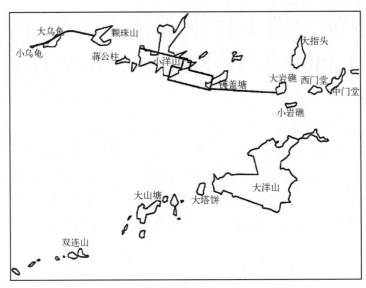

图 2   洋山深水港一期工程推荐方案[3]

3   洋山深水港一期工程施工进展概况（表 1）[4]

表 1   洋山深水港一期工程施工进度及水文泥沙地形观测和水文测验情况[4]

阶段	时间	工程进展	ADCP 走航测流	地形测量	水文测验
	2002 年 4—5 月	北围堤工程起步		断面测量	
	6 月	一期工程正式开工			2002 年 6—7 月
	7—10 月	北围堤全线达到-6 m	2002 年 10 月 22 日		
	11 月			2002 年 11 月	
	12 月	陆域填沙工程开工	2002 年 12 月 20 日	2002 年 12 月	
第一阶段	2003 年 1 月	陆域共填沙 280×10⁴ m³		2003 年 1 月	2003 年 1 月底质取样
	2 月	北围堤封堵+4.5 m	2003 年 2 月 16 日	2003 年 2 月	
	3 月			2003 年 3 月	
	4 月	陆域共填沙 850×10⁴ m³			
	5—6 月	北围堤+7.5 m	2003 年 6 月 15 日	2003 年 6 月	
	7 月			2003 年 7—10 月	
	8 月	陆域共填沙 1 585×10⁴ m³			
	9 月	8 日 300 m 口门封堵	2003 年 9 月 27 日	2003 年 9 月	
	10 月	东围堤开工			2003 年 10 月
	11—12 月	陆域共填沙 1 980×10⁴ m³	2003 年 12 月 24 日	2003 年 12 月	

续表

阶段	时间	工程进展	ADCP 走航测流	地形测量	水文测验
第二阶段	2004 年 3 月	西围堤开工	2004 年 3 月 21 日	2004 年 3 月	
	4 月	陆域共填沙 2 220×10^4 m^3			
	5 月	东西围堤形成	2004 年 5 月 5 日		2004 年 5 月
	6 月	陆域填沙工程完工			
	7 月		2004 年 7 月 2 日	2004 年 7 月	
第三阶段	2004 年 8—9 月	东侧北围堤开工	2004 年 9 月	2004 年 9 月	
	2005 年 1 月	东侧北围堤 430 m	2005 年 1 月 11 日	2005 年 1 月	
	4 月上旬	东侧北围堤 1 602 m	2005 年 4 月 9 日	2005 年 4 月	
	4 月底	东侧北围堤合龙			
	7 月			2005 年 7 月	

2002 年 6 月洋山深水港一期工程正式开工。至 2005 年 7 月基本可分为三个阶段：

第一阶段（2002 年 6 月至 2003 年 12 月），完成小洋山—镬盖塘通道南北围堤工程建设，其间填砂 1 980×10^4 m^3，一期工程方案初具规模。与之同时，进行了两次大范围水文测验、6 次 ADCP 走航测量、几乎每月进行一次地形测量。

第二阶段（2004 年 1 月至 2004 年 7 月），一期工程方案基本形成，镬盖塘东导流堤建成 200 m。其间进行了 1 次水文测验、3 次 ADCP 走航测量和 2 次地形测量。码头前出现"弓形"回淤体。

第三阶段（2004 年 8 月至 2005 年 7 月），镬盖塘东侧通道的北围堤于 2005 年 4 月底建成。其间进行了 5 次 ADCP 走航测量和 4 次地形观测。随着镬盖塘北围堤的延伸，码头前水域回流逐渐减弱、"弓形"回淤体也逐渐消失。

4 一期工程施工期工程水域水流特点

4.1 施工期第一、第二阶段水流特点

4.1.1 物理模型试验成果

从 2002 年 4 月开始围填小洋山—镬盖塘潮流通道，到 2003 年 9 月北围堤封堵，这时施工现场与物理模型中洋山深水港一期工程基本方案基本一致。1998 年我们在研究洋山深水港区一期工程基本方案时，发现涨潮阶段码头前水域会产生大尺度回流现象。文献[3] 中指出："小洋山—镬盖塘方案回流区范围纵向为 1 700～1 800 m，横向为 400～500 m左右。"

2002 年 10 月模型试验研究一期工程东导流堤方案时[5]，进一步证明，在东导流堤未建的"第二阶段"条件下，涨潮时，码头东侧镬盖塘—大、小岩礁通道中湍急的涨潮水流以较大的角度进入大、小洋山之间主槽，使码头前涨潮主流远离一期工程码头岸线，在码

头前沿水域产生明显的大尺度回流区，在高含沙量条件下，这里自然成为泥沙回淤区。落潮时除了码头西端局部挑流影响外，一期码头水域落潮水流比较平顺（图3）。

（1）涨急阶段码头前水域产生回流　　　　　　　　（2）落急阶段码头前水流比较平顺

图3　小洋山—镶盖塘方案（相当于现场"第二阶段"）涨急、落急流态（模型试验成果）[5]

4.1.2　施工期第二阶段水流特点

由于难以用定点水文测验资料分析港区水域施工期水流特点，下面主要应用 ADCP 走航测流资料进行分析比较。

2004 年 7 月 2 日，现场 ADCP 走航测验发现，涨潮期在一期工程码头前水域存在大尺度回流；2004 年 8 月分析报告[6]的描述是"涨潮时，小洋山前沿流速横向梯度较大，调头区流速明显大于码头港池流速，甚至近岸还出现水流反方向流动的现象"。近岸出现反方向的水流现象其实就是流速梯度较大而形成的回流。

从涨急后水流实测资料看，近岸缓流区范围逐渐扩大，在部分区域出现了回流。可见，在未建东导流堤条件下，码头前的缓流、回流区从一期码头东部随涨潮时间推移而逐渐增大，直至发展到整个一、二期码头前水域，一期码头东部近岸水域处于缓流阶段的时间最长（图4）。

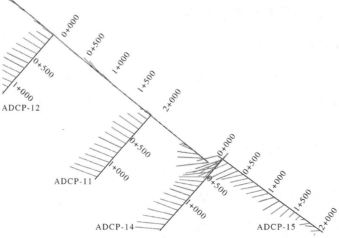

图4　2004 年 7 月 20 日 20：00 "第二阶段"港池水域涨急流矢图

4.2 施工期第三阶段水流特点

4.2.1 物理模型试验成果

图5为一期工程码头东潮流通道内（将军帽—大指头）东围堤建成后模型试验涨急时流态照片和流矢图。这时港池和航道水域涨急流态比图3有所改善，码头前沿仍有局部缓流区。

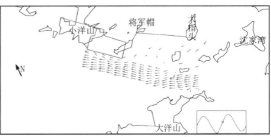

图5 东导流堤北线方案实施后（相当于现场"第三阶段"）涨急流态照片及流矢图[5]

4.2.2 现场实测水流资料

图6为一期港区主体围填工程完成时，几个ADCP断面处涨急、落急实测流矢图。

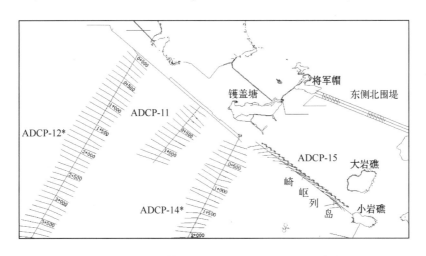

图6 2005年4月一期工程第三阶段水文监测断面涨急、落急流速矢量图

图7和图8分别为依据一期码头水域ADCP-11走航断面在"第二阶段（图4）"和"第三阶段（图6）"实测半潮平均流速横向分布图。可以看出，第二阶段涨潮流在码头前沿仅0.33 m/s，主流区在离岸1 000 m外；落潮流分布相对比较均匀，主流区在离岸300~800 m处。而第三阶段时码头前水域涨潮、落潮水流均较均匀。

以上结果与物理模型完全一致。

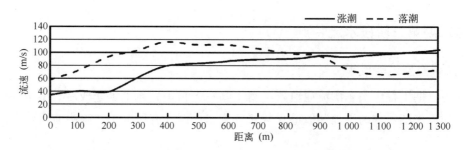

图 7　2004 年 7 月第二阶段 ADCP-11 断面半潮平均流速分布

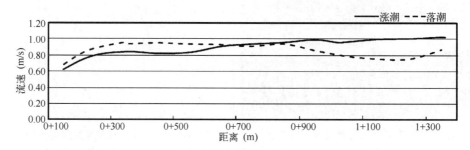

图 8　2005 年 4 月第三阶段 ADCP-11 断面半潮平均流速分布

4.3　小结

洋山深水港一期工程施工期不同阶段多次测流资料分析表明，在一期工程基本方案（小洋山—镬盖塘港区方案）实施后，如不封堵码头东侧潮流通道，在涨潮流阶段，强劲的涨潮流将在码头前沿水域产生大尺度回流、缓流区。如仅建成北侧围堤，码头前流态将有所改善，但依然存在局部缓流区。现场实测资料与物理模型预测结果完全一致。

5　洋山深水港一期工程实施后地形冲淤分析

5.1　天然条件下大、小洋山海域冲淤趋势简介

5.1.1　大、小洋山海域冲淤形势[7]

河海大学曾对 1887 年、1937 年和 1987 年水深测图进行冲淤分析，结果表明杭州湾近年处于微淤状态，平均每年回淤 1.15 cm。

华东师范大学等根据 1921—1989 年历年测图分析，结论是大、小洋山以北、以南海区每年约淤积 2.5~5 cm，大、小洋山以西的湾内中部区域，淤积缓慢，平均每年仅 1 cm 左右。

国家海洋局第二海洋研究所对洋山港区、航道和抛泥区范围柱状样进行 ^{210}Pb 分析，港区水域（西南部）沉积速率为 0.93~1.37 cm/a，港内水域北部为侵蚀环境；航道水域平

均沉积速率为 0.20~1.51 cm/a；南部抛泥区沉积速率为 2.71 cm/a；北部抛泥区平均沉积速率为 1.77 cm/a。

几家分析结果基本一致，洋山港区海域近年处于微淤状态，淤积率约 1~2 cm/a。

5.1.2 小洋山码头前局部海域冲淤形势

2000 年 2 月起在小洋山南麓水域一期工程岸线前沿 3.4×1.5 km² 范围内布置了 11 条固定断面，进行了为期 2 年共 11 次的断面观察，主要结论如下[4]：

（1）观测区域 4—11 月以冲刷为主，冬季（11 月至翌年 1 月）以淤积为主；

（2）冲淤幅度最大区域为近岸水深较大深槽处。

5.2 一期工程施工期港区冲淤情况及原因分析

5.2.1 分析思路

从一期工程施工过程和海床冲淤特点看，施工期港区海床冲淤可分为两大阶段：

（1）在 2003 年 12 月以前，影响港区附近海域冲淤的主要原因是取沙、抛吹填泥沙流失等因素；其次为边界局部调整引起水流流态和泥沙运动变化的影响。

（2）2003 年年底一期工程码头桩基工程基本施工结束，一期码头工程中部口门处流沙外溢影响日益减弱，港区已初具规模，东导流堤尚未实施。2004 年上半年基本可以认为是在新的边界条件下，一期工程附近水域水沙环境和地形之间相互适应和调整的过程。

现将现场水流泥沙现象与模型试验成果进行对比分析，这既可以检验模型试验成果，又可以借助模型的直观性解释现场出现的水流泥沙现象。

5.2.2 一期码头施工期局部冲淤情况

图 9 为 2004 年 3—7 月一期工程施工区域泥沙冲淤分布[6,8]。由图可以看出，在一期码头前沿存在"弓形"淤积体，而码头两端存在冲刷现象。

一期工程模型试验成果表明，在 2004 年上半年施工现状条件下，码头两端明显存在挑流，端部流速较大，可能引起码头端部出现冲刷，模型结果与现场情况基本吻合。

回流区和缓流区往往是泥沙淤积的集中区域，泥沙试验表明：在一期工程（即小洋山—镀盖塘港区方案）实施后，若码头东侧潮流通道范围不建任何整治建筑物，码头水域涨潮期强烈的回流作用将导致码头水域较大的泥沙淤积。

在物理模型中，为解决码头水域的回流问题进行了大量优化比选试验。试验发现，完全封堵镀盖塘东侧通道后，涨潮期在一期码头前水域发生的回流将不复存在。

由图 9 可以看出，在 4 个月时间内码头附近冲淤幅度达到 1~3 m，分析认为主要由两方面因素造成：

（1）洋山海域为高含沙量强潮流海域，工程建成初期水深地形调整速度较快；

（2）在此期间码头处于最不利水力条件，码头东西两端存在挑流现象，流速不均匀，较强的涨潮流在码头前产生回流，这些都会引起地形的较大变化。

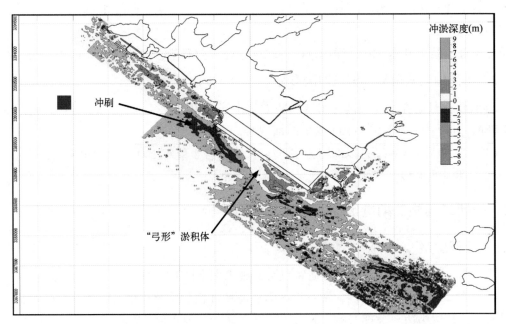

图 9　2004 年 3—7 月监测区域冲淤

图 9 中施工区较大的冲淤变化是施工过程中的暂时现象，随着东导流堤的建成及各项整治工程的完善，码头前水流会逐渐趋于平顺均匀，码头前的地形冲淤范围和形态将会逐渐调整，回淤幅度会有所减弱。

5.3　一期工程对洋山海域的影响

在一期工程建设前洋山海域基本处于冲淤平衡状态，1998 年 11 月至 2004 年 4 月的地形变化可以认为主要是一期工程施工改变边界条件所引起，局部区域与取沙及吹填流沙外溢有关（图 10）[4]。

图 11 为根据模型测量流速采用刘家驹平衡水深公式计算的大、小洋山岛链间海域冲淤趋势图。

比较图 10 和图 11 可以发现，试验所预测的冲淤区域与现场实测的结果基本一致，几个主要变化区域有：

（1）镇盖塘与大山塘间水域为变化较大的主要冲刷区；

（2）小洋山前淤积区域；

（3）小洋山前和双连山前两淤积区间为冲淤基本平衡的区域。

可见物理模型潮流试验较好地反映了一期工程建设过程中的洋山海域潮流场的变化及水下地形的冲淤趋势。现场一些地形冲淤变化也从物理模型中找到了解释。

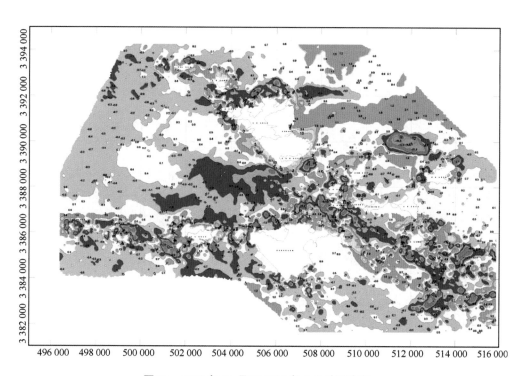

图10　1998 年 11 月至 2004 年 4 月地形变化

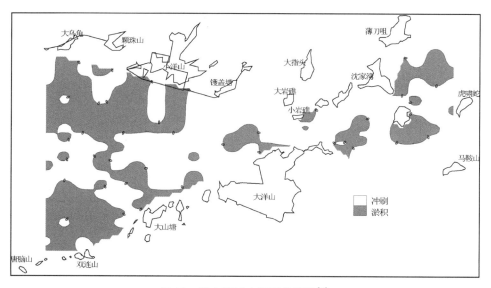

图11　洋山海域水深变化趋势[8]

6　结语

到 2005 年 7 月为止，洋山深水港一期工程施工后的现场潮流流场和水下地形的变化与模型试验所预测基本一致。可见模型试验结果是可信的,现场出现的潮流场及水下地形的变化基本在模型预测的范围内,物理模型试验完全可以用于现场施工的指导及预测后续工程的水流泥沙发展趋势。

参考文献

[1] 上海国际航运中心上海洋山港区潮汐水流整体物理模型总体规划布局方案比选试验研究 [R]. 南京水利科学研究院,1998.

[2] 上海国际航运中心上海洋山港区动力条件和泥沙问题初步分析 [R]. 南京水利科学研究院,1999.

[3] 上海国际航运中心洋山港区一期工程方案潮汐水流试验研究 [R]. 南京水利科学研究院,1999.

[4] 上海国际航运中心上海洋山深水港一期工程施工期水文泥沙及地形条件分析 [R]. 南京水利科学研究院,2005.

[5] 上海国际航运中心洋山深水港区一期工程东导流堤优化物理模型试验研究 [R]. 南京水利科学研究院,2002.

[6] 洋山深水港区一期工程施工区域监测工作总结(2004年上半年度)[R]. 中交第三航务工程勘察设计院有限公司,2004.

[7] 上海国际航运中心洋山港区动力条件和泥沙问题初步分析 [R]. 南京水利科学研究院,1999.

[8] 上海国际航运中心洋山港区一期工程平面布置优化试验研究综合报告 [R]. 南京水利科学研究院,2001.

洋山深水港西港区岸线功能规划调整

摘　要：为了满足洋山深水港生产营运需要，有关部门希望保留颗珠山—蒋公柱潮流汊道，这与总体规划布置不一致。为此需进行深水港西港区岸线功能规划调整研究。考虑到汊道的颗珠山一侧潮流具有岬角绕流型特点，而蒋公柱一侧有岬角环抱型特点；在此认识基础上针对多种岸线方案进行试验。试验结果表明，进行适当的岸线优化方案后，可以保持甚至改善汊道内和已建港区潮流条件。结论是：从水流角度看，采取合理的岸线布置和适当的工程措施后，保留和开发利用颗珠山—蒋公柱潮流汊道是可行的。

关键词：洋山深水港；西港区岸线功能调整；潮汐水流；模型试验

1　前言

2002 年 6 月，洋山深水港一期工程正式开工，2006 年年初，一、二期工程 9 个深水泊位相继投入运营，为满足江海两用船和长江支线船等中小型船舶的靠离泊要求及增加工作船等小船泊位岸线，管理部门提出保留颗珠山—蒋公柱潮流汊道，在潮流汊道内实施适当的工程措施和合理的平面布置，开辟该水域成为一个有掩护、水流相对平顺的港池，达到增加泊位岸线的目的[1,2]。

洋山海域平均含沙量高达 1.5 kg/m³，强劲的潮流条件是维持泥沙冲淤基本平衡的主要条件。拟建的洋山深水港及航道的泥沙回淤也主要取决于潮汐水流条件。研究表明，如保留小洋山岛链上各潮流通道，强劲的涨潮流阶段在其下游侧（即西侧码头水域）会存在大尺度回流区，为此总体规划采用封堵汊道的"大通道"方案。

因保留此汊道与洋山深水港总体规划方案不一致，为此必须进行洋山深水港西港区岸线功能规划调整研究，亦即颗珠山—小洋山潮流汊道利用的可行性研究。

图 1 为原总体规划方案，在本次试验研究中作为比较方案之一（称之为"基本方

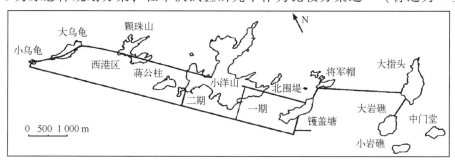

图 1　基本方案 1（原总体规划方案）

案 1")[3]，图 2 为本次试验方案之一（称之为"基本方案 2"）。

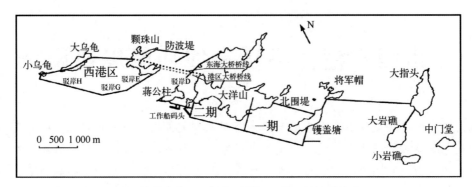

图 2 基本方案 2（保留颗珠山—蒋公柱汊道方案）

2 颗珠山—蒋公柱潮流汊道地理条件及水流特点

2.1 颗珠山—蒋公柱潮流汊道地理条件

小洋山岛链最西端是大乌龟—颗珠山潮流汊道，接着就是颗珠山—蒋公柱潮流汊道，该汊道最窄处宽 1 060 m，仅次于镬盖塘—大岩礁汊道；平均水深 18.3 m，最大水深达 27 m，为小洋山岛链上 5 个潮流汊道中水深最大的一个。图 3 为颗珠山—蒋公柱汊道最窄处断面图。

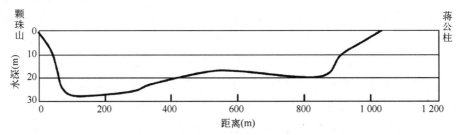

图 3 颗珠山—蒋公柱潮流汊道断面（理论基面）

2.2 颗珠山—蒋公柱潮流汊道潮流特点

在较强的东北—西南向的潮流条件下，颗珠山—蒋公柱潮流汊道西侧的颗珠山岛水域具有"岬角绕流型"水流特点，汊道最大水深位于颗珠山绕流岬角附近水域。而汊道东侧的蒋公柱水域具有"岬角环抱型"水流特点。图 4 为岬角岸线潮流特点概化示意[4]。

图 5 为天然条件下洋山水域涨潮漂流迹线图，图 6 为洋山港一、二期工程实施后洋山水域涨潮漂流迹线图。可以看出两点：①颗珠山岬角处呈明显的绕流流态；②一、二期工程的实施，对颗珠山—蒋公柱潮流汊道水流形态影响不大，主要影响小洋山东侧几个潮流汊道水流形态。

图 4　岬角绕流型和岬角环抱型潮流特点概化[1]

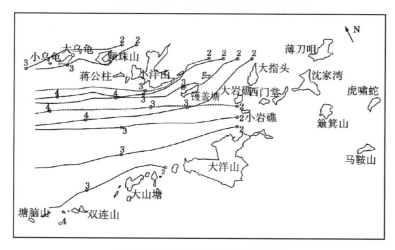

图 5　天然条件下涨潮漂流迹线

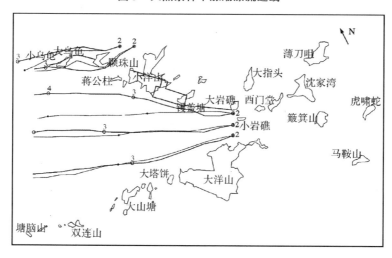

图 6　一、二期工程实施后涨潮漂流迹线

在进行方案比选时，均以一、二期工程初建成时作为"初始条件"。

图 7 为"初始条件"下颗珠山—蒋公柱潮流汊道及附近水域涨急、落急流矢图。

颗珠山—蒋公柱潮流汊道内涨、落潮流都较急，涨潮平均流速为 100 cm/s 左右，落潮平均流速为 120 cm/s 左右。最大涨、落潮流速均为 210 cm/s 左右。潮流汊道内水流流向

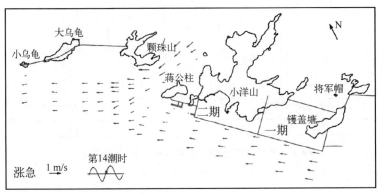

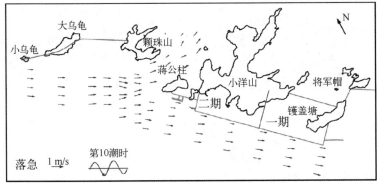

图 7   初始条件下（一、二期工程建成时）颗珠山—蒋公柱潮流汊道及
附近水域涨急、落急流矢图

基本与潮流汊道走向平行（呈东北—西南走向），主流向与一、二期工程码头岸线方向大致呈 45° 夹角。

即保留颗珠山—蒋公柱潮流汊道后：

（1）颗珠山—蒋公柱潮流汊道内水流条件较复杂；

（2）洋山二期码头水域涨潮水流受阻，流速减小，主流南偏。

3   模型试验条件和试验组次

3.1   西港区岸线功能规划调整优化试验的原则

（1）增加岸线，且满足近期规划方案与远期总体规划方案相统一。

（2）对已建的一、二期港区水域水流条件影响尽量小。

（3）可改善西港区水域水流条件。

（4）颗珠山—蒋公柱潮流汊道内水流平顺，保证中小型船舶的靠离泊安全。

3.2   西港区岸线功能规划调整优化试验基本思路

如前所述，颗珠山岸线具有岬角绕流型潮流特点。在文献［5］中，我们曾探讨过岬角绕流型岸线整治工程措施有：①绕流区岸线光滑处理；②在产生绕流的岬角上游侧，布置恰当的导流工程,将潮流主流挑离岬角,改善下游侧流态。

分析后认为,本课题只宜采用第一种方法,即光滑处理颗珠山侧岸线形态。

可以在颗珠山岸线优化基础上,再考虑采用合适的整治工程(鱼嘴工程),进一步改善蒋公柱一侧岬角环抱型潮流条件。

3.3 试验方案和组次

在物理模型中,进行了 23 组方案试验。23 组方案可归纳为表 1 中所示的三种类型:

(1) 西港区调整方案实施前的初始条件(图 7);

(2) 原总体规划(大通道)方案,本试验中简称为"基本方案 1"(图 1);

(3) 保留颗珠山—蒋公柱潮流汊道的规划调整方案,其中根据蒋公柱是否布置导流鱼嘴分为调整方案 2 系列和调整方案 3 系列情况。

表 1　小洋山西港区规划方案类型及试验组次

方案类型	方案名称	方案特点	试验组次
西港区方案实施前(初始条件)	一、二期	一、二期工程建成(图 7)	1
西港区原规划方案	基本方案 1	原封堵潮流汊道的大通道规划方案(图 1)	1
西港区规划方案调整 保留颗珠山—蒋公柱潮流汊道	调整方案 2 系列	调整颗珠山岸线形态(图 8)	9
	调整方案 3 系列	方案 2 系列基础上,在蒋公柱布置鱼嘴导流工程(图 9)	12

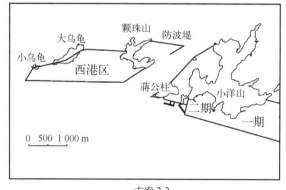

方案 2-2

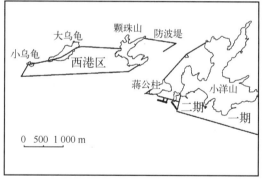

方案 2-3

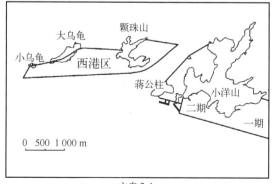

方案 2-4

图 8　西港区规划调整方案 2 系列部分方案

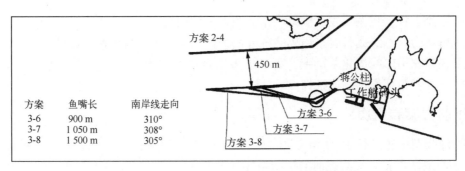

图9 西港区规划调整方案3系列，部分鱼嘴布置示意

4 潮汐水流试验结果分析

4.1 基本方案1潮汐水流试验

图10为基本方案1条件下西港区和一、二期港区水域涨急、落急流矢图。分析可知：

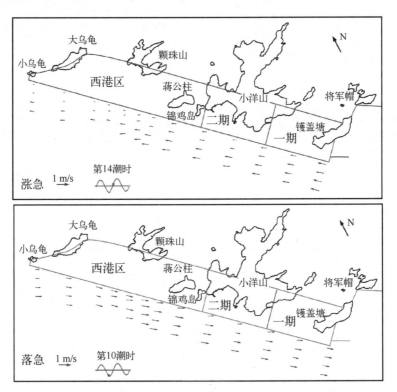

图10 西港区基本方案1（原规划方案）涨急、落急流矢图

（1）基本方案1港区布置简单，后方陆域面积较大；

（2）基本方案1实施后，一、二期码头前沿水域涨、落潮流速均有所增强，且水流比较平顺；

（3）但涨潮期西港区（小乌龟—颗珠山港区）水域流速减小较多，须待南港区建成，西港区流速条件才能有所改善[3]。

4.2　西港区规划调整方案 2 系列潮汐水流试验结果分析

试验结果表明，在基本方案 2 条件下，涨潮期西港区西侧码头前以及在落潮期西港区东侧码头水域均出现回流或缓流区，流态较差（图 11）。为此着重对颗珠山侧岸线布置进行优化，使岸线走向尽量与进出颗珠山—蒋公柱潮流汊道的涨落潮流流向一致。

调整方案 2 系列试验表明，当西港区岸线走向由原 130°～310°（即一、二期码头岸线走向）逆时针旋转 17°～20°（即方案 2-3 和方案 2-4）后，西港区码头水域水流流态改善、缓流现象基本得到解决，水流强度要大于基本方案 1，而且对一、二期工程码头前水流流态影响也较小。

图 11 和图 12 分别为基本方案 2 和调整方案 2-4 涨急、落急流矢图。

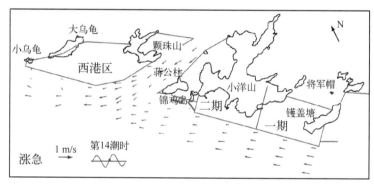

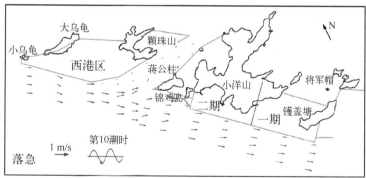

图 11　西港区基本方案 2 条件下，涨急、落急流矢图

由试验资料分析可知：

（1）保留颗珠山—蒋公柱潮流汊道，且对颗珠山侧岸线适当优化（如采用方案 2-4），可使西港区流态改善，流速原总体方案（基本方案 1）有较大增加。

（2）方案 2-4 条件下，二期工程水域流速平均减少 4%～5%，一期工程水域减少 2% 左右。

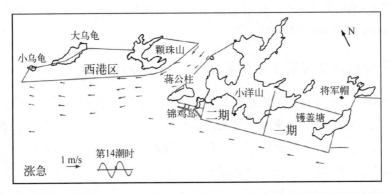

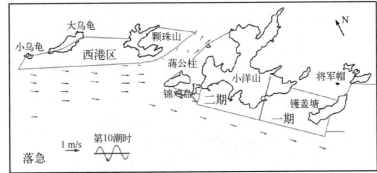

图 12　西港区调整方案 2-4 条件下，涨急、落急流矢图

4.3　西港区规划调整方案 3 系列（有鱼嘴方案）潮汐水流试验结果分析

对于"岬角环抱型"水流条件，一般可采用鱼嘴工程改善水流[4]。即自蒋公柱岛向西建导流、分流鱼嘴工程。建此鱼嘴工程的目的主要有两个：

（1）将颗珠山—蒋公柱潮流汊道水流与潮流主通道水流分开，减小相互间的影响；达到既能增加西港区水流强度、改善流态，又能减少对一、二期工程水域水流条件的影响。

（2）鱼嘴两侧可布置各种小船码头，解决小船码头岸线不足的问题。

4.3.1　西港区规划调整方案 3 系列流态特点

试验表明，鱼嘴工程的长度、走向和鱼嘴处口门宽度都直接影响西港区和颗珠山—蒋公柱潮流汊道水域水流条件。

鱼嘴口门宽度：试验表明，当鱼嘴处口门宽度较小时（例如鱼嘴工程长 1 050 m，鱼嘴处口门宽 300 m），在鱼嘴导流作用下，强劲的西南向涨潮流使西港区码头近岸泊位区流速增加较多，调头区流速相对较小；而较强的落潮主流偏向水道东侧（蒋公柱侧），使潮流汊道内颗珠山侧水域出现较大范围回流或缓流，建议鱼嘴工程处口门宽度不得小于 400 m。

鱼嘴长度：当鱼嘴工程较短时，落潮初期鱼嘴工程北侧出现较大回流。仅当鱼嘴工程长度大于 1 000 m 时，才能较好地发挥其导流作用。且较长的鱼嘴可以减少颗珠山—蒋公柱潮流汊道与主通道水流之间的相互影响。

从试验情况看，潮流汊道内为光滑的曲线岸线时，水流更平顺。

从流速分布看，涨潮流主流偏向颗珠山一侧，落潮流主流偏向小洋山一侧；潮流汊道越宽这种分布特点越明显。

图 13 为方案 3-8 工况条件下涨急、落急流矢图，由图可见，适当布置"鱼嘴"导流工程可使西港区水域涨潮流增强，且水流更加平顺于岸线。

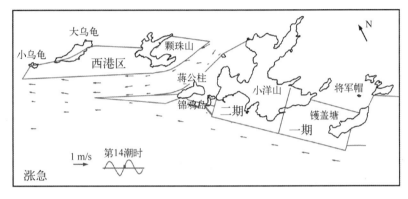

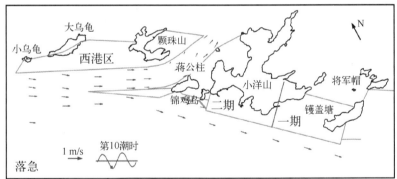

图 13　西港区调整方案 3-8 条件下涨急、落急流矢图

4.3.2　调整方案 3 系列流场强度特点

表 2 为部分调整方案 3 条件下，各区域半潮平均流速相对比值，为便于比较，表中同时列出方案 2-4（未布置鱼嘴工程）有关数据。由表 2 可以看出，布置鱼嘴工程可使西港区流态及流速分布得到进一步改善：涨潮流明显增强，码头前沿缓流区基本消失；西港区东西两侧水域水流强度分布更趋均匀。至于"鱼嘴工程"对已建成的一、二期码头水域水流影响看，各方案差别不大，与基本方案 1（原规划方案）相比，各方案对二期工程码头前流速的影响为-2%~-3%，对一期的影响为-1%左右。比调整方案 2 系列略有改善。

表 2   西港区规划调整方案 3 条件下各区域涨落潮半潮平均相对流速

方案	鱼嘴参数		西港区水域				二期码头水域		一期码头水域		颗珠山—蒋公柱潮流通道水域	
	鱼嘴长度	南岸走向	西侧		东侧							
	（m）	（°）	涨潮	落潮	涨潮	落潮	涨潮	落潮	涨潮	落潮	涨潮	落潮
现状	—	—									1	1
基本方案 1	—	—	1	1	1	1	1	1	1	1		
方案 2-4	—	—	1.73	1.10	1.33	0.82	0.96	0.95	0.98	0.98	0.96	0.81
方案 3-6	900	310	1.73	1.10	1.36	0.87	0.97	0.95	0.98	0.98	0.82	0.79
方案 3-7	1 050	308	1.78	1.09	1.36	0.84	0.97	0.96	0.99	0.98	0.84	0.81
方案 3-8	1 500	305	1.81	1.11	1.36	0.86	0.98	0.97	0.99	0.99	0.80	0.81

注："颗珠山—蒋公柱潮流通道水域"栏为各方案流速与现状流速比值，其他栏为各方案流速与基本方案 1 流速比值。

5　结语

（1）为了满足洋山深水港生产营运的需要及江海两用船和长江支线船等中小型船舶的靠离泊要求，提出了保留颗珠山—蒋公柱潮流汊道，调整西港区岸线功能规划的课题。

（2）在洋山海域高含沙量环境下，潮流条件是关系到港口航道方案是否可行的关键。为此进行了西港区功能规划调整方案试验研究。设法寻求既能满足增加岸线，又能满足水流条件要求的优化方案。

（3）根据颗珠山一侧潮流具有岬角绕流型特点，而蒋公柱一侧有岬角环抱型特点；在此认识基础上有针对性地采用不同方案进行试验。试验结果表明，进行适当的岸线优化方案后，可以保持甚至改善西港区和汊道内潮流条件，且对已建港区水流环境影响较小。

（4）从水流泥沙角度看，采取合理的岸线布置和适当的工程措施后，保留和开发利用颗珠山—蒋公柱潮流汊道是可行的。

参考文献

［1］上海国际航运中心洋山深水港区颗珠山—蒋公柱潮流汊道潮汐水流物理模型试验研究［R］.南京水利科学研究院，2004.
［2］上海国际航运中心洋山深水港西港区岸线功能规划调整潮汐水流物理模型试验研究［R］.南京水利科学研究院，2009.
［3］徐啸，等.上海国际航运中心洋山深水港总体规划方案模型试验研究［C］.中国海洋工程学会.第十一届中国海洋（岸）工程学术讨论会论文集.北京：海洋出版社，2003.
［4］徐啸.岬角型岸线潮流泥沙特点及海洋工程问题［J］.水道港口，2017（5）.
［5］徐啸，等.洋山深水港一期工程潮流特性物理模型试验［J］.水运工程，2017（10）.

（本文刊于《水运工程》，2018 年第 7 期）

杭州湾及洋山深水港动力和泥沙条件分析

摘　要：杭州湾为强潮河口湾，在杭州湾喇叭口地形条件下，向湾内潮流逐渐增强。杭州湾水体泥沙主要来源于长江口，由于众多岛屿的掩护作用，湾内泥沙输移主要受控于潮流。洋山深水港水域动力和泥沙条件基本也遵循上述规律。杭州湾海域总体上呈冲淤基本平衡、略有淤积形势。据此分析了洋山深水港水域动力和泥沙输移特点，总结出深水港方案规划的 16 字方针："封堵汊道、归顺水流、减少回淤、航行安全"。

关键词：杭州湾；洋山港；海洋动力；泥沙运动特点

1　杭州湾动力和泥沙条件

1.1　杭州湾地理地形概况

杭州湾为喇叭形河口湾，东西长 90 km，湾顶澉浦断面宽约 20 km，到金山—庵东一线，宽度骤增，至湾口（南汇嘴—甬江口）南北宽达 100 km 余，湾口以内面积约 5 000 km²，平均水深 8 m 左右。湾口外东和东南有舟山群岛掩护，众多岛屿主要分布在 10 m 等深线以外海域。杭州湾东北与长江口相连。长江口径流量是钱塘江的 41 倍，输沙量更是钱塘江的 127 倍[1]。杭州湾的泥沙输移趋势主要受控于长江。

1.2　杭州湾潮汐潮流特征

1.2.1　杭州湾潮汐特征

杭州湾属强潮海湾，外海潮波原为前进波性质，进入舟山群岛海域，由于边界反射、摩擦等条件影响，潮波发生变形，本海域属非正规半日浅海潮。潮波性质基本上接近驻波形态。

由湾口至湾顶潮波逐步增强，表现为潮差增大，涨落潮波不对称，浅水分潮的振幅从东往西随着水深变浅而逐渐增大，湾口芦潮港平均潮差为 3.24 m，至湾顶浙江澉浦平均潮差为 5.71 m。

1.2.2　杭州湾潮流特征

东海的潮流以南汇嘴—大戟山为界，北侧涨潮流进入长江口，南侧涨潮流进入杭州湾。杭州湾口门遍布大小不等的岛屿，相邻的岛屿形成多个岛链，进出杭州湾的潮流通过这些岛链时，分别形成绕岛水流和岛链之间的通道水流，水流形态较为复杂。由图1可见，杭州湾湾口处南北各有一个潮流深槽向西延伸到杭州湾口门内，外海涨潮流沿这两个潮流深槽进入杭州湾中部水域，到达金山深槽后折向西南；落潮主流方向相反。受地形和岸线的约束，杭州湾潮流以往复流为主。总体上看，涨潮主流偏北，落潮主流偏南；从湾口向湾顶有逐渐增加的趋势。

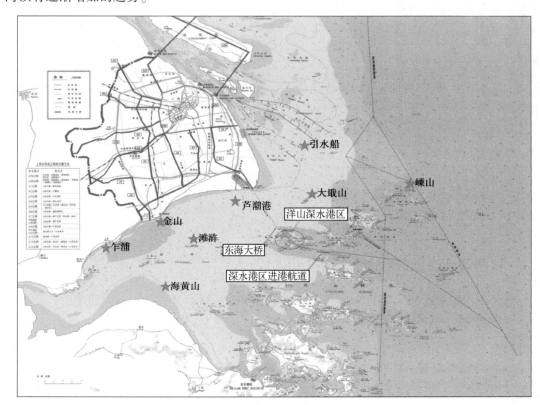

图1　杭州湾地理地形形势

1.3　杭州湾波浪分布规律[2,3]

图2为杭州湾部分海洋站强浪向和常浪向玫瑰图。由图可以看出，由于地理位置及地形条件不同，各测站在各方向上波能分布规律差别较大（各海洋站位置见图1）。

嵊山站代表开敞海域条件，主要强浪向为 NE 和 SE，风浪频率为 65%。大戢山和滩浒站波向玫瑰图形状较接近，但大戢山东南有嵊泗列岛掩护，而北方完全暴露，所以北向来浪要远大于东南方向来浪，其风浪频率约占 72%。滩浒站因受到杭州湾北岸的掩护作用，东南向来浪相对比重加大，且以风浪为主，风浪频率占 90% 以上。至于金山嘴和乍浦，北向和东北向来浪作用明显减弱，对近岸海域影响最大的是东南向风浪。位于杭州湾南岸的海黄山则主要受北向风浪的影响。

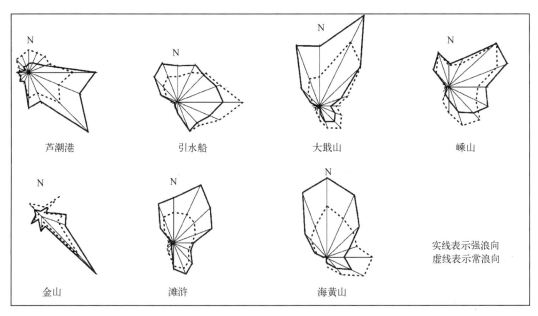

图2　杭州湾部分海洋站强浪向和常浪向玫瑰图

　　表1列出杭州湾部分海洋站年平均波高和周期，可以看出，位于开敞海域的嵊山波高最大，其次为大戢山和引水船；掩护条件较好的金山和乍浦站波浪相对较弱。表2为部分测站南北向来浪的频率比和波能比。杭州湾不同部位波浪随季节的变化呈一定的规律性。这是因为杭州湾主要受季风影响，各季风向的变化较大，冬季盛行偏北风，夏季盛行偏南风，春秋季为过渡季节，由于地形等因素的影响，湾内各处风的分布不尽相同，直接影响波浪分布的规律性。

表1　杭州湾部分测站年平均波高和平均周期

位　置	嵊山	引水船	大戢山	芦潮港	滩浒	金山	乍浦	海黄山
波高 H（m）	1.48	1.07	1.18	0.42	0.61	0.35	0.36	0.38
波周期 T（s）	4.91	3.75	3.30	2.93	2.93	3.11	3.33	2.77

表2　杭州湾部分测站南北向来浪频率比及波能比（北：南）

	嵊山	引水船	大戢山	芦潮港	滩浒	金山	乍浦	海黄山
频率比	1.42：1	1.36：1	2.16：1	0.88：1	1.40：1	0.53：1	1.09：1	2.42：1
波能比	1.76：1	2.02：1	4.92：1	0.34：1	2.25：1	0.28：1	0.36：1	6.14：1

1.4　杭州湾泥沙运动

　　杭州湾泥沙以悬移运动为主，水体含沙量主要受长江来沙、当地潮流特征以及风浪季节性变化三个因素制约。

1.4.1 杭州湾泥沙来源和输移特征

杭州湾泥沙主要来源于长江口。长江上游来沙至河口后，较粗泥沙部分沉积在水下三角洲前缘和边滩，这是南汇边滩的泥沙来源，而且它处在长江口与杭州湾两股潮汐水流的交汇缓流区，边滩区动力条件较弱，导致多年以来南汇边滩稳定地向外海淤涨延伸。

较细的泥沙在涨、落潮的反复搬运作用下，最终随冲淡水被输入东海，除少量直接落淤于深海外，大部分随海流往南、北沿海输移，其中部分向南沿海输移的泥沙，随大戢洋、黄泽洋等潮汐通道的涨潮流进入杭州湾，由于杭州湾潮流强劲，悬沙输移为泥沙基本运动形式，悬沙随潮流基本上沿东西向在杭州湾海域往返输移。

据有关分析，近百余年长江入海泥沙 78% 沉积在 −50 m 等深线内海域，南汇嘴—嵊泗连线以北长江口侧占 2/5，杭州湾一侧占 3/5[4]。

杭州湾在南北横向上的泥沙运动呈现北部进沙大于出沙、南部出沙大于进沙、中部进出相对平衡，仅有少量泥沙落淤，使杭州湾海域总体上呈现冲淤基本平衡、略有淤积形势。

但是近年长江流域入海下泄沙量已趋于持续减少时期；而长江口大量浅滩区被圈围，滩槽间泥沙的交换强度明显受到阻隔削弱，大量泥沙又源源不断地被吹填到围垦区内，造成了南汇海域含沙浓度的降低，进入杭州湾的沙源进一步减少。根据 20 世纪 80 年代的海岸带调查结果，位于杭州湾湾口的南汇嘴南滩前缘水域历来是杭州湾泥沙含量的高值区之一。冬季、夏季大潮时含沙量平均值分别达 2.5~3.5 kg/m³、2.0~2.5 kg/m³，年均含沙量 1.0~2.6 kg/m³。但近年来在南汇海域测得数据，垂线平均最大含沙量为 1.5 kg/m³ 左右，比 20 世纪 90 年代前明显减少[5]。

1.4.2 影响杭州湾泥沙运动特点的动力学因素

（1）杭州湾是强潮河口湾，潮流是控制当地泥沙运动的主要动力条件。

据水文测验及潮流数值计算可知，湾内涨落潮平均流速可达 1.0 m/s 以上。但海湾中部水域平均波高只有 0.6~0.7 m，湾内平均水深达 8.0 m，即作用于床面的波浪能量不到潮流能量的 1/10。表 3 为杭州湾部分测站处潮流和波浪平均摩阻流速之比较，可以看出，在正常天气条件下，杭州湾内含沙浓度场的分布、泥沙输移以及海床的冲淤主要取决于当地潮汐水流条件。

表 3　杭州湾部分测站处波浪和潮流摩阻流速（cm/s）

站　位	嵊山	引水船	芦潮港	大戢山	滩浒	金山	乍浦	海黄山
波浪摩阻流速	0.25	1.72	0.34	0.87	0.36	0.60	0.60	1.58
潮流摩阻流速	3.49	2.59	3.74	3.60	3.70	3.40	3.65	2.69

（2）对于部分区域，特别是近岸海域，波浪不仅对当地泥沙运动起重要作用，还将影响杭州湾宏观含沙量场的分布及泥沙输移趋势。

如前所述，位于长江口南槽的引水船测站处滩浅浪大流急，这里水—沙条件主要受控于长江径流及供沙条件，但海相动力（潮汐、波浪）条件也不容忽视。长江口输水输沙主要集中在夏秋季，这时强烈的径流将长江输出的部分泥沙直接向东海深水区输运，仅有部分泥沙堆积在长江口拦门沙浅滩及南汇嘴东侧和南侧浅滩上，导致南汇嘴浅滩夏季的淤涨。冬季长江径流减少，潮流作用加强，长江口和杭州湾水体交换量增大，而这时北向风浪将长江口外浅滩泥沙大量掀起，通过潮流、风吹流向杭州湾中部作舌状扩散，使杭州湾北部及中部冬季回淤率增大。

（3）强风浪条件下开敞海域挖槽内可能发生泥沙骤淤问题。

每年夏秋之季，台风将会影响杭州湾，形成较大风浪。

这时，杭州湾海域将会出现较强风浪，每年7—8月台风期内最大波高可达2.5 m以上。如按波高 $H = 2.5$ m，周期 $T = 4.5$ s，水深 $h = 10$ m 条件考虑，应用线性波理论，可以算得床面处最大轨迹速度 $U_m = 0.49$ m/s，对应摩阻流速 $u_{*w} = 2.4$ cm/s。根据杭州湾部分水域床面淤泥特性资料可知，当床面泥沙 $\gamma_s = 1.42$ g/cm³，临界起动摩阻流速为 2.34 cm/s[2]，床面泥沙大量悬扬，水体含沙浓度急剧增大。位于开敞海域的挖槽在大风浪期也处于强烈紊动条件，强风浪过后，特别是紧接着动力强度较低的小潮汛情况下，挖槽内极可能迅速产生较厚的浮泥层，如浮泥中粉砂质较多，浮泥可能导致较强的泥沙回淤。

2 洋山深水港动力和泥沙条件[6]

2.1 洋山海域地理及动力条件

大、小洋山是由 60 几个岛屿组成的崎岖列岛中两个最大的岛屿。大洋山与西侧的唐脑山、双连山、大山塘、小山塘和后门山等近 10 个岛屿组成东—西走向的岛链，岛屿之间为南—北向水深较浅的潮流通道。小洋山与附近的大乌龟、颗珠山、镬盖塘、大岩礁和西门堂等 20 余个大小岛屿组成呈东南—西北走向的岛链，各较大的岛屿之间形成东北—西南向的潮流通道。图 3 为大、小洋山岛链上各潮流通道情况，表 4 为各潮流通道几何特性[5]。

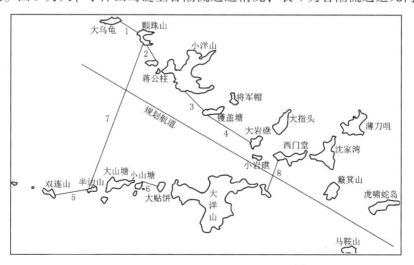

图 3   大、小洋山岛链上各潮流通道[5]

表 4   大、小洋山岛群间潮流通道几何条件和分流比

位置	潮流通道编号	名称	通道宽 (m)	平均水深 (m)	断面面积 (×10⁴ m²)	分流比	
						涨潮	落潮
主槽	7	颗珠山—半边山	6 685	11.74	7.85	1.00	1.06
	8	大洋山—西门堂	1 360	44.63	6.06	0.52	0.56
小洋山岛链	1	大乌龟—颗珠山	960	7.04	0.67	0.05	0.01
	2	颗珠山—蒋公柱	1 060	18.33	1.94	0.13	0.07
	3	小洋山—镬盖塘	780	16.60	1.26	0.10	0.04
	4	镬盖塘—大岩礁	1 830	13.44	3.43	0.07	0.06
大洋山岛链	5	双连山—半边山	1 660	20.05	3.32	0.12	0.21
	6	小山塘—大贴饼	960	9.76	0.94	0.02	0.06

注：各潮流通道平面位置见图 3。

大洋山与小洋山之间为东—西走向，长约 16 km 的潮流通道，此潮流通道水域可分为三部分：中间大洋山与大、小岩礁之间为"窄口区"，南北宽仅 1 km，东西方向长约 2 km，最大水深达 89 m，平均水深约为 50 m。窄口区以西的"西海域"西端口门宽约 8 km，水域面积约 42 km²，平均水深为 11 m，是洋山深水港主要布置区。窄口区以东的"东海域"水域面积约 16 km²，平均水深 28 m，是洋山深水港入海航道所在（表 5）。

表 5   大、小洋山之间水域地理及水流条件

分区	面积（km²）	平均水深（m）	涨半潮平均流速（cm/s）	落半潮平均流速（cm/s）
西海域	42	11	102	113
窄口区	2	50	110	127
东海域	16	28	87	84

2.2   洋山深水港海域潮流特征[7]

大、小洋山海域潮汐具有非正规半日潮浅水潮波性质；平均潮差为 279 cm。大、小洋山海域潮汐水流具有以下特点。

（1）大、小洋山海域为强潮海区，大潮全潮平均流速为 1.20~1.30 m/s，中潮为 1.00~1.05 m/s，小潮为 0.70 m/s 左右。

（2）因岛屿岸线一般具有"岬角"效应，小洋山岛链上各岛屿附近水流流态一般比较复杂。

（3）因小洋山岛链北侧潮波传播速度快于南侧，且小洋山岛链走向与涨潮潮波传播方向有一夹角，以致小洋山岛链上各潮流汊道内强劲的东北—西南方向的涨潮流流出汊道后，在其下游岛屿南水域形成缓流区，产生回流或涡流现象。图 4 为天然条件下大、小洋山水域涨落潮漂流迹线图，可以看出，在涨潮流阶段，小洋山岛链上各潮汐通道出口处均

具明显的绕流特征。

（4）大、小洋山之间东西向深槽内涨、落潮流主要为东东南—西西北方向的往复流。由表 5 可以看出，受小洋山岛链上潮流通道水流的影响，窄口区及西海域落潮流强度略大于涨潮流，窄口以东水域则涨落潮流强度相当。窄口区最大流速可达 2.6 m/s。

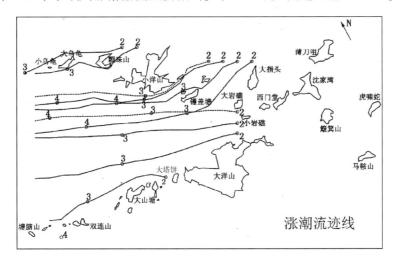

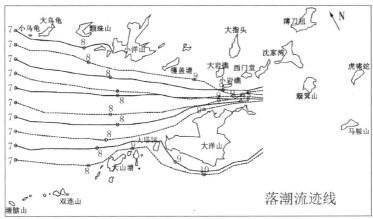

图 4　洋山深水港天然条件下涨、落潮漂流迹线试验结果

2.3　洋山深水港气象条件

2.3.1　风况

根据测风资料分析可知，洋山海域常风向为偏北风（NNW，N，NNE），频率之和达 32.9%。次常向风为东南到南向风（SE，SSE，S），频率之和达 25.2%。偏西风（WSW，S，WNW）出现最少，频率之和为 6.9%。强风向为偏南向，其中南南东向最大风速达 27 m/s，南东向达 20.0 m/s，次强风向 NW 的最大风速 22.7 m/s。大于 6 级风的历时出现频率为 1.20%。

2.3.2 灾害性天气（台风、寒潮）

影响洋山地区的台风平均每年为 3.6 次，主要发生在 7—9 月，一般以偏北大风占主导地位，其次为 ESE 向和 SE 向，估计最大风速可到达 35 m/s，7 级以上大风平均持续时间小于 12 h 的占 50%，小于 36 h 的占 38%。影响洋山的寒潮平均每年 3 次左右，主要发生在 12 月和翌年 1 月，寒潮大风平均 7 级，最大阵风 8~9 级，占 83%，风向偏北。

2.4 波况

1997 年 8 月在小洋山北端的杨梅嘴和南侧的观音山分别设置临时海浪观测站。杨梅嘴的波浪主要受制于当地的风，全年风浪频率为 95.69%，涌浪频率为 3.77%，与附近海洋站基本一致；观音山全年"涌浪"频率为 38.5%。经对实测资料的分析和现场考察，观音山测站的"涌浪"，是由于崎岖列岛特殊的地理环境，外域波浪从各岛链的口门间传入到港域的折、绕射波，与外海传入的涌有本质的差别，其周期较短，一般为 3.2~3.8 s，而且不像外海的涌有规则地成排传入，甚至在港域不同点浪向上也会有所差异。

2.5 大、小洋山海域泥沙运动特点及冲淤形势

2.5.1 洋山海域底质条件

浅钻资料表明，泥面以下 0~4.2 m 土层均为亚砂土、亚黏土和淤泥质亚黏土。

多次底质取样资料分析表明，大、小洋山海域最常见沉积物为黏土质粉砂，底质中径为 0.01~0.04 mm，平均粒径为 0.028 7 mm。

2.5.2 洋山海域悬沙条件[5]

多次水文测验资料表明，本海域悬沙中值粒径平均值为 0.008 mm。洋山海域为高含沙量水域，大潮全潮平均含沙量为 2.3~2.5 kg/m³，中潮全潮平均含沙量为 1.5~1.8 kg/m³，小潮全潮平均含沙量为 0.5 kg/m³。大中小潮平均含沙量为 1.5 kg/m³。

2.5.3 小洋山码头表层水体含沙量

自 1997 年 8 月始，在小洋山岛南侧码头水域，进行了为期一年表层含沙量观测。各月表层含沙量的平均值、（日）最大值、（日）最小值见表 6。由表可看出，夏、秋季（5—10 月）含沙量较小，冬、春季（11 月至翌年 4 月）含沙量较高，年平均表层含沙量为 1.0 kg/m³ 左右。

表 6　1997 年 8 月至 1999 年 3 月小洋山码头近岸水域表层含沙量（kg/m³）

1997 年	8 月	9 月	10 月	11 月	12 月	1 月	2 月	3 月	4 月	5 月	6 月	7 月	年平均
最大	2.170	2.323	1.707	4.005	2.125	2.426	1.863	3.369	2.369	1.276	1.534	0.603	4.005
最小	0.087	0.255	0.192	0.390	0.248	0.398	0.209	0.278	0.165	0.184	0.293	0.176	0.087
月平均	0.744	0.959	0.833	1.239	1.402	1.269	1.123	1.435	1.097	0.792	0.686	0.353	0.994

1998 年	8 月	9 月	10 月	11 月	12 月	1 月	2 月	3 月	4 月	5 月	6 月	7 月	年平均
最大	0.624	1.675	1.388	1.740	2.170	2.313	2.945	1.840	—	—	—	—	
最小	0.049	0.640	0.723	0.931	1.190	1.140	1.527	1.075	—	—	—	—	
月平均	0.241	0.640	0.765	0.983	1.198	1.140	1.527	1.075	—	—	—	—	0.975

2.5.4 水体含沙量与动力气象条件之间关系初步分析[5]

图 5 为各月平均含沙量与月平均波高之间关系，可以看出两者之间相关性较差。

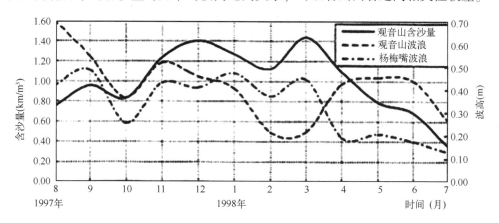

图 5 小洋山海域含沙量与波高关系

图 6 为小洋山码头水域日平均含沙量与日平均潮差之间关系，两者相关系数为 0.533，说明大、小洋山海域含沙量主要取决于潮流动力条件。

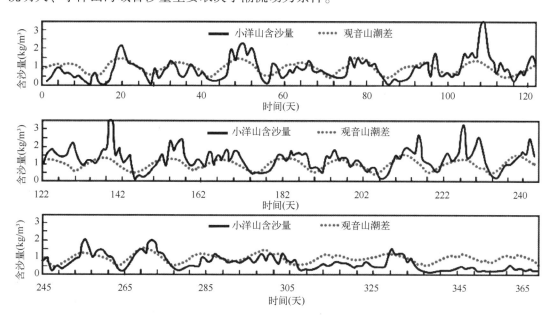

图 6 小洋山海域日平均含沙量与日平均潮差关系

大、小洋山附近海域一般水深为 10 m 左右，平均流速为 0.9 m/s，平均波高不大于 0.7 m，可以算得潮流产生的摩阻流速为 2.87 cm/s，而波浪摩阻流速为 0.67 cm/s，即波浪作用于床面的能量仅为水流的 1/20 左右。以上分析表明，在正常气象条件下，含沙量场的分布、泥沙输移以及泥沙冲淤趋势主要取决于潮汐水流条件。

2.5.5 洋山海域冲淤形势和海床稳定性

2.5.5.1 大、小洋山海域冲淤形势[6]

河海大学、华东师范大学和原国家海洋局第二海洋研究所，采用不同的方法进行冲淤分析，几家分析结果基本一致，即洋山港区海域近年处于微淤状态，年淤积率约 1~2 cm。

2.5.5.2 小洋山码头前局部海域冲淤形势[8]

2000 年 2 月起在小洋山南麓水域一期工程岸线前沿（3.4×1.5）km² 范围内布置了 11 个固定断面，进行了为期 2 年共 11 次的断面观察，主要结论如下：

(1) 观测区域 4—11 月以冲刷为主，冬季（11 月至翌年 1 月）以淤积为主；

(2) 冲淤幅度最大区域为近岸水深较大深槽处。

2.6 从泥沙角度探讨洋山深水港的可行性

大、小洋山之间海域平均含沙量高达 1.5 kg/m³，为此，港池航道泥沙回淤问题是确定洋山深水港是否可行的关键技术条件。下面分别从开敞海域航道挖槽内泥沙回淤率计算及洋山深水港港区泥沙回淤趋势分析来探讨洋山深水港的可行性。

2.6.1 洋山深水港进港航道开挖段泥沙回淤估算

洋山深水港进港航道开挖段位于开敞海域，水流条件相对比较简单。且由杭州湾泥沙条件可知，浅段开挖后的回淤主要是由悬沙淤积所引起。

根据经验，采用刘家驹公式计算航道开挖后泥沙回淤率[9]。

航道浅段最小水深 12.1 m，规划航道疏浚深度为 16 m。根据多次水文测验资料分析后确定外航道涨潮平均含沙量为 1.21 kg/m³，落潮平均含沙量为 1.24 kg/m³。据此算得开挖航道内年平均淤厚 0.85 m，最大淤厚 1.19 m。

至于大风浪掀沙造成的短期骤淤，根据附近的杭州湾深水航道试挖回淤观测研究有关成果，同时考虑到本海区航道海域天然水深较大的特点推测，这种骤淤对航槽回淤影响很小。

2.6.2 大、小洋山之间港区泥沙回淤问题研究成果简介

如前所述，洋山一期工程各方案码头前水域均产生较大尺度的回流区[6]。高含沙量水域回流区的泥沙回淤率将远大于开敞海域，小洋山一期工程施工实践也证实了这一结论[8]。通过大量物理模型试验，认识到只要保持港区水流强度足够大，且流态平顺均匀，港区的泥沙回淤问题可以控制，亦即洋山深水港的可行性是可以保证的。据此总结出保证洋山深水港可行性的 16 字方针为：封堵汊道、归顺水流、减少回淤、航行安全。在物理模型中对洋山深水港一期工程方案进行了大量方案试验，最后推荐方案条件下的定床浑水悬沙淤积试验结果表明，这时码头前沿泊位区回淤率为 1.32 ~ 1.83 m/a，调头区为 0.48 ~

0.66 m/a，回淤量为 $72{\times}10^4{\sim}100{\times}10^4$ m^3/a$^{[10]}$。

3 结语

3.1 杭州湾

杭州湾为强潮河口湾，在杭州湾喇叭口地形条件下，潮流基本呈东—西向往复流，向湾内有逐渐增强的趋势。

由于众多岛屿的掩护作用，杭州湾以风浪为主，由于各季风向变化较大，地形地貌条件复杂，使湾内各处波浪分布差别较大，不同部位处波浪随季节的变化呈现一定的规律。

杭州湾水体中的泥沙主要来源于长江口，泥沙输移主要受控于强劲的潮流，其次为各处风浪的季节性变化。在强劲的潮流作用下，悬沙随潮流沿东—西向往返输移。在南北横向上泥沙运动呈现"北进南出"趋势。但对部分区域，特别是边界区域，波浪不仅对当地泥沙运动起重要作用，还将影响杭州湾宏观泥沙场的分布及泥沙输移趋势。

3.2 洋山深水港

洋山深水港海域为强潮海区，潮流呈往复流，落潮流强度稍大于涨潮流。主流向与洋山深水港区规划主航道线走向基本一致。

在正常气象条件下，洋山海域平均含沙量高达 1.5 kg/m^3，港区泥沙回淤问题是确定深水港是否可行的关键因素。大、小洋山海域泥沙输移及泥沙回淤趋势主要取决于潮汐水流条件。

根据潮汐水流物理模型试验结果，总结出深水港方案规划的 16 字方针："封堵汊道、归顺水流、减少回淤、航行安全"。

参考文献

[1] 中国水利部. 中国河流泥沙公报. 北京：中国水利水电出版社，2018.

[2] 杨斌，叶钦，张俊彪，等. 杭州湾中部波浪统计分析 [J]. 水道港口，2018，39（1）：38.

[3] 杭州湾深水航道海域波浪条件分析 [R]. 南京水利科学研究院，1994.

[4] 吴华林，等. 长江口入海泥沙通量初步研究 [J]. 泥沙研究，2006（12）.

[5] 刘光生. 杭州湾水沙运动特性分析 [J]. 浙江水利科技，2013（3）.

[6] 上海国际航运中心. 上海洋山港区动力条件和泥沙问题初步分析 [R]. 南京水利科学研究院，1999.

[7] 徐啸. 岬角型岸线潮流泥沙特点及海洋工程问题 [J]. 水道港口，2017，38（5）：440.

[8] 上海国际航运中心. 上海洋山深水港区一期工程施工期水文泥沙及地形条件分析 [R]. 南京水利科学研究院，2005.

[9] 刘家驹. 淤泥质海岸航道、港池淤积计算方法及其应用推广 [J]. 水利水运工程学报，1993（4）.

[10] 徐啸，等. 洋山深水港一期工程潮流特性物理模型试验 [J]. 水运工程，2017（10）.

（本文刊于《水道港口》，2019 年第 5 期）

宝钢马迹山矿石码头工程潮流问题研究

摘　要： 上海宝钢马迹山中转港扩建卸船码头东端涨潮水流湍急，水流流向与码头走向之间有20°左右的夹角，影响到船舶靠离泊安全。模型试验表明，整治工程"东导流堤"可以有效地改善扩建卸船码头东端水流条件。而西侧的装船码头水域范围内，由于马屁股岬角的挑流作用，落潮期在装船码头水域形成大尺度回流区；模型试验表明，采用整治工程"西导流堤"的"中"或"北"方案，均可解决装船码头水域回流问题；不宜采用布置在马屁股岬角处的"南方案"。

关键词： 马迹山矿石码头；潮流特性；物理模型试验

1　背景简介

上海宝钢马迹山港矿石中转码头及堆场位于浙江省嵊泗县泗礁岛西南约 1 500 m 处的马迹山岛（图1）。2002 年建成的一期工程卸船、装船泊位布置在马迹山的南侧，堆场布置在马迹山南侧海岙内（图2）。一期工程包括 25 万吨级卸船泊位一个，3.5 万吨级装船泊位一个及 15×10^4 m^2 的堆场，一期卸船码头和装船码头基本上沿 27 m 和 16 m 等深线布置。

图 1　马迹山港地理位置

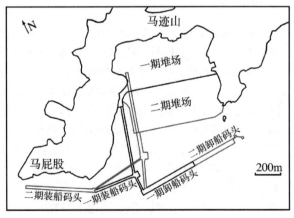

图 2　矿石码头一期及扩建（二期）工程布置

马迹山海域冬季含沙量为 0.5~0.7 kg/m^3，夏季含沙量为 0.1~0.2 kg/m^3。根据 1994 年与 2004 年工程地形图（1：5 000）比较，已建卸船码头和装船码头前沿水深均无变化，即马迹山港涨、落潮流强劲，水流挟沙能力大，泥沙一般不易沉积。

根据船舶驾驶人员反映，由于水流原因，卸船码头靠离泊时有时会比较困难。为此在二期扩建工程实施前针对潮流问题专门进行了全面的现场水文测验工作和三个数学模型研究。为慎重计，又进行了物理模型试验研究工作。

2　扩建矿石码头海域潮流特性初步分析

2.1　现场资料分析

2.1.1　潮汐特点

年平均潮差 263 cm，当地累积频率 10% 的大潮潮差约为 375 cm，累积频率 90% 的小潮潮差约为 160 cm。马迹山港址的潮流性质属非正规半日浅海潮流，具体表现为涨、落潮流不对称和涨、落潮流历时不对称。

2.1.2　潮流特点

马迹山港海域近 10 年内进行的 9 次水文测验，经分析，2004 年 6 月专门为马迹山矿石码头扩建工程而进行的水文测验工作最有价值，测点多且位置合理、代表性好。图 3 为此次水文测验的大潮期各测点逐时流矢图。据此分析出马迹山海域潮流场有以下特性[1,2]：

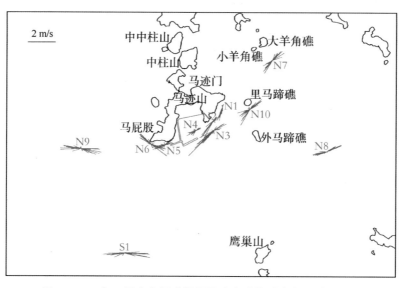

图 3　2004 年 6 月水文测验期间马迹山港海域大潮逐时流矢图

（1）潮流运动的地域性特点。

由图 3 可以看出，距岸较远的 N8、N9 和 S1 各测点处潮流的运动形式基本为东东南和西西北向的往复流，但是离岸较近的测站如：N1～N7 测站及 N10 测站，明显受到岛屿地形边界条件的影响，潮流运动的不对称性明显。

（2）卸船码头强势流为涨潮流。

扩建卸船码头区 N3 站涨潮测点大潮垂线最大 250 cm/s，落潮垂线最大为 99 cm/s，两者相差 2.5 倍。涨潮流是卸船码头水域的绝对优势流。

扩建卸船码头走向为 87°～267°。扩建卸船码头前沿 N3 站，大、中潮涨潮最多流向为 248°，落潮为 89°；即落潮流方向与码头走向基本一致，强势的涨潮主流方向与码头走向之间有近 20°的夹角。斜向向外强劲的涨潮流直接影响到卸船码头靠离泊安全问题。

（3）装船码头的强势流为落潮流。

装船码头海域则相反，落潮流占优势。扩建装船码头前沿 N5 站和 N6 站，涨潮垂线最大为 94 cm/s 和 113 cm/s，落潮垂线最大分别为 124 cm/s 和 153 cm/s。落潮流是涨潮流的 1.3 倍左右。

一期装船码头走向为 94°～274°，扩建装船码头走向为 120°～300°，位于扩建码头的 N6 站处大潮落潮最大流流向与码头走向之间存在约 32°的夹角，需要注意装船码头水域落潮期可能存在的回流问题。

2.1.3　小结

斜向向外强劲的涨潮流直接影响到卸船码头靠离泊安全问题。装船码头水域则需注意落潮期的回流问题。

2.2　利用潮流概化模型进一步分析

通过对多个海岛水域潮流资料的综合分析，发现经过海岛水域的潮流可以归纳为两大类型，即：绕流型和环抱型（图4）[3,4]。

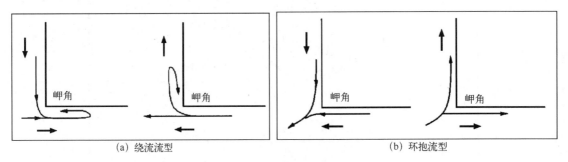

(a) 绕流流型　　　　　　　　　　　　　(b) 环抱流型

图 4　海岛岬角处潮流流型

马迹山海域潮流显然具有绕流型特点［图 4（a）］：涨潮期间东向来的涨潮流绕过马屁股岬角后分为北向及西向两股水流；而落潮期间马迹山西侧和南侧两股水流绕过马屁股岬角后汇合为一，装船码头水域的回流区与图 4（a）所示规律一致。

如前所述，装船码头水域需注意落潮期的回流问题。在文献［3］和文献［4］中讨论了为改善如图 4（a）的回流区水流条件，建议采用以下整治工程措施：光滑岬角处岸线形态；在绕流岬角的"上游侧"岸线处布置起挑流作用的导流建筑物（图 5）。

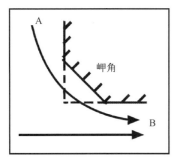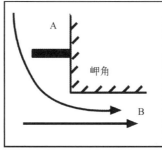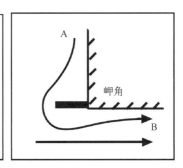

图 5　绕流型条件下的整治工程示意

总结类似海洋工程实践经验和已进行的试验研究成果[5]，可归纳得出以下几点规律：

（1）因岬角处多为深潭，导流建筑物一般不宜放在岬角端部附近，而适宜布置在离岬角一定距离的"上游侧"；

（2）如必须在岬角端部附近布置导流建筑物，其必须足够长，否则反而可能增加挑流形成的回流强度和尺度，一般不宜短于回流纵向尺度；

（3）如必须在岬角端部附近布置导流建筑物，其走向也很重要，一般不宜前倾，可适当后倾，具体走向须由试验确定；

（4）如导流堤建筑物布置在岬角"上游侧"，一般不宜太长，否则同样会使岬角处水流流态复杂化，导流堤尺度与当地地形边界条件、水流强度及距岬角距离有关，需通过模型试验确定。

2.3　数学模型计算结果[6-8]

以上利用现场资料分析潮流特性。下面简单介绍数学模型一些主要成果[9]。

（1）扩建工程实施后，拟建卸船码头前沿的流速略有增大，涨潮流最大时，增加幅度最大值为 6 cm/s，而且卸船码头前沿的流向基本与码头平行，基本满足船舶的靠泊条件。

（2）在文献［7］中，建议在马屁股岬角处建造导流堤，用以使落潮流流向归顺到装船码头轴线走向。从流向归顺情况看，偏南的 280° 轴线方案较优，导流堤长度 200 m 与 300 m 和 400 m 长差别不大。

（3）在文献［7］中指出，拟建装船码头中部在大潮涨急至涨急后 3 h 内，均存在回流区。

数学模型的这些结论与前面根据现场资料以及利用概化模型进行的初步分析结果有较大差别。

3　物理模型成果[10]

3.1　模型简介

物理模型试验研究的目的是：通过试验掌握马迹山海域各工况条件下水流特点及存在

的问题，提出改善或优化流态的技术措施。根据研究目的及对马迹山潮流场的认识，确定整体模型所容纳面积为 630 km²。大致范围为 30°36′—30°47′N，122°14′—122°36′E。模型水平比尺 1:600，垂直比尺 1:140。模型布置如图 6 所示。

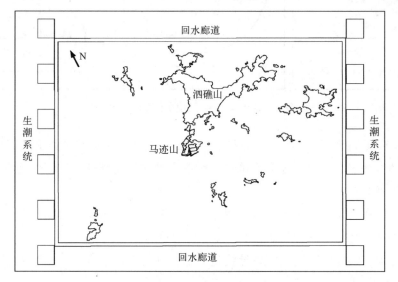

图 6　宝钢马迹山扩建工程模型布置

3.2　马迹山港水域潮流宏观特点

模型试验成果表明，马迹山海域潮流具有以马屁股为岬角的"绕流型"特点，东北向来的涨潮主流区贴近岸线（图 7），已影响到一期卸船码头东部泊位靠离泊安全，对扩建卸船码头的影响将更大。落潮流则相反，西向和西北向来的落潮主流由于岬角的挑流作用，落潮主流被挑离装船码头水域，最大落潮流速在近海区（图 8）。且由于马屁股岬角挑流作用，在落潮初期 2 个小时时段内，一期和扩建装船码头水域范围内均存在逆时针回流。此结果与数学模型结论（3）不一致。

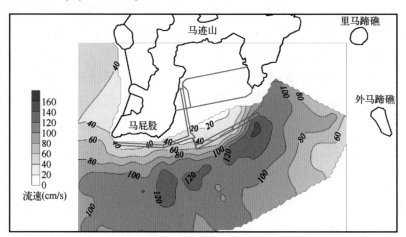

图 7　涨半潮平均流速分布

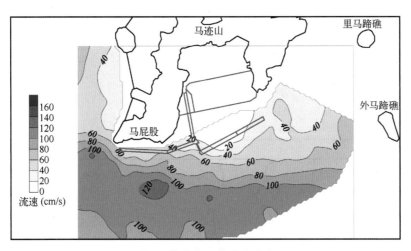

图 8   落半潮平均流速分布

3.3   卸船码头水域水流试验

3.3.1   扩建卸船码头水域水流特点

图 9 为物理模型中扩建卸船码头处涨急流态图。表 1 为模型中卸船码头前沿水域测点涨潮最大流速、流向及计算得到的横向流速，测点位置如图 10 所示。物理模型试验成果与现场资料完全一致，即强势的涨潮主流方向与码头走向之间有近 20° 的夹角。导致扩建卸船码头东端最大横向流速达 1 m/s 左右，将严重影响到船舶靠泊的安全。此结果与数学模型的结论（1）不一致。

图 9   扩建卸船码头涨急流态

由于码头走向已由一期工程确定无法更改，解决问题的途径只能通过整治工程改善水流条件。为此模型中进行了多组利用整治工程改善卸船码头水流流态的优化试验。

表1　卸船码头各测点涨潮最大流速、流向与码头夹角及横向流速

	扩建卸船码头			一期卸船码头			
	L1	L2	L3	L4	L5	L6	L7
最大流速（cm/s）	252	72	67	67	90	124	151
最大流速夹角（°）	25	20	5	5	5	0	0
横向流速（cm/s）	106	25	6	6	8	0	0

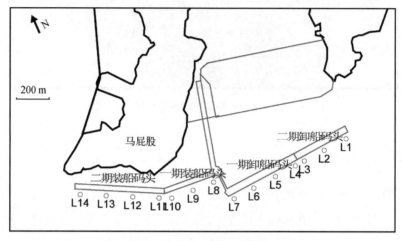

图10　马迹山港港区前沿测点布置

3.3.2　扩建卸船码头水流整治工程——"东导堤方案"试验研究

扩建卸船码头水流整治工程的基本思路，就是在码头东侧合适位置布置"东导流堤"，将涨潮主流挑离码头水域。在扩建卸船码头东侧300 m左右有两个暗礁，利用暗礁建导流堤，可大大减少工程量。图11为物理模型中"东导流堤"堤长为100 m、150 m和200 m时，

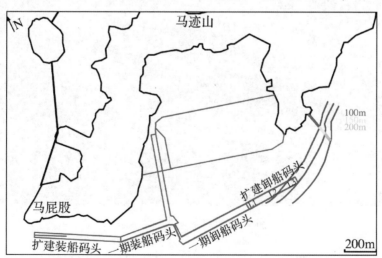

图11　东导流堤不同长度时涨潮主流流路迹线

涨潮主流流路迹线图。表 2 为不同堤长度时扩建卸船码头水域水流流速、流向参数。导流堤长 100 m 时，扩建卸船码头东端有 100~130 m 范围依然受到斜向涨潮水流的影响；导流堤长 150 m 时，涨潮流主流基本到达码头东端前沿线位置，流向与码头夹角基本在 10°以内；导流堤长 200 m 时，涨潮流主流线到达扩建卸船码头前沿线 50 m 以外，码头停泊区处于导流堤掩护的缓流区内，水流流向与码头前沿线基本平行。

表 2　各工况条件下扩建卸船码头前涨潮期最大流速及与码头夹角

工况	码头东部（L1）		码头中部（L2）		码头西部（L3）	
	最大流速（cm/s）	夹角（°）	最大流速（cm/s）	夹角（°）	最大流速（cm/s）	夹角（°）
导流堤建成前	252	25	72	20	67	5
导流堤 100 m	233	20	160	15	103	5
导流堤 150 m	192	10	172	5	122	5
导流堤 200 m	131	6	133	5	126	0

3.3.3　小结

模型试验表明，在扩建卸船码头东侧建导流堤，可以有效地改善扩建卸船码头东端水流条件。从水流流态看，建 150 m 出水导流堤时，绕堤水流分离线基本在码头前沿线位置，流向与码头夹角基本在 10°以内。仅从改善扩建卸船码头水流条件考虑，"东导流堤"长度不宜小于 150 m。

3.4　装船码头水域水流试验

3.4.1　扩建装船码头水域初落阶段产生回流过程分析

在落潮初期，马迹山南侧潮流主槽内东西向主流相对较弱，而马屁股岬角西侧落潮流为优势流，此优势流在马屁股岬角处与主槽内东西向落潮主流汇合后主流向大致为 150°左右，主流向南偏离海岸；以至在马屁股岬角以南的扩建装船码头水域形成以东西向为主的大尺度回流。回流区东西长 500 m 以上。

模型试验表明，大、中潮条件下扩建装船码头前局部回流主要发生在落潮开始后的 2~3 h 左右，小潮条件下发生回流时间为 1.5 h 左右。随着杭州湾呈东西向的落潮主流的逐渐加强，并起控制作用后，这一回流区即逐渐减弱以至消失。参考图 5，装船码头西侧布置"西导流堤"方案情况如图 12 所示。

3.4.2　西导流堤优化试验研究主要成果

3.4.2.1　西导流堤"南"方案

模型中"南"方案进行了与数学模型一样的 280°、300°及 340°三种走向及 100 m、200 m 不同长度的方案试验。结果表明，西导流堤各"南"方案走向中 340°方案稍优于其他各方案

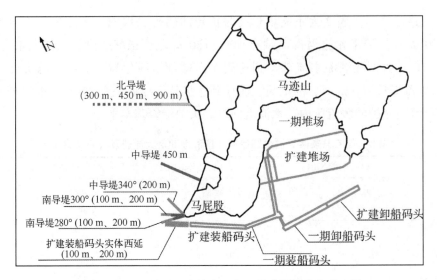

图 12　马迹山矿石码头扩建工程西导流堤优化方案布置

[此结果与数学模型结论（2）不一致]（图13），但要想解决回流问题，导流堤长度必须加长到 400~500 m。马屁股岬角端部水深较大，100 m 外水深即达 30 m 左右，200 m 外水深达 40 m 以上，为此，西导流堤"南"方案实施的可行性和可能性均较小。

　　　（340°, 200 m）　　　　　　　　　　　　　　（280°, 200 m）

图 13　西导流堤"南"方案导流堤走向的影响

3.4.2.2　西导流堤"北"方案

　　马屁股岬角以北的马卵岛自然水深仅 6~8 m，在此布置 300 m、450 m 和 900 m 长的导流堤，试验表明，堤长 300~400 m 时即可较好地解决扩建装船码头水域初落时段回流问题（图14）。

3.4.2.3　西导流堤"中"方案

　　在马屁股以北 350 m 附近布置西导流堤，此处水深要稍大于"北"方案，因当地岸线偏东，堤长也需稍大于北方案，大致堤长 450 m 左右，即可解决装船码头回流问题（图14）。

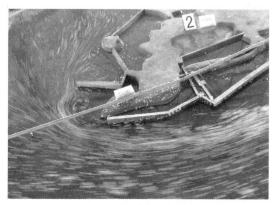

西导流堤"北"方案(300 m)   西导流堤"中"方案(450 m)

图 14   部分西导流堤方案条件下落潮流流态

3.4.3   装船码头西导流堤水流试验小结

扩建装船码头西导流堤方案水流试验表明,在马迹山西侧布置适当的整治建筑物可以不同程度地减弱装船码头水域回流尺度和强度。一般来讲,布置在马屁股岬角端部的"南"方案随着导流堤堤身的加长,码头前流态会有所好转,但不能根本解决回流问题;而且由于水深大,造价高,堤头防冲问题也不易处理,不建议采用此方案。

建议采用 300~400 m 长的"北"方案,或堤长 450 m 左右的"中"方案。

由于西侧装船码头附近落潮水流强度远小于东侧卸船码头附近的涨潮水流,且回流现象主要发生在落潮初期,此时潮流强度尚未达到最大流速,回流尺度虽大但强度不大,对港区船舶航运安全的影响也是有限的,为此建议在装船码头建成后,根据现场水流条件情况,参考本试验成果确定西导流堤的具体整治方案。

4   实测资料与模型试验成果比较

模型试验推荐的东导流堤 150 m 方案最终被建设单位采用。在东导流堤建成后,2006年 11 月 5 日,在马迹山港卸船码头水域又进行了一次水文测验[11]。根据现场实测资料分析,扩建卸船码头前沿的水流条件确实得到了明显改善,涨潮时水流与码头前沿夹角平均为 5°~10°,基本上归顺了码头前沿水流,模型试验预测与现场实测结果一致,推荐的东导流堤方案较好地解决了扩建码头前水流问题[12]。

5   物理模型与数学模型结论不同的原因分析

在研究过程中,多次发现数学模型的一些基本结论不仅与物理模型结果不一致,与现场实测资料也相矛盾。经分析产生矛盾的原因如下:

(1)数学模型在模拟码头桩柱时的概化处理有一定失真,在桩柱附近水流易产生较大偏差。

（2）二维数学模型反映回流等复杂水流现象时，直观性不如物理模型，影响研究人员的判断。

（3）研究人员的工程经验会直接影响到对计算成果的分析和判断。

（4）对现场实测资料分析深度也会影响到试验的分析和判断。

6 结语

（1）在对现场资料深入分析后，将马迹山港域潮流特征进行归纳分类，在较好掌握工程海域潮流特点的基础上，借鉴类似工程实践经验，用以指导物理模型试验和分析试验成果。在正确的技术路线指导下，课题组仅用两个月时间就较好地完成了试验研究任务。

（2）影响马迹山港矿石码头扩建工程的关键水流问题有两个：一是东部强劲的涨潮流对扩建卸船码头处船舶靠泊安全的影响；二是扩建装船码头水域在落潮初期的大尺度回流问题。

（3）通过物理模型试验，建议在扩建卸船码头东侧建 150 m 导流堤，以改善扩建卸船码头东端水流条件。此建议已付诸工程实践，结果证明模型试验的预测与现场实测结果一致。

（4）扩建装船码头水域落潮初期回流问题进行的优化试验表明，扩建装船码头西侧导流堤方案如采用 300~400 m 长的"北"方案，或堤长 450 m 左右的"中"方案，可基本解决扩建装船码头水域初落时段的回流问题。

（5）本文还对物理模型成果与数学模型成果之间的不一致问题进行了探讨和分析，以便为以后进行类似工作积累经验。

参考文献

［1］宝钢马迹山矿石中转港扩建工程水文调查及分析报告［R］. 上海东海海洋工程勘察设计研究院，2004，7.

［2］宝钢马迹山矿石中转港扩建工程补充水文调查及分析报告［R］. 上海东海海洋工程勘察设计研究院，2004，8.

［3］徐啸. 岬角型岸线潮流特点及有关海洋工程问题［J］. 水道港口，2017，（5）.

［4］徐啸，等. 海岛潮流特点及有关海洋工程问题［J］. 中国海洋工程学会. 第十八届中国海洋（岸）工程学术讨论会论文集，2017.

［5］徐啸，等. 洋山深水港一期工程潮流特性物理模型试验［J］. 水运工程，2017，（10）.

［6］宝钢马迹山矿石中转港扩建工程潮流数模及分析报告［R］. 上海东海海洋工程勘察设计研究院，2004，7.

［7］马迹山矿石中转码头二期工程装船码头西方案导流堤优化方案潮流数值模拟报告［R］. 上海东海海洋工程勘察设计研究院，2004，（8）.

[8] 马迹山港扩建工程结合装船码头结构的多功能导流优化方案潮流数值模拟报告 [R]. 上海东海海洋工程勘察设计研究院，2004，10.

[9] 上海宝钢集团公司马迹山矿石中转港扩建工程工程可行性研究报告·第一分册 [R]. 中交第三航务工程勘察设计院有限公司，2004，9.

[10] 徐啸，等. 宝钢马迹山港扩建工程潮流定床物理模型试验研究报告 [R]. 南京水利科学研究院，2005.

[11] 宝钢马迹山矿石中转港扩建工程后水文调查 [R]. 上海东海海洋工程勘察设计研究院，2006.

[12] 崔峥，等. 宝钢马迹山港扩建工程卸船码头前沿水流条件研究分析 [J]. 水利水运工程学报，2008，12（4）.

（本文刊于《水道港口》，2020 年第 1 期）

上海金山嘴新港区泥沙回淤问题研究

摘　要： 文章介绍了近十年来金山嘴新港区泥沙回淤问题研究的主要成果，并应用近年有关估算海岸河口处港口泥沙回淤率的方法和经验关系式，进一步探讨分析新港区几种典型港池布置形式的泥沙回淤规律。

关键词： 上海金山嘴新港区；泥沙回淤分析

1　前言

金山嘴新港区是拟选的上海新港区港址之一，它位于杭州湾北岸，从船舶大型化对港口的要求、新老港区对各种船型适应性的分工、港区后方集疏运条件等方面来看，金山嘴方案均较有利。特别是浦东开发区的迅猛发展，金山嘴新港区方案更受到人们的重视。

金山嘴海域泥沙含量较大，港池和航道的泥沙回淤问题是决定新港区前景的主要因素之一。20 世纪 80 年代以来，许多科研单位和高等院校做了大量研究工作，取得不少成果。但港口泥沙问题相当复杂，许多规律尚未完全掌握。本文在前人工作的基础上，应用近年在海岸河口港池航道回淤预报研究工作上取得的成果，对金山嘴新港区方案的几种典型港池形式的泥沙回淤强度进行分析估算。

2　新港区自然条件

金山嘴新港区位于杭州湾湾口北岸，岸线长 9 000 m，呈 NE—SW 走向（图 1）。

2.1　潮汐、潮流特性

杭州湾属强潮海域，港址附近海域属不正规半日潮，平均海面 1.95 m，平均潮差 3.92 m，涨潮历时 5 h 20 min，落潮历时 7 h 5 min。

因受金山深槽影响，潮流较强，近岸区基本上为平行于海岸的往复流，且有向岸渐弱的趋势，它是本海域泥沙运动的主要动力。该区海域设有海洋水文站，积累有多年的水文资料。

2.2　风况及波况

本区为东南季风区，常风向和次常风向为 SE 及 NW，强风向为 SE。波浪以风浪为主，常浪向及强浪向均与风向一致。据分析，较大的风浪将使水体含沙浓度明显增大。

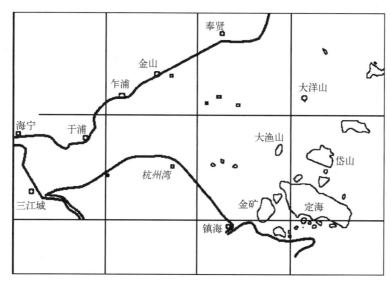

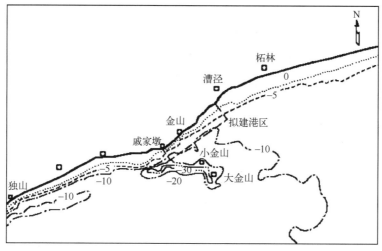

图1 金山嘴港区形势

2.3 泥沙特性

根据沙样分析，本区水体悬沙中值粒径为 0.006～0.01 mm 的占多数，属粉砂质淤泥。本水域同时受长江和钱塘江径流及海流影响，应考虑细颗粒泥沙的絮凝作用。据南京水利科学研究院黄建维等研究，当地泥沙絮凝平均沉速为 0.038～0.048 cm/s（水温为 15～17℃，含盐度为 10～15）。进行回淤计算时一般取为 0.04 cm/s。本文计算时亦取此值。

2.4 水体含沙浓度

水体平均含沙浓度是回淤计算的基本参数。在比较分析前人研究成果后，南京水利科学研究院许星煌和刘家驹等关于本水域含沙浓度的取值代表性较好，即：

不考虑大风浪作用时，$\bar{C}_F = 0.98$，$\bar{C}_E = 0.90$，全潮平均 $\bar{C} = 0.94$（kg/m³）；

考虑大风浪作用时，$\bar{C}_F = 1.15$，$\bar{C}_E = 1.08$，全潮平均 $\bar{C} = 1.11$（kg/m³）。

式中：下标 F 代表涨潮；E 代表落潮。下文计算中即以上值为准。

2.5 岸滩演变趋势

经分析，长江口入海泥沙影响到本区海岸冲淤变化。从近年情况看，本区基本上处于冲淤平衡状态，即时冲时淤，冲淤幅度不大。因大部分预报回淤率的经验公式均基于冲淤平衡条件导得，故这一点很重要。

3 港池类型及回淤预报成果概述

上海金山嘴港区布置方案有近十种之多，从水流及泥沙运动特点来看，可将这些港池方案概化为四种类型：开敞式，通道式（或穿堂式），半封闭式及封闭式。其中封闭式港池泥沙回淤与口门处闸门启闭方式有关，现暂不讨论。

20 世纪 80 年代以来，很多单位曾对金山嘴新港区的泥沙来源和输移趋势、港区泥沙回淤率等问题进行研究。现将其中泥沙回淤预报主要成果列于表 1。由表 1 可知，对通道式港池回淤研究甚少；对开敞式港池计算有两例；半封闭港池回淤率计算居多，其结果相对较集中，大致在 1.6~3.5 m/a 范围内。

4 港区泥沙回淤问题的进一步探讨

通过现场和实验室资料分析，发现半封闭港池的泥沙回淤率随纳潮面积增大而减小。表 1 中各种计算方法都不能反映半封闭港池这一回淤特点。至于通道式港池，至今尚未掌握其泥沙回淤规律，以至有人认为它的回淤率应小于半封闭式，也有人得出相反的结论。现拟用近年一些研究成果来进一步分析讨论金山嘴新港区各类港池泥沙回淤率问题。

表 1   上海金山嘴新港区泥沙回淤计算主要成果

序号	研究者及参考文献	港池类型	港域面积（×10⁴ m²）	港池回淤率 Δh（m/a）	计算方法或公式	含沙量 $\bar{C}$（kg/m³）	沉速 W（cm/s）	说明
1	许星煌等[1]	半封闭	759 417 798 886	3.18 3.31 3.23 3.22	刘家驹公式 $\Delta h = K \dfrac{WCT}{\gamma_C} \cdot \left[1 - \left(\dfrac{h_1}{h_2}\right)^3\right] \cdot \alpha\sin\theta$ 式中 $\alpha\sin\theta = 0.43$	1.15~1.33	0.05	$K=0.4$ $h_1=7.8$ m $h_2=10.9$ m 及 12.41 m $\gamma_C=640$ kg/m³
			417~886	2.93	回淤比法 $f=0.6$			

续表

序号	研究者及参考文献	港池类型	港域面积 (×10⁴ m²)	港池回淤率 Δh (m/a)	计算方法或公式	含沙量 $\overline{C}$ (kg/m³)	沉速 W (cm/s)	说明
2	吴三南等[2]	半封闭	790.8	2.37（开挖水深 10 m） 1.96（开挖水深 9 m）	上海宝钢成品码头港池回淤计算模式	用简化的差分法求算	≤0.012	采用 1981 年 10 月实测大、中、小潮潮位及含沙量资料
3	杭州大学[3]	半封闭	450	3.11				异重流回淤占 60% 潮流回淤占 30% 回流回淤占 10%
4	吴三南等[4]	半封闭	889.5 722.5 443	$A=\begin{cases}2.29\\2.37;\\2.69\end{cases}$ $B=\begin{cases}2.92\\2.98\\3.31\end{cases}$	采用上海宝钢模式 A：口门离岸 2.3 km， B：口门离岸 1.5 km	1.65		采用 1981 年 10 月实测资料，原计算单位为 t/a，现按 $\gamma_C=722$ kg/m³ 换算成淤积率 (m/a)
5	华东师范大学[5]	半封闭	866	1.60（开挖水深 10.5 m） 2.80（开挖水深 12 m） 3.70（开挖水深 14 m）	天津大学模式	1.40	0.29	$\gamma_C=650$ kg/m³
6	黄建锥等[6]	半封闭	800	2.50	回淤比法 $f=0.6$	0.98	0.04	$\gamma_C=691$ kg/m³
7	许星煌等[7]	半封闭	870	1.62	数值计算		0.04	数值计算中 $\overline{C}$ 采用 1983 年实测含沙浓度过程，$\gamma_C=722$ kg/m³，用刘家驹公式计算半封闭港池回淤率时 $\alpha\sin\theta=0.43$
				2.07	刘家驹公式	0.94		
		穿堂式	870	3.09	数值计算			
		开敞式	870	4.65	数值计算			
				4.67	刘家驹公式	0.94		
8	刘家驹等[8]	半封闭	520	1.55~1.80	刘家驹公式 $\alpha\sin\theta=0.43$	1.15~1.33	0.04	$\gamma_C=722$ kg/m³，开敞式方案时港区位于深水下开挖
		开敞式		0.35~0.41	罗肇森公式变形			
9	韩乃斌[9]	半封闭	510	2.16	回淤比法 $f=0.5$	0.928	0.038	此为金山嘴附近金汇港边滩运河无船闸方案，供参考比较
				2.04	刘家驹公式 $\alpha\sin\theta=0.43$			

　　港区泥沙回淤过程不仅与工程前当地自然条件有关，更取决于工程后水动力环境。当港区边界条件较复杂时，需由物理模型试验或数学模型来获得这些资料。南京水利科

学研究院曾计算金山嘴港区各布置方案的水流情况[7]，虽然经过概化处理的港池与实际情况有一定差距，但仍不失其典型特征（图2）。表2为港内外部分计算点的半潮平均流速。计算时港池水深 13 m，港外浅滩水深 8 m，港区水域面积约 8.7 km² 。

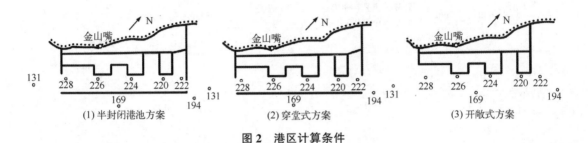

(1) 半封闭港池方案   (2) 穿堂式方案   (3) 开敞式方案

图 2　港区计算条件

表 2　各种布置方案的涨、落潮平均流速（m/s）

潮型			港内						港外			
			228	226	224	220	222	平均	131	169	194	平均
大潮	天然	F	1.08	0.98	0.96	0.88	0.90	0.96	0.97	1.12	0.96	1.02	0.88
		E	0.88	0.68	0.61	0.53	0.53	0.65	0.80	0.89	0.76	0.56	0.74
	半封闭	F	0.14	0.19	0.12	0.05	0.05	0.11	0.86	1.36	1.07	1.10	0.95
		E	0.17	0.21	0.13	0.06	0.04	0.12	0.12	0.82	0.90	0.66	0.79
	通道式	F	0.58	0.82	0.73	0.74	0.77	0.73	0.89	1.24	0.96	1.03	0.90
		E	0.35	0.51	0.47	0.51	0.55	0.48	0.60	0.85	0.85	0.62	0.77
	开敞式	F	1.02	0.91	0.88	0.84	0.80	0.89	0.94	0.18	0.91	1.01	0.88
		E	0.86	0.64	0.57	0.51	0.48	0.61	0.75	0.89	0.79	0.54	0.74
小潮	天然	F	0.73	0.76	0.70	0.74	0.97	0.78	0.54	0.84	0.92	0.77	0.75
		E	0.92	0.66	0.65	0.60	0.58	0.68	0.73	0.95	0.68	0.58	0.74
	半封闭	F	0.33	0.39	0.26	0.12	0.09	0.24	0.85	0.88	0.71	0.81	0.77
		E	0.16	0.17	0.11	0.05	0.04	0.11	0.45	0.96	0.76	0.72
	通道式	F	0.42	0.62	0.49	0.52	0.49	0.48	0.48	0.87	0.69	0.68	0.74
		E	0.27	0.41	0.44	0.48	0.61	0.48	0.46	0.87	0.83	0.69	0.80
	开敞式	F	0.68	0.72	0.69	0.71	0.78	0.72	0.53	0.84	0.75	0.71	0.73
		E	0.83	0.58	0.55	0.50	0.44	0.58	0.65	0.90	0.70	0.58	0.75

注：F 表示涨潮流，E 表示落潮流。

4.1　半封闭港池回淤预报

计算式：
$$\Delta h = K\eta \frac{W\bar{C}_F T}{\gamma_c} \exp[-\beta A^{0.3}] \tag{1}$$

式中：
$$\beta = 1.896 - 0.221\Delta H \tag{2}$$

式（1）和式（2）是近年通过物理模型试验和现场资料整理分析后导得[10]，最近曾用来预报上海市外高桥挖入式港池回淤率（0.75 m/a），与后来得到的物模实验结果基本吻合（0.80 m/a）。

式中 $K=0.4$，$\eta=1\sim1.25$，当港池中无浅滩时，可取 $\eta=1.0$；T 为计算时段的总秒数，一般用 31 536 000 s/a，γ_c 为淤积物干容重，现取 722 kg/m³；$\overline{C}_F$ 为涨潮时段平均含沙浓度，$\overline{C}_F=0.98\sim1.15$ kg/m³；W 为沉速，$W=0.000\,4$ m/s，A 为港池面积，为 8.7 km²，ΔH 当地平均潮差，为 3.92 m。这样，可算得整个港区平均回淤率 $\Delta h=0.96\sim1.12$ m/a。

一般口门处回淤率要大于港内，半封闭港口回淤分布规律不仅与潮流、泥沙特性有关，还与港域几何条件有关，目前还没有简易方法可用。如果假设口门范围为全港水域面积的 1/10（即 0.87 km²），应用式（1）可算得口门范围内平均回淤率约为 2.6～3.0 m/a。

4.2 通道式港池回淤率估算

4.2.1 水流特点

通道式港池水流泥沙运动有以下特点：

（1）因"通道"内水流畅通，涨、落潮水流均挟运泥沙过港，过境沙量远大于半封闭港池的涨潮进港沙量。在图 2 所示条件下，可以算得通道式过境沙量是半封闭港池的 4.5 倍。

（2）因受狭长通道边界的约束，水流将沿程减弱，加上防波堤的掩护作用，堤后水体挟沙能力必小于天然条件，导致"通道"范围内泥沙回淤。

（3）通道范围内突堤码头间的港池泥沙回淤机制与通道不同，主要是回流和潮汐棱体引起的回淤；属于半封闭港池回淤性质。

（4）"通道"长度将影响通过范围内水流和泥沙运动，当"通道"较长时，流速减小导致过境沙量减少，这时口门附近挟沙能力变化梯度大，泥沙回淤率也大。如"通道"长度短则水流强，港内中部回流回淤率增加。

4.2.2 回淤分析

为便于分析，将港内回淤分两部分考虑。

4.2.2.1 通道部分

将潮汐水流按半潮平均处理，即作为准恒定流，且输沙符合恒定不均匀条件，可用式（3）计算通道范围内回淤率[11]：

$$\Delta h=\frac{T\cdot q}{\gamma_c L}\left(C_0-C_{eq}-\frac{E}{KP_dW}\right)\times\left[1-e^{\frac{KP_dW}{q}L}\right] \tag{3}$$

式中：T 为潮周期，$q=uh$；γ_c 为淤积物干容重；L 为"通道"长度，$L=7\,400$ m；C_0 为口门处含沙浓度；$C_{eq}=C_0\{1-\exp[-0.5(u_*-u_{*\min})]\}$，$u_*$ 为摩阻速度，$u_{*\min}$ 为淤积临界摩阻流速，长江口泥沙 $u_{*\min}=0.85\sim0.95$ cm/s，现取 $u_{*\min}=0.9$ cm/s；E 为冲刷率，可暂

不考虑，即 $E=0$；K 为非恒定流修正系数，一般 $K=0.4$；P_d 为沉降概率，用 $P_d=2\phi\left(\dfrac{\alpha W}{\sigma}\right)-1$ 计算，ϕ 为概率函数，$\alpha=\sqrt{\dfrac{\gamma_f-\gamma}{\gamma}}$，$\gamma_f$ 为沉降单元容重，对于黏性细颗粒泥沙即为絮团容重，可用 $\gamma_f=60d_{50}+0.85$ 估算，$\sigma=0.033u_*$，W 为沉速。

根据表 2 所列流速值可算得（大、小潮平均）

（1）涨潮时段：

$T_F=13\,516\,800$ s/a，$\bar{u}_F=0.61$ m/s，$u_{*F}=1.873$ cm/s，$(C_0)_F=0.98\sim1.15$ kg/m³，$(C_{eq})_F=0.38\sim0.44$ kg/m³，$(P_d)_F=0.29$，最后可算得 $\Delta h_F=0.52\sim0.61$ m/a。

（2）落潮时段：

$T_E=17\,952\,000$ s/a，$\bar{u}_E=0.46$ m/s，$u_{*E}=1.426$ cm/s，$(C_0)_E=9.0\sim10.8$ kg/m³，$(C_{eq})_E=2.08\sim2.49$ kg/m³，$(P_d)_E=0.41$，可算得 $\Delta h_E=1.02\sim1.22$ m/a。

全年总淤厚 $\Delta h=\Delta h_E+\Delta h_F=1.54\sim1.83$ m/a。

4.2.2.2 突堤式码头间的港池部分

按挖入式港池考虑，应用式（1）进行计算，可得 $\Delta h=1.28\sim1.54$ m/a，此为整个港池内平均值，近口门处回淤率应大于港内。

根据以上计算，可得整个通道范围内港区总回淤量为 $(1\,230\sim1\,470)\times10^4$ m³/a。

4.3 开敞式港池回淤率计算

这时同样可分为突堤式码头港池及顺岸式港池两部分，前者按上述半封闭港池计算，不再赘述。后者可近似按开敞海域挖槽处理，用常用的计算式分别计算顺岸式港池内回淤率，结果列于表 3。

表 3　金山嘴开敞式港池码头前水域回淤率计算

研究者	计算方法或公式	回淤率 Δh（m/a）	说　明
许星煌等[7]	数值计算	4.65	按横跨航槽处理 $\theta=90°$
	刘家驹公式[12] $\Delta h=K\dfrac{WCT}{\gamma_C}\left[1-\left(\dfrac{h_1}{h_2}\right)^2\right]\sin\theta$	4.67	$C=0.94$ kg/m³，$W=0.04$ cm/s，$\gamma_C=722$ kg/m³，$h_1=7.8$ m，$h_2=12.91$ m
刘家驹等[8]	罗肇森公式变形 $\Delta h=h-\left[(h-K)+\sqrt{(h-K)^2+4K\left(\dfrac{u_2}{u_1}\right)^2 h}\right]/2.0$ $K=a\eta WC_*T/\gamma_C$	0.35~0.41	假设港池不开挖，工程前后 $u_2/u_1=0.92$，$C_*=1.15\sim1.33$ kg/m³，$\gamma_C=722$ kg/m³，$W=0.04$ cm/s，$h=9.46$ m

续表

研究者	计算方法或公式	回淤率 Δh（m/a）	说　　明
本文 （1992年 年4月）	刘家驹修正公式[13] $\Delta h = K_1 \dfrac{WCT}{\gamma_C}\left[1-\left(\dfrac{h_1}{h_2}\right)^3\right]\sin\theta +$ $K_2 \dfrac{WCT}{\gamma_C}\left[1-\dfrac{u_2}{2u_1}\left(1+\dfrac{h_1}{h_2}\right)\right]\cos\theta$	横跨水流 （$\theta=90°$） $\Delta h = 4.41\sim5.20$ 流向与航槽一致情况 （$\theta=0°$） $\Delta h = 0.56\sim0.66$	$u_2=0.70$ m/s，$u_1=0.767$ m/s $K_1=0.35$，　　$K_2=0.13$ $C=0.94\sim1.11$ kg/m³ $\gamma_C=722$ kg/m³ $W=0.04$ cm/s
	罗肇森公式[14] $\Delta h = K\dfrac{WCT}{\gamma_C}\left[1-\left(\dfrac{u_2}{u_1}\right)^2\dfrac{h_1}{h_2}\right]\dfrac{1}{\cos\theta}$	$5.36\sim6.33$	$K=0.67\sim0.84$，取 $K=0.67$ $\cos\theta=1$ 其他参数同上
	笔者关系式[11] $\Delta h = K\dfrac{P_d WT}{\gamma_C}(C_0-C_{eq})$	$1.88\sim2.23$	$C_0=0.94\sim1.11$ kg/m³，$C_{eq}=0.309C_0$ $P_d=0.33$，$K=0.5$（考虑侧向边界的影响乘以 1.25 倍系数）

由表 3 可以看出，应用刘家驹修正公式时[13]，如按顺流条件（流向与航槽轴向一致）考虑，回淤率为 0.56~0.66 m/a，如按水流横跨航槽考虑，回淤率为 4.4~5.2 m/a，两者相差颇大。罗肇森公式计算结果与刘家驹公式中横跨水流计算结果相近[14]。根据金山嘴近岸海域潮汐水流特点和港池布置条件，按照航槽顺流情况处理显然较合理。但由于港池岸线并不是平顺的，流态较复杂，会加大港池回淤率。此外，海侧边界处滩槽之间必然存在水沙交换，情况可能要比一般开敞海域挖槽内泥沙回淤更为复杂。作为近似处理，可乘以某大于 1 的系数，在表 3 中计算时乘以 1.25 的系数即基于以上考虑。

显然开敞式港池回淤率预报问题还需作进一步研究。

参考文献

[1] 上海石化总厂海运码头入海航道回淤预报 [R]. 南京水利科学研究院，1982.

[2] 上海港新港区选址可行性研究 [R]. 上海航道局设计研究所，1982.

[3] 金山嘴建港的可行性研究 [R]. 杭州大学河口与港湾研究室，1982.

[4] 上海港金山嘴新港区港池布置回淤计算清淤减淤措施研究 [R]. 上海航道局设计研究所，1984.

[5] 杭州湾新港区平面布置方案及回淤量预计 [R]. 华东师范大学河口海岸研究所，1984.

[6] 上海港金山港区泥沙静水沉降特性及淤积问题的初步探讨 [R]. 南京水利科学研究院，1984.

[7] 二维海岸演变数学模型计算和上海金山嘴新港区不同水域布置方案的港池回淤量计算 [R]. 南京水利科学研究院，1984.

[8] 上海港杭州湾北岸新港区四港址综合比选研究 [R]. 南京水利科学研究院，1988.

[9] 金汇港建港入海航道形成、增深和维护 [R]. 南京水利科学研究院，1987.

[10] 徐啸. 淤泥质海岸半封闭港口回淤预报 [J]. 水运工程，1991（1）.

[11] 徐啸. 近海航槽的回淤率计算 [J]. 海洋学报，1991（1）.

[12] 刘家驹. 连云港外航道回淤计算及预报 [J]. 水利水运科学研究，1980（4）.

[13] 刘家驹. 淤泥质海岸航道港池淤积计算 [R]. 南京水利科学研究院，1988.

[14] 罗肇森. 河口航道开挖后的回淤计算 [J]. 泥沙研究，1987（2）.

（本文刊于《水运工程》，1993 年第 3 期）

上海金山嘴新港区深水航道海域波浪条件分析

摘　要： 利用杭州湾海域各海洋站多年观测的风浪资料，1992年9月以来进行的水文测验资料，滩浒岛风、浪、含沙量连续观测资料等，进行综合分析研究，寻求影响金山嘴新港区深水航道水域具有代表意义的特征波要素及波场分布特点；在此基础上，讨论分析了波浪对金山嘴新港区深水航道泥沙运动的影响。最后对"956"型波浪跟踪系统观测资料的精度进行分析和评价。

关键词： 金山嘴新港区；深水航道；波场分析

1　概述

1994年，上海进行"新港区"规划选址前期工作，金山嘴港区是拟选的上海"新港区"港址之一。它位于杭州湾北岸，从船舶大型化对港口的要求、新老港区对各种船型适应性的分工以及港区后方集疏运条件等方面来看，金山嘴新港区方案均较有利。特别是浦东开发区的迅猛发展，金山嘴新港区方案更受到人们的重视。

金山海域泥沙含量较大，港池和航道的泥沙回淤问题是决定金山嘴新港区前景的主要因素之一，海洋动力条件与泥沙运动密切相关，本文着重对拟选新港址深水航道与波浪有关资料进行综合分析，并进而分析波浪对深水航道泥沙运动可能的影响。

2　金山嘴新港区自然条件

金山嘴新港区位于杭州湾湾口北岸，属上海金山区。岸线长9 000 m，呈 NE—SW 走向。规划中的新港区深水航道布置方案如图1所示。开挖航道范围西起大、小金山，东至唐脑山；滩浒岛大致位于中1和中2航道方案的中间。

本文主要致力于寻求深水航道水域水动力条件–泥沙运动关系，进而对航道回淤率作出合理的预报分析。基于此认识，我们将利用杭州湾海域各海洋站多年观测的风浪资料，以及1992年9月以来在金山嘴新港区深水航道海域进行的多次水文测验资料，滩浒岛风、浪、含沙量连续观测资料等，进行综合分析研究，以寻求深水航道水域具有代表意义的特征波要素及波场分布特点，并讨论分析波浪对杭州湾泥沙运动趋势以及对设计深水航道泥沙回淤可能的影响。

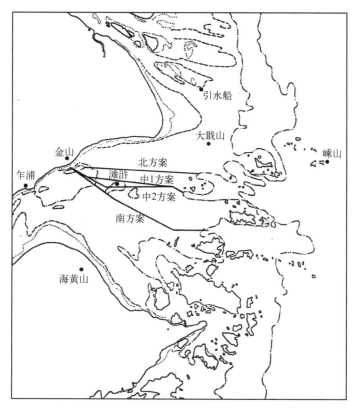

图1 杭州湾形势及金山嘴新港区深水航道布置方案

本分析采用的资料如下。

（1）波浪观测资料：嵊山、引水船、大戢山、滩浒、金山、乍浦、海黄山、镇海。

（2）风观测资料：滩浒、大戢山、引水船、嵊山。

（3）1992年9月至1993年8月，航道范围内四次水文测验资料。

（4）滩浒海洋站，1992年9月至1993年4月的泥沙、潮流、风、盐度等资料。

3 波浪条件分析

3.1 杭州湾波浪的一般分布规律

杭州湾是东西向呈喇叭形河口湾，由西向东，宽度渐增，到金山—庵东一线，宽度骤增，至湾口处（南汇嘴—甬江口）南北宽达100多千米。杭州湾东北与长江口相连，东和东南有舟山群岛掩护。湾内等深线走向基本与岸线一致，整个湾区北深南浅，平均水深8m左右。拟议中的金山嘴新港区深水航道各方案所在海域恰位于海湾南北宽度急剧变化的范围内。此部分海域西侧与钱塘江河口段相连。由于东和东南向有舟山群岛的掩护，使东南方向风浪大大削弱。北部有南汇和南汇嘴浅滩的掩护，冬季强劲的寒潮风浪由南汇嘴—嵊泗列岛之间进入湾内。深水航道海域周围复杂的地形地貌，使湾内外各处波浪条件差别较大，这一特点也直接影响到杭州湾泥沙运动规律。

图 2 为杭州湾内、外部分海洋站强浪向和常浪向玫瑰图。由图可以看出，由于地理位置及地形条件不同，各测站在各方向上波能分布规律差别较大。嵊山站代表开敞海域条件，主要强浪向为 NE 和 SE，风浪频率为 65%。大戢山和滩浒站波向玫瑰图形状较接近，但大戢山东南有嵊泗列岛掩护，而北方完全暴露，所以北向来浪要远强于东南方向来浪，其风浪频率约占 72%。滩浒站因受到杭州湾北岸的掩护作用，东南向来浪相对比重加大，且以风浪为主，风浪频率占 90% 以上。至于金山嘴和乍浦，北向和东北向来浪作用明显减弱，对近岸海域影响最大的是东南向风浪。至于杭州湾南岸的海黄山则主要受北向风浪的影响，从地形上看，这里相当于弯道的凸岸，水流较弱，浅滩水深较小，与其他部位相比，波浪掀沙作用相对较强，在杭州湾南岸形成另一个高含沙区。表 1 为各测站南北向来浪频率比及波能比。

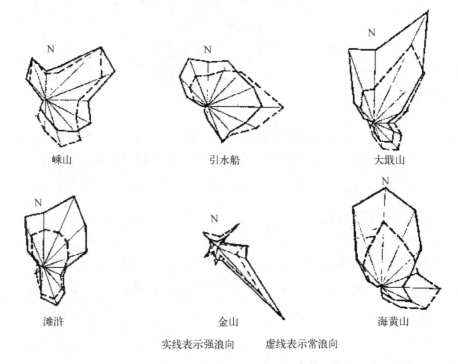

嵊山　　　　　　　　引水船　　　　　　　大戢山

滩浒　　　　　　　　金山　　　　　　　　海黄山

实线表示强浪向　　　　虚线表示常浪向

图 2　杭州湾部分海洋站强浪向和常浪向玫瑰图

表 1　杭州湾部分测站南北向来浪频率比及波能比（北:南）

	嵊山	引水船	大戢山	滩浒	金山	乍浦	海黄山
频率比	1.42 : 1	1.36 : 1	2.16 : 1	1.40 : 1	0.53 : 1	1.09 : 1	2.42 : 1
波能比	1.76 : 1	2.02 : 1	4.92 : 1	2.25 : 1	0.28 : 1	0.36 : 1	6.14 : 1

表 2 为杭州湾部分测站年平均波高及平均周期。由表 2 可以看出，大戢山波高几乎为滩浒站的两倍，滩浒站年平均波高 0.60 m 左右，而到近岸的金山港区仅为 0.30 ~ 0.35 m。

显然滩浒岛以东航道水域波高将会增大。位于开敞海域的嵊山波浪最强，其次为大戟山和引水船；掩护条件较好的金山和乍浦站波浪相对较弱。

表 2　杭州湾部分测站年平均波高和平均周期（1978—1982 年）

位置	嵊山	引水船	大戟山	滩浒	金山 （1984 年）	乍浦 （1985 年）	海黄山 （1966 年）	镇海 （1985—1992 年）
波高 H（m）	1.48	1.07	1.16	0.61	0.35	0.36	0.38	0.55
波周期 T（s）	4.91	3.75	3.30	2.93	3.11	3.33	2.77	3.31

杭州湾不同部位波浪随季节的变化呈一定的规律性。这是因为杭州湾主要受季风影响，各季风向的变化较大，冬季盛行偏北风，夏季盛行偏南风，春秋季为过渡季节，由于地形等因素的影响，湾内各处风的分布不尽相同，直接影响波浪分布的规律性。

图 3 为杭州湾各海洋站波能月变化情况，可以看出，强浪主要发生在夏秋季台风季节及冬季寒潮大风季节。乍浦、金山受北向来浪影响小，大浪主要来自东南向，所以 6—8 月风浪较大。向东到滩浒站，北向来浪影响已超过南向来浪，秋冬季波浪强度要大于春夏季，但各月分布尚较均匀。到大戟山、引水船，北向来浪起控制作用，强浪主要发生在 11 月、12 月及翌年 1 月。这也是造成杭州湾中偏北部冬季水体含沙量偏大的原因之一。位于杭州湾东

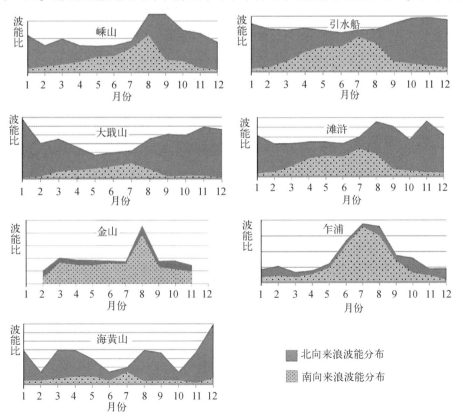

图 3　杭州湾各测站相对波能的月变化

北开敞海域的嵊山海洋站春夏季多南向浪，秋冬季多北向浪。位于杭州湾南岸的海黄山海域波高主要受控于北向来浪，一般冬季要稍大于其他各季。

为了更好地反映各测站处波浪的紊动强度，特别是对床面泥沙的作用，依据各海洋站波高、波周期及当地水深条件，计算出相应波浪摩阻速度，列于表 3。

表 3　杭州湾部分测站波浪摩阻速度（cm/s）

月份	嵊山	引水船	大戢山	滩浒	金山	海黄山
1	0.20	1.67	1.05	0.39		1.10
2	0.23	1.66	1.04	0.36	0.53	1.09
3	0.20	1.73	1.10	0.31	0.63	1.77
4	0.17	1.69	0.94	0.34	0.59	1.93
5	0.12	1.68	0.60	0.28	0.49	1.73
6	0.21	1.58	0.64	0.32	0.49	1.29
7	0.29	1.66	0.59	0.30	0.55	1.49
8	0.36	1.65	0.75	0.41	0.82	1.51
9	0.38	1.83	0.90	0.38	0.64	1.87
10	0.32	1.97	0.99	0.32	0.62	1.58
11	0.29	1.76	0.95	0.45	0.50	1.96
12	0.18	1.70	0.82	0.41		1.78
平均	0.25	1.72	0.87	0.36	0.60	1.58

可以看出，引水船和海黄山海域波浪紊动强度和掀沙作用最强，这是导致杭州湾南北两个高含沙量区的主要动力原因。

3.2　金山嘴新港区深水航道海域波浪条件分析

为了估算金山嘴新港区深水航道范围海域挟沙能力及航道回淤趋势，需进一步分析了解深水航道范围（主要是唐脑山以西挖槽范围）的波浪动力条件。

设计新港区深水航道自金山嘴至唐脑山（中线航道），东西长约55 km，沿航道各部位因掩护条件不同，其波浪条件也有所不同。从整体上看滩浒岛至唐脑山段航道水域，基本上暴露在北和东北向强风浪作用下，而滩浒岛以西航道水域，因受南汇嘴的掩护，北向来浪影响向岸逐渐减弱，东南向波浪作用渐有增大。

滩浒海洋站位于金山嘴新港区深水航道的中间部位，这里的波浪条件基本上可以代表研究深水航道中部水域的波浪条件。图 4 为滩浒站 1978—1982 年波向的季节分布，可以看出，这里秋冬季强浪向主要来自北向，而春夏季南北向来浪频率接近，仅夏季南向来浪稍多，而春季北向来浪略强。从全年情况看波能流中有近70%来自北向（表1）。滩浒站可能出现各级波高值的天数见表4。

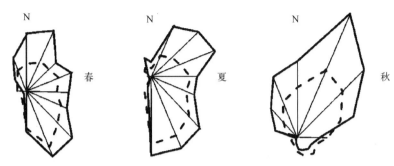

图 4　滩浒站波向的季节分布（虚线表示常浪向，实线表示强浪向）

表 4　滩浒站各级波高可能出现的天数

波高（m）	0.6	0.9	1.2	1.5	1.8	2.5
大于该波高的天数（d）	229	116	47	16	3.0	2.5

滩浒岛以西航道，因受杭州湾北岸的掩护，较强的北向浪影响逐渐减弱，年平均波高有减小的趋势，到金山港区，只有 0.30~0.35 m 左右。滩浒岛以东至唐脑山段航道水域，基本上暴露在北和东北向强风浪作用下，波高比滩浒岛有所增大。

以上为根据滩浒站和金山嘴站波浪实测资料进行的初步分析。为了估算航道各部位挟沙能力及航道回淤趋势，拟采用数值分析法来进一步估算沿航道的波场分布。

如前所述，研究的深水航道位于杭州湾中部，周围有较复杂的地形地貌条件，沿航道各部位受到不同程度的掩护作用，而目前在研究范围内又只有滩浒站有限的风、浪资料，要精确估算沿深水航道波场分布是困难的。

目前计算浅水波要素方法主要有两种，一种是采用浅水小风区经验公式进行预报，根据边界条件假设风区长度，估算各处风浪要素，由于杭州湾边界条件比较复杂，许多参数的选择较困难；另一种是按稳定波场考虑，进行波浪传播变形（包括折射绕射），来估算各处波要素。

从泥沙运动角度讲，水动力条件的长时段、宏观的统计特征值往往能更好地反映和解释泥沙输移和冲淤规律。由前面分析可知，杭州湾内各部分波场分布有一定规律。整个杭州湾水域，特别是拟开挖深水航道水域波场主要是北和东北向来浪及东南向来浪综合作用的结果。如适当概化东北向和东南向来浪条件，并利用滩浒岛及金山嘴实测波浪资料作为验证计算的依据，按稳定波场传播变形进行数值模型，可以预测沿航道水域波场分布特点。

3.2.1　计算方法简介

波浪自深海传播至浅水区，由于床面作用，将发生变形。计算浅水波要素（波高及波向），可以用基于波数守恒和波能守恒原理的数值解析法；也可以用基于几何光学原理及一般运动学原则的波射线法。现采用第二种方法[1]。

基于几何光学的 Snell 定理的适用条件主要是等深线平行或近似平行,当地形条件较复杂时,需联立求解波射线微分方程和波浪强度参数 β 方程来确定波向角 α 和折射系数 K_r。

3.2.2 计算条件及计算结果

根据以上对杭州湾波浪一般分布规律的分析可知,拟开挖深水航道基本上受北和东北向来浪及东南向来浪控制,我们以 1978—1982 年及 1992—1994 年滩浒站实测波浪资料作为验证依据。

通过将 1978—1982 年引水船、滩浒波浪资料及 1984 年金山测波资料,按南、北两个方向进行加权平均,可得综合波高、波向角等资料(表 5)。

表 5 1978—1982 年部分测站综合波浪条件

测 站	浪 向	综合波高(m)	波向角(°)	周期(s)	频率(%)
引水船	北	1.14	N25.5°E	3.77	57.4
滩浒	北	0.79	N17.6°E	3.00	40.8
	南	0.62	S27.7°E	2.82	29.2
金山	北	0.27	N18.7°E	3.16	34.3
	南	0.38	S34.6°E	3.05	64.8

最后采用以下波要素分别作北、南向入射波边界处波要素:

北向来浪采用 $H=1.10$ m,$T=4.0$ s,$\alpha=25°$;

南向来浪采用 $H=0.74$ m,$T=3.7$ s,$\alpha=28°$。

应用以上方法及波浪条件进行波浪传播变形计算,在北向来浪计算时,同时考虑波浪绕射作用。最后以南、北向波浪发生频率加权平均得沿航道各点波高分布,绘于图 5。可以看出,自北向南波浪逐渐减小,自西向东波浪逐渐加强,滩浒岛以西航道波高沿程变化率较大,滩浒岛以东航道波高分布比较均匀。

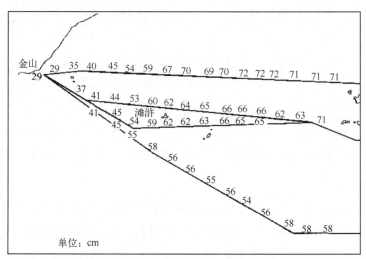

图 5 金山嘴西港区拟开挖深水航道沿程波高分布规律

4 波浪对杭州湾泥沙运动的影响

（1）杭州湾是强潮河口湾，潮流是控制当地泥沙运动的主要动力条件。

杭州湾是著名的强潮海湾，由于地形影响，潮波进入喇叭形河口湾后，受到两岸地形约束，水深由深变浅，能量聚集，潮流加强，据 1992—1993 年深水航道水域四次水文测验及潮流数值计算可知，湾内涨落潮平均流速可达 1.0 m/s 以上。但海湾中部水域平均波高只有 0.6~0.7 m，湾内平均水深约 8.0 m，小浪对床面泥沙的影响较小。表 6 列出中 1、中 2 航道沿线涨、落潮平均摩阻速度和波浪摩阻速度。可以看出，滩浒岛附近航道（中航道方案）海域，潮流平均摩阻流速为 2.5~2.9 cm/s，而波浪摩阻速度仅为 0.5 cm/s 左右。这说明作用于床面的波浪能量不到潮流能量的 1/10。

以上分析说明，对于杭州湾内一般开敞海域，在正常天气条件下，含沙浓度场的分布、泥沙输移趋势以及航道回淤主要取决于潮汐水流条件。

表 6 中航道沿线潮流摩阻速度和波浪摩阻速度（cm/s）

	点位	1	2	3	4	5	6	7	8	9	10
中 1	潮流摩阻速度	2.92	2.75	2.46	2.94	2.80	2.46	1.92	1.41	1.56	2.22
	波浪摩阻速度	0.03	0.13	0.30	0.48	0.55	0.62	0.57	0.44	0.35	
中 2	潮流摩阻速度	2.85	2.72	2.47	2.08	1.60	1.98	1.58	1.68	1.74	1.92
	波浪摩阻速度	0.03	0.10	0.18	0.27	0.40	0.44	0.56	0.47	0.35	

注：表中点位为自金山至唐脑山中航线沿程均匀分布。

（2）对于部分区域，特别是近岸海域，波浪不仅对当地泥沙运动的作用起重要作用，还将影响杭州湾宏观上含沙量场的分布及泥沙输移趋势。

由前面分析可知，位于长江南槽的引水船站滩浅浪大流急，是长江口高含沙浓度区（也称为最大浑浊带）。这一高含沙浓度区与杭州湾紧邻。也可作为杭州湾北边界，对整个杭州湾的泥沙冲淤和输移规律起重要影响。这里水-沙条件主要受控于长江径流及供沙条件，但海相动力（潮汐、波浪）条件也不容忽视。长江径流量是钱塘江的 41 倍，输沙量更是钱塘江的 127 倍。但长江口输水输沙主要集中在夏秋季，这时强烈的径流将长江输出的部分泥沙直接向东海深水区输运，仅有部分泥沙堆积在长江口拦门沙浅滩及南汇嘴东侧和南侧浅滩上，导致南汇嘴浅滩夏季的淤涨。冬季长江径流减少，潮流作用加强，长江口和杭州湾水体交换量增大，而这时北向风浪将长江口外浅滩泥沙大量掀起，通过潮流、风吹流向杭州湾中部作舌状扩散，使杭州湾北部及中部冬季回淤率增大，南汇嘴南侧浅滩 −7 m 等深线呈舌状向杭州湾内伸延即可说明这一趋势。其中一部分高含沙水体随潮流沿杭州湾北岸输移。

以前曾对杭州湾泥沙特性和输移规律进行过大量观测研究工作，研究表明，杭州湾泥沙来源主要是长江口；从整体上看，杭州湾泥沙北进南出；从季节上看，杭州湾具有冬淤夏冲的特点。所有这些特点均与长江口与杭州湾结合部的风浪掀沙输沙作用密切相关。

（3）强风浪对杭州湾浮泥的形成有重要影响，航道浮泥骤淤问题不容忽视。

每年夏秋之季，台风将会影响杭州湾，形成较大风浪。据统计，1951—1984 年的 34 年间，影响杭州湾的台风共 54 次，其中以狂风为主的共 23 次，极大风速可达 40 m/s（如 8114 号台风），风雨兼作的共 11 次，极大风速也可达 40 m/s。这时，杭州湾海域将会出现较强风浪，表 7 为滩浒站 1977—1993 年 2 m 以上大浪情况，可以看出，每年 7—8 月台风期内最大波高可达 2.5 m 以上。

表 7　滩浒站大浪情况

年份	日期	H_{max} （m）	$(H_{1/10})_{max}$ （m）	T （s）	波向
1977	9 月 10 日	2.8	2.7	4.8	N
1978	1 月 15 日	2.6	2.4	2.9	NE
1979	8 月 24 日	4.0	3.5	5.2	ENE
1980	4 月 24 日	2.2	2.0	3.6	ENE
1981	5 月 11 日	4.0	3.8	4.3	ENE
1982	6 月 22 日	2.6	2.3	4.4	NE
1983	6 月 3 日	2.8		5.6	NE
1984	6 月 13 日	2.4			SE
1985	7 月	2.0		4.5	E
1986	8 月 27 日	3.8			N
1988	3 月 28 日	3.2		4.5	NE
1989	7 月 21 日	3.0			SE
1989	8 月 23 日	2.4		3.9	NE
1992	9 月 22 日	2.2	1.9	4.3	NE
1993	8 月 19 日	1.9	1.2	2.8	NE

黏性泥沙起动摩阻流速 u_{*c} 可采用工程界最常用的 Cormault P 公式来确定[2,3]：$u_{*c}=0.005\ 5C+0.000\ 002\ 6C^2$。泥沙初淤时浮泥湿容重为 $\gamma_m=1\ 050\sim1\ 200$ kg/m³，经过一定时期密实后形成淤泥，湿容重为 $\gamma_m=1\ 250$ kg/m³，相当于 $C=400$ kg/m³；如按 1 250 kg/m³ 考虑，可算得：$u_{*c}=2.62$ cm/s。

在水深 $h=10$ m 处、波高 $H=3.2$ m，$T=4.5$ s，应用线性波理论可算得床面处摩阻流速 $u_{*w}=2.6$ cm/s；在水深较浅处，如 $h=7.5$ m、波高 $H=2.0$ m，摩阻流速可达到 2.6 cm/s；在水深 5.0 m 处波高 1.5 m，床面处摩阻流速即可达到上述泥沙起动条件。在大浪条件下海床可能产生大量泥沙悬扬，经潮流输运，在开挖航槽内浮泥骤淤问题不容忽略。

目前关于强风浪引起航槽骤淤规律还缺少成熟的认识。由分析可知，位于开敞海域的航槽在大风浪期也处于强烈紊动条件，基本上不会有大量泥沙回淤，但强风浪过后，特别是紧接着动力强度较低的小潮汛情况下，航槽内极可能迅速产生较厚的浮泥层。如当地泥沙以黏土为主,在潮流作用下航槽中浮泥层极易重新扬动、悬浮、扩散,强风浪引起的回淤就不会太严重,连云港试挖槽和崖门口黄茅海浅滩试挖槽内浮泥回淤基本属于这种情况。如浮泥中粉砂质较多,浮泥可能导致较强的回淤。据报道,上海长江口试挖槽在强风浪作用下,浮泥引起的回淤十分可观。

根据最近多次底质取样分析可知,现设计航道水域底质主要为灰色黏土质粉砂和灰色粉砂质黏土,中值粒径 $d_{50} = 0.009 \sim 0.010\,5$ mm,其中粉砂质约占 62%,黏土质 37%,砂质 1%。由于粉砂质含量较高,强风浪期可能引起的回淤应值得重视。

5 结 论

(1) 杭州湾以风浪为主,由于各季风向变化较大,地形地貌条件复杂,使湾内各处波浪分布差别较大。

(2) 拟议金山嘴新港区深水航道海域范围处于杭州湾中部,主要受来自东北和东南方向风浪影响,并以北向来浪占优势。

(3) 通过现场观测资料分析和数值计算可知:

①滩浒岛波浪条件可以代表拟议深水航道中部水域波浪条件,这里平均波高约为 0.6 m,其中 60% 波能来自北向;

②滩浒岛以西航道海域,因受杭州湾北岸的掩护,较强的北向来浪逐渐减弱,到金山嘴波高为 0.3~0.35 m;

③滩浒岛以东航道水域平均波高为 0.70 m 左右。

(4) 潮流是杭州湾大部分开敞海域泥沙运动的控制动力条件。但对部分区域,特别是边界区域,波浪不仅对当地泥沙运动起重要作用,还将影响杭州湾宏观泥沙场的分布及泥沙输移趋势。

(5) 强风浪对杭州湾浮泥的形成有重要影响,航道在强风浪条件下骤淤问题不容忽视。

参考文献

[1] 徐啸. 厦门港波浪传播变形的数值模拟 [J]. 台湾海峡,1992,(1).

[2] Migniot C. 不同的极细沙(淤泥质)物理性质的研究及其在水动力作用下的性质. 丁联臻译. 北京电力设计院,1977.

[3] Cormault P. Determination Experimentaledu Debit Solidderosionde Sediments Fine Cohesifs. 14th Conference IAHR,1971,4.

附录：关于"956"型波浪跟踪系统观测资料的分析和评价

滩浒岛位于杭州湾拟议中的上海新港区深水航道的中部，该处动力条件具有一定代表性。国家海洋局在滩浒岛设有海洋水文观测站（30°37′N，120°37′E），观测风、浪、潮位。测波浮标位于岛的东部，浮标处平均水深为 9.3 m，提供有 1977 年 7 月至 1982 年 12 月，1992 年 9 月至 1994 年 4 月波浪观测资料。

考虑到金山嘴新港区深水航道试挖工程观测研究分析工作的重要性，上海港务局委托国家海洋局第三海洋研究所在滩浒岛东侧（30°36.5′N，121°39′E）布置了"956"型波浪跟踪浮标系统，测波浮标到站点水平距离约 1.4 km，水深在滩浒岛海洋站水尺零点下 7 m。每隔 3 h 观测 1 次。自 1993 年 6 月至 1994 年 4 月进行 11 个月的观测。现对"956"观测资料进行对比分析。

1. "956"资料基本情况

自 1993 年 6 月至 1994 年 4 月，每天测 8 次，应测 2 672 次，因故漏测 175 次，约占 6.5%。在有效记录的 2 497 次中，每次记录波数（个）如下表所列。

附表 1　记录波数情况

波数（个）	次数（次）
≥400	2
300～400	5
200～300	384
120～200	1 461
100～120	252
50～100	334
≤50	59

最少的一次只测有 7 个波，一般波数为 100～120，波数少于 100 个占有效记录的 15.7%，比例偏大，影响到波浪统计精度。

其中个别资料明显不合理，如：1993 年 10 月 20—23 日，部分资料无波数，但却有 $H_{1/10}$ 等值；

1993 年 12 月 14 日，$H_{max}=1.5$ m，$H_{1/3}=2.7$ m，$H_{1/10}=4.3$ m；

1993 年 12 月 23 日，$H_{max}=19.1$ m，$T=34.0$ s。

2. 各向波浪分布情况

附图 1 为滩浒岛海域 1993 年 6 月至 1994 年 4 月常波向和强浪向分布玫瑰图，其中 a

为"956"测波结果，b为对应同期海洋站观测结果，根据1978—1982年海洋站岸用测波仪观测结果绘于c，以便比较。可以看出，海洋站观测结果更为合理。

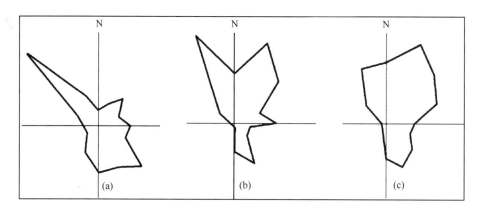

附图1　滩浒岛海域各向波浪分布玫瑰图

3. "956"资料与海洋站资料之间波要素比较

3.1　平均波高（波能加权）和平均波周期（附表2）

附表2　平均波高和平均波周期

时　　期	方　　式	$\bar{H}_{1/10}$（m）	$\bar{T}$（s）	$\bar{H}\sim\bar{T}$ 经验关系
1993年6月至1994年4月	"956"	0.35	8.05	
	目测	0.47	3.17	$T=3.8\sqrt{H_{1/10}}$
1978—1982年	目测	0.61	2.93	$T=3.5\sqrt{H_{1/10}}$

由附表2可以看出，"956"观测波高偏小，而波周期偏大。

3.2　波高 $H_{1/10}$ 的相关分析（附表3）

由附表2和附表3可以看出，"956"测得波高普遍小于目测结果，从发生时间上看，仅1993年3月和4月两种方法一致，在这三次中又只有1993年10月26日两者波向比较一致，另外两次波向差别都很大。由附表3可以看出，大波高范围两者相关性较差。

附表3　波高 $H_{1/10}$ 的相关分析

波高条件	样品数	相关系数 R	$H_{956}/H_{目测}$ 比值
$H_{1/10}>0.1$m	593	0.62	0.587
$H_{1/10}>0.2$m	567	0.60	0.595
$H_{1/10}>0.3$m	377	0.44	0.627
$H_{1/10}>0.4$m	215	0.26	0.655

3.3　最大波高 $H_{\max}$（附表 4 和附表 5）

附表 4　$H_{\max}$ "956" 结果（1993 年 6 月至 1994 年 4 月）

月	6	7	8	9	10	11	12	1	2	3	4
日	3	8	18	14	26	21	3	21	12	9	12
$H_{\max}$（m）	2.0	1.9	0.9	0.9	1.0	1.2	0.9	1.1	0.8	0.9	0.9
波向	WNW	NE	NE	E	ESE	S	SSW	ENE	NE	S	E

附表 5　$H_{\max}$ 海洋站目测结果（1993 年 6 月至 1994 年 4 月）

月	6	7	8	9	10	11	12	1	2	3	4
日	24	20	19	21	26	18	14	18	23	9	12
$H_{\max}$（m）	1.7	1.5	1.9	1.6	1.5	1.6	1.4	1.4	1.4	1.5	1.1
波向	SSE	NE	NE	E	E	NNE	NNE	N	NE	NNE	NW

3.4　波周期情况

两种方法测得波周期差别更大，相关性很差，一般情况下目测资料中波周期较为可信，"956" 资料中最大波周期 $(T_{1/10})_{\max}=59.9$ s，大于 10 s 的约占 1/5，滩浒岛海域以风浪为主，这种较大波周期显然是不合理的。

4. 对 "956" 观测资料的评价

通过对 1993 年 6 月至 1994 年 4 月 "956" 观测结果和对应海洋站目测结果分析可知，两者关于波向、波高、波周期均有较大差别，在波向上，"956" 资料以南向来浪为主，海洋站资料以北向来浪为主。"956" 测得波高普遍小于海洋站资料，而 "956" 测得波周期则比海洋站资料大得多。

因一般情况下目测资料中波周期较为可信，"956" 测得波周期显然偏大。至于波高和波向，在没有第三种资料对比情况下，无法严格评价两种资料的优劣。现只能用 1978—1982 年海岸用测波仪观测结果与之比较（附图 1）。可以看出，海洋站观测结果更为合理，这可能并不是 "956" 仪器本身的问题，而是滩浒岛海域当地水动力条件的特殊性所造成。

滩浒岛海域涨、落潮水流湍急，涨急、落急时流速可达 4 节以上，而 "956" 测波浮标只适用于水流流速小于 2 节的海域条件。在水流较强情况下，缆绳绷得过紧，浮标过分偏歪，中心偏移，漏测可能性增大，导致波周期偏大，波高偏小，波向失真。

浙江象山湾大桥预可行性研究阶段海床演变研究

摘　要： 从海岸动力学角度进行象山湾海床演变分析工作。象山湾大桥三个桥位中，后华山桥位较好，青来桥位较差；优化桥位明显优于初始桥位，建议采用优化后的后华山桥位或西泽桥位。

关键词： 象山湾；海床演变；桥位优化

1　象山湾概况

1.1　地理地形条件

象山湾为一个东北—西南向的狭长港湾，纵深约 60 km，湾顶及湾口处水域面较宽阔，宽 20 km 左右，海湾中部较窄，宽仅 3~5 km，平均水深 10 m 左右。口外有横岛、佛渡岛、梅山岛和梅散列岛等，掩护条件较好（图 1）。

象山湾可分为三段：口门段，呈喇叭形，水域开阔，岛屿较少，全长 21.5 km，水深为 10~20 m（理论深度基准面），部分水域在 30 m 以上。中段，是象山湾宽度最窄的地方，最大水深可达 55 m，全长约 7.0 km。内湾段，纳潮面积为 293.7 km^2，全长 23 km，水域宽度向湾顶逐渐加大，水域中岛屿较多。

全湾纳潮量约 12×10^8 m^3。全湾面积 563.3 km^2，其中水面面积为 391.8 km^2，滩涂面积为 171.5 km^2。海湾内有大小岛屿 59 个，其中较大岛屿 17 个。海湾岸线曲折，岛屿岸线 109 km，大陆岸线 297 km。其中基岩岸线占 40%，淤泥质岸线占 60%。象山湾内还有西沪港、黄墩港和铁港，港内滩涂面积大，是象山湾内重要水产养殖基地。

1.2　桥址概况[1]

象山湾大桥工程预可行性研究阶段初步拟定三个桥位，即后华山桥位、西泽桥位和青来桥位（图 1）；三桥位均位于湾口段，地理范围为 121°47′—121°52′E。三个桥址跨海长度分别为 5 km、6 km 和 10 km。各桥址几何条件见图 1 和表 1。图 1 中三虚线桥位为初始拟定桥位，三实线桥位为优化后桥位。

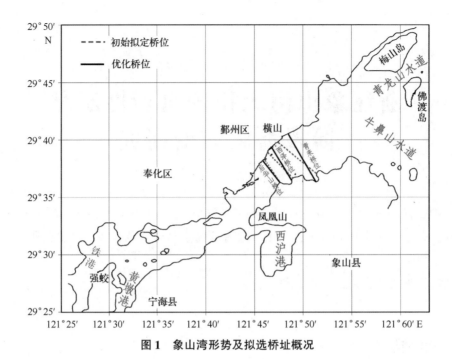

图1 象山湾形势及拟选桥址概况

表1 象山湾大桥初始及优化桥位处几何条件

桥位	桥位以里水域面积（km²）	桥位处断面面积（m²）	桥位处平均水深（m）（黄海零点）	桥位内纳潮量（×10⁸ m³）
后华山桥位（初始）	311.2	75 431	19.71	10.1
西泽桥位（初始）	321.9	70 578	14.71	10.5
青来桥位（初始）	343.6	83 050	12.72	11.2
后华山桥位（优化后）	311.7	76 003	20.12	10.1
西泽桥位（优化后）	323.3	78 060	14.96	10.5
青来桥位（优化后）	348.6	77 619	12.08	11.3

由表可见，三个桥位以里水域面积均达 300 km² 以上，桥址两岸基本上为岩基边界所约束，潮流强劲，含沙量低，自然环境受人类活动影响较少。

2 象山湾海洋水文泥沙特点

2.1 象山湾潮汐特点

象山湾内潮汐属非正规半日浅海潮，具有较明显的驻波性质；自湾口向内潮差逐渐增大，涨潮历时增加，落潮历时减少。湾口平均潮差为 3.18 m，港顶可达 3.74 m。根据近口门段的西泽潮位站潮位资料分析，可得西泽站累计频率不大于 10% 的大潮潮差为 4.20 m，累计频率不大于 50% 的潮差为 3.25 m，累计频率 90% 的潮差为 1.96 m。西泽站和 4819 厂潮汐特征值见表2。

表2 西泽站和4819厂处特征潮位（m，黄海基面)[2]

特征潮位	西泽（湾口）	4819厂（中部）	各基面相对关系
平均高潮位	1.91	2.18	
平均低潮位	-1.09	-1.18	
大潮平均高潮位	2.55	2.98	
大潮平均低潮位	-1.56	-1.64	
小潮平均高潮位	1.17	0.67	
小潮平均低潮位	-0.50	-0.64	

2.2 象山湾潮流特性

象山湾水动力条件主要受陆地径流、潮流和波浪三方面的影响。因象山湾径流量仅为纳潮量的0.15%，且入湾径流离象山湾大桥桥位较远，可以忽略不计径流对桥位的影响。潮流场是影响桥区河床稳定性的关键动力因素。

象山湾的潮流属于不正规的浅海半日潮流，湾内以往复流形式为主。涨潮流历时长，涨、落潮流历时比为1.01~1.67。流速由湾顶向湾口逐渐增大。表3为象山湾口门、中部和湾顶三处涨、落潮流速情况[2,3]。

表3 象山湾潮流流速（cm/s）分布

潮 型	西泽（口门）		乌纱山（中部）		强蛟（湾顶）	
	涨潮	落潮	涨潮	落潮	涨潮	落潮
大潮	64	75	81	82	48	57
中潮	56	61	70	62	49	52
小潮	42	63	54	66	41	51

2.3 象山湾桥区气象环境

2.3.1 风况[4]

实测气象资料分析表明，桥区风速、风向的季节变化明显。年平均风速为5.5 m/s，最大风速为23 m/s。

2.3.2 灾害性气候

根据1949—1998年50年间的热带气旋资料，对桥址附近有影响的热带气旋有200个，平均每年为4个。桥区热带气旋发生在每年的5—11月，其中主要集中在7—9月，占总数的80%，8月是热带气旋活动的高峰期，占总数的35%（表4）。台风期间风速较大，达30 m/s以上，其中，1981年14号台风期间瞬时极大风速达42.0 m/s。

历史上对象山湾造成严重影响的台风有15个，占总数的14%。

表4 各月热带气旋影响本区的次数及频率

月份	5	6	7	8	9	10	11	合计
次数	3	15	38	70	52	19	3	200
频率（%）	1.5	7.5	19.0	35.0	26.0	9.5	5.5	100.0

2.4 象山湾口外波浪条件

为了掌握拟建桥位处波浪条件，首先对象山湾湾口外牛鼻山临时海洋站一年波浪资料和松兰山水文站10年测波资料进行分析计算，可得以下结论：

（1）象山湾口门外掩护条件较好，波浪强度不大，平均波高仅0.4 m。

（2）大浪集中在夏秋的台风季节和冬季北向寒潮大风季节，实测最大波高为2.3 m。口门外冬季东北向的风浪和夏秋季东和东南的涌浪是影响桥位处波要素的主要动力因素。因象山湾特定的地形条件，冬季西北向的风浪虽然较强，但对湾内水域影响相对较小。

在下面分析桥位处波要素时，分别考虑口门外东和东南向涌浪通过折射和浅水变形进入到设计桥位处的波场以及当地风形成的风浪场强度。

2.5 象山湾泥沙运动特点

2.5.1 含沙量分布特点[3]

象山湾的泥沙主要是悬沙，中值粒径为0.006 mm，属淤泥质细颗粒泥沙。据实测资料，最大含沙量为0.98 kg/m³，最小含沙量为0.01 kg/m³，平均含沙量为0.1~0.47 kg/m³。含沙量分布特点为：湾顶的含沙量小于口门段的含沙量（表5）。含沙量呈周期性变化，最大含沙量出现在涨急和落急后；大潮含沙量约为小潮的两倍。

表5 象山湾悬沙量（kg/m³）分布

潮型	西泽（口门）		乌纱山（中部）		强蛟（湾顶）	
	涨潮	落潮	涨潮	落潮	涨潮	落潮
大潮	0.24	0.20	0.14	0.18	0.02	0.03
中潮	0.11	0.12	0.06	0.06	0.01	0.00
小潮	0.12	0.09	0.12	0.13	0.01	0.01

2.5.2 泥沙来源及输移特点

象山湾泥沙来源以海域来沙为主，但数量不大。由卫星图像综合分析可知，大部分湾内水域的水体含沙量小于0.1 kg/m³，泥沙活动运移的上界在西沪港以东的象山角。空间上呈湾口向湾顶减小的趋势，涨、落潮的含沙量变化及含沙量垂线变化均不明显，各测点含沙量的时空变化都比较均匀，说明象山湾口门地区的泥沙输移对湾内淤积的影响不大。

2.5.3 象山湾底质特征

根据 1992 年 12 月水文测验底质资料分析，象山湾内底质可分为五个类型，即粉砂质黏土、黏土质粉砂、黏土质砂、砂-粉砂质黏土和贝壳（贝壳砾、贝壳黏土），且以前两者为主。底质中值粒径的纵向变化自湾顶向湾口具有"粗—细—粗"的分布特点。

3 象山湾海洋地貌和海床历史演变

3.1 象山湾地质地貌

象山湾是一个呈东北向的断裂谷发育起来的潮汐通道海湾，其北侧主要是上侏罗统茶湾组上段酸性火山碎屑岩，南侧为上侏罗统九里坪组酸性熔岩火山沉积岩薄层，形成伸入内陆约 60 km 的半封闭性港湾。

3.1.1 岸滩地质地貌

象山湾岸滩淤涨缓慢，大小港湾发育，陆地海岸曲折，基岩岬角与潮滩相间分布，地貌主要有基岩海岸、淤泥质海岸和潮滩三类。

基岩海岸，岸线长 78 km，占海岸的 28%。该类海岸主要分布在西泽至莲花，月岙至张家溪，桐照至石沿港以及沿岸基岩岬角顶端。

淤泥质海岸和人工海岸，长约 202 km，占沿港岸线的 72%，分布在西沪港、铁港、黄墩港等支港内和南岸大石门—西泽码头和北岸桐照杨村等岸段。淤泥质海岸物质由粉砂质黏土和黏土质粉砂组成。淤泥质海岸往往由人工石质堤岸所代替，称人工海岸。

潮滩，象山湾滩地以淤泥质潮滩为主。沉积物主要为粉砂质黏土（内湾）和黏土质粉砂（近湾口段）。表层沉积物以泥质沉积为主，内湾主要为分选好、中等的灰黄色粉砂质黏土；口门段为分选中等的灰黄色黏土质粉砂。水道底部则多为分选差的砂、贝壳砂、粉砂和黏土，局部有贝壳砂。

3.1.2 海底地形地貌

象山湾呈峡道型海湾，海底地貌单元主要有口门浅滩、潮汐通道和深槽区三个单元。口门浅滩地形明显隆起，口外岛屿附近冲刷槽发育；自港口到西泽段倾斜面相对平缓，坡度约万分之六；由西泽到港顶坡度较陡峭。潮汐通道主要指西沪港、铁港、黄墩港三支，其特点是涨潮水流上溯扩散，落潮水流下泄归槽（图 2）。

象山湾深入内陆达 60 km，理论基面以下的水域总面积约 392 km²，其中水深 5~10 m 的面积占 43%，水深大于 10 m 的面积超过 40%，水下地形复杂，有岛屿、浅滩、深槽。岛屿与基岩岬角间发育有冲刷槽、深潭。

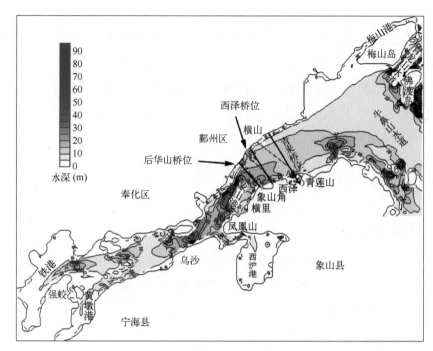

图 2　象山湾附近水域地形

3.2　海床冲淤特点

以西泽至横山码头为界，该界以东岸滩，季节性冲、淤变化明显。一般夏冲冬淤，变幅为 10~20 cm，滩面淤高速度平均 1 cm/a 左右。

西泽—横山连线以西的湾内岸滩稳定，沉积速率也较慢，西沪港内滩面淤高速度平均 0.8 cm/a，黄墩港紫溪至凫溪地段滩面淤高速度平均 1 cm/a 以下。

3.3　桥区海床近期演变特点

桥区水道主槽为潮流冲刷槽，主槽内涨、落潮流很强，根据多次全潮水文测验分析，桥区水道主槽内大潮涨潮最大垂线平均流速达 1.16 m/s，落潮最大垂线平均流速达 1.41 m/s；以黏性土为主的悬浮泥沙一般不易在主槽内落淤，通过水道的悬沙输出输进总量基本平衡。

历史测图对比分析也表明：桥位附近 20 m 等深线边界线变化较少，说明桥位处深槽深水区十分稳定。三个优化桥位处 1964—2002 年间冲淤变化分析可知，后华山桥位断面 40 年来处于微冲状态，平均冲深 27 cm；西泽桥位断面平均淤积 61 cm；青来桥位平均淤积 22 cm；亦即桥位处每年冲淤幅度仅为 0.5~1.5 cm。

综上所述，桥区水道主槽在目前的水下地貌形态和水动力条件下，其稳定是有保证的，而且也将是长期的。

4　象山大桥桥址处海岸动力分析[2]

4.1　象山湾潮流场模拟计算

潮流数学模型计算表明，建桥后大潮条件下，涨潮时桥位东侧水位略有抬高，西侧略有下降，落潮时影响相反，其影响幅度在 2 cm 之内。

图 3 为象山湾全潮平均流速等值线分布图，可以看出，因象山湾纳潮面积大，湾内水流强度较大，主流基本上与港湾深槽范围一致，湾顶和两岸浅滩流速较小。

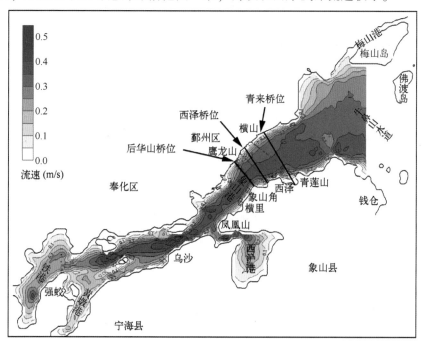

图 3　象山湾港湾内全潮流速等值线

模型中计算了三个桥位处水流流速分布，计算结果表明后华山桥位断面最小，流速较大，主流与桥轴线之间夹角最小；青来桥位处断面最大，最大流速较小，主流与桥轴线之间夹角最大。从水流条件看，后华山桥位较好，西泽桥位其次，青来桥位较差；如采用后华山桥位，建议大桥北岸位置适当西移，如采用西泽桥位，则建议大桥轴线作顺时针方向适当调整（图 1 和图 4）。

4.2　根据拟建桥址处水流特点对桥址轴线进行优化

大桥初始拟定桥位处水流流速、流向分布如图 4（a）所示。3 个桥位各处最大流速及主流向夹角等见表 6 至表 8。因后华山桥位断面最窄，流速较大，主流向与桥轴线法线夹角较小；青来桥位处断面最宽，最大流速较小，主流向与桥轴线法线夹角较大。从水流条

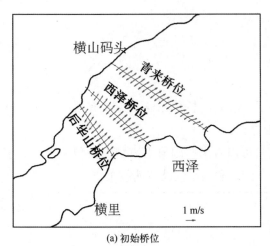 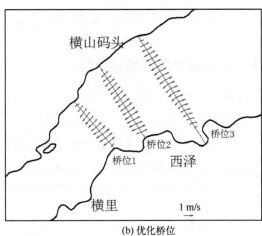

(a) 初始桥位   (b) 优化桥位

图 4   初始及优化桥位轴线处涨、落急流矢图

件看，后华山桥位较好，青来桥位较差。由表 6 至表 8 可以看出，如采用后华山桥位建议大桥北岸位置适当西移，如采用西泽或青来桥位，则建议大桥轴线作顺时针方向适当调整。

在以上工作基础上给出了三个优化桥位方案（图 1），据此计算了各优化桥位处流速流向情况，计算结果如图 4（b）和表 9 至表 11 所示，优化桥位水流条件明显优于初始桥位。

表 6   后华山初始桥位处水流流速和流向沿断面变化

距离北岸（m）	50	850	1 650	2 450	3 250	4 050
水深（m）	2.45	16.95	22.45	24.95	21.35	36.95
最大流速（m/s）	0.24	0.58	0.72	0.77	0.88	0.47
夹角（°）	−5	15	11	4	3	11
平均流速（m/s）	0.12	0.28	0.32	0.36	0.39	0.22

注：夹角为桥轴线法线与水流主流向之间夹角，水深为理论基面。

表 7   西泽初始桥位处水流流速和流向沿断面变化

距离北岸（m）	100	900	1 700	2 500	3 300	4 100	4 900	5 700
水深（m）	2.45	4.35	14.25	17.75	19.95	21.25	18.75	15.95
最大流速（m/s）	0.28	0.56	0.65	0.78	0.79	0.81	0.79	0.46
夹角（°）	8	6	−2	−12	−15	−22	−23	−21
平均流速（m/s）	0.13	0.28	0.32	0.36	0.36	0.38	0.37	0.22

表 8   青来初始桥位处水流流速和流向沿断面变化

距离北岸（m）	200	1 800	3 400	5 000	6 600	8 200
水深（m）	2.45	14.75	16.95	15.75	17.95	16.95

续表

最大流速（m/s）	0.37	0.66	0.73	0.76	0.58	0.34
夹角（°）	-20	-21	-23	-32	-37	-13
平均流速（m/s）	0.19	0.32	0.35	0.37	0.29	0.15

表 9　后华山优化桥位处水流流速和流向沿断面变化

距离北岸（m）	50	900	1 750	2 600	3 450	4 300
水深（m）	2.45	17.45	25.05	23.60	25.25	1.00
最大流速（m/s）	0.23	0.62	0.72	0.77	0.88	0.45
夹角（°）	7	10	7	5	-1	6
平均流速（m/s）	0.12	0.29	0.32	0.36	0.39	

表 10　西泽优化桥位处水流流速和流向沿断面变化

距离北岸（m）	100	1 000	3 700	4 600	5 500	6 400
水深（m）	2.45	21.05	21.75	21.70	17.00	1.05
最大流速（m/s）	0.28	0.57	0.79	0.81	0.79	0.42
夹角（°）	8	8	0	-3	-6	-2
平均流速（m/s）	0.13	0.29	0.36	0.38	0.37	0.21

表 11　青来优化桥位处水流流速和流向沿断面变化

距离北岸（m）	200	1 800	3 400	5 000	6 600	8 200
水深（m）	1.05	18.5	16.85	15.00	12.20	0.95
最大流速（m/s）	0.37	0.68	0.73	0.76	0.58	0.21
夹角（°）	-14	-4	-7	-13	-16	20
平均流速（m/s）	0.19	0.33	0.35	0.37	0.29	0.10

4.3　象山湾的波浪场计算主要结论

（1）象山湾为狭长的东北—西南向半封闭型海湾，口外有舟山群岛众多岛屿掩护，且口门外有广阔浅滩，使外海东和东南向来浪通过折射、绕射进入海湾后，波浪强度大大削弱。折射计算表明，口外波浪大致只能传播到西沪港口门附近，象山湾大桥桥位处波高约为 0.3~0.6 m。

（2）象山湾内波浪主要是当地风生成的风浪，受当地地形条件影响，只有东北和西南向来风才能形成一定规模的风浪。港湾中部和湾顶水域面积狭小，且岛屿众多，地形复杂，水域掩护条件好，即使受到台风影响，风浪波高也不大，周期短，不会构成破坏性威胁。

（3）根据西泽站 1966—1980 年风速资料极值频率统计分析结果，分别应用莆田公式和 1984 年美国陆军工程兵团公式推算了象山湾大桥桥位处设计风浪要素。从计算结果看，桥位处东北向风浪大于西南向风浪，高水位时波高（2.8 m 左右）一般大于低水位时波高（2.3 m 左右）。

(4) 从波浪条件看，后华山桥位受涌浪和风浪影响均最小，青来桥位受影响最大。

5 对象山大桥桥址海床稳定性的进一步分析[2]

5.1 应用潮汐汊道理论分析三个桥轴线位断面稳定性

美国学者 O'Brien 根据美国西部沙质海岸潟湖（Lagoon）的纳潮量 P 与口门断面面积 A 之间资料统计分析，首先提出 $P\sim A$ 关系式[5]：

$$A = C \cdot P^n$$

式中：A 为口门处断面面积；P 为潟湖的潮汐棱体，C 和 n 为与当地动力特征和沉积物特征有关的参数，可用来估计半封闭水域口门的平衡状态。式中 A 单位是 km^2，P 单位是 km^3。

我国张乔民研究华南三十多个潮汐通道后得到关系式：$A = 0.098\,2 \cdot P^{0.958}$

张忍顺等研究黄、渤海沿岸潮汐通道资料后得到关系式：$A = 0.085 \cdot P^{1.02}$

根据象山湾边界条件和地形条件，计算出象山湾大桥三个桥位断面以内水域潮汐棱体值 P，再运用以上各式可算出三个桥位处平衡断面面积和平衡水深（表 12）。经比较，张忍顺计算结果比较接近实际水深。如以张忍顺计算结果作为比较依据，则象山湾大桥拟选桥位处实际水深均小于计算平衡水深，说明这三个桥位均为轻微冲刷状态。

表 12 象山湾大桥三个优化桥位断面处潮汐和地形特点及计算平衡水深

桥位	纳潮量 P （×10^8 m^3）	实际水深 （m）	计算平衡水深（m）	
			张忍顺关系式	张乔民关系式
后华山桥位	10.1	20.12	22.05	25.05
西泽桥位	10.5	14.96	17.75	20.05
青来桥位	11.3	12.08	14.45	15.95

5.2 应用 Keulegan 公式分析桥位断面稳定性

我们也可从断面流速条件进一步判断其内侧具有足够大纳潮面积的过水断面的稳定状态，由 Keulegan 公式[6]：

$$V_{max} = \frac{C_k \cdot \pi \cdot P}{A \cdot T}$$

式中：V_{max} 为口门处平均最大流速；P 为纳潮量；A 为口门过水面积（平均海平面以下）；T 为潮周期，12.42×3 600（s）；C_k 为丰满系数。

算得各断面平均最大流速及对应最大摩阻流速见表 13。

表 13　象山大桥三个桥位处断面最大流速及断面最大摩阻流速

潮型	桥位	平均最大流速 V_{max}（m/s）	平均最大摩阻流速 u_*（cm/s）
大潮	后华山桥位	1.05	3.20
	西泽桥位	1.16	3.52
	青来桥位	1.05	3.16
中潮	后华山桥位	0.81	2.59
	西泽桥位	0.90	2.85
	青来桥位	0.81	2.55
小潮	后华山桥位	0.49	1.70
	西泽桥位	0.54	1.87
	青来桥位	0.49	1.68

根据多次泥沙取样资料可知，象山湾水域主要为较细的淤泥质泥沙（0.016~0.008 mm），一般情况下：

当水流摩阻速度 u_* ≥黏性泥沙起动临界摩阻流速时 u_{*c}，床面处于冲刷状态；

当水流摩阻速度 u_* ≤黏性泥沙沉降临界摩阻流速时 u_{*d}，床面处于淤积状态；

当水流摩阻速度 u_* ≤ u_{*c} 且 u_* ≥ u_{*d} 时，处于动态平衡状态。

5.2.1　黏性泥沙沉降临界摩阻流速 u_{*d}

根据 20 世纪 60 年代以来国内外关于细颗粒泥沙试验结果，黏性泥沙沉降临界摩阻流速 u_{*d} 范围大致为 0.64~0.9 cm/s；黄建维 20 世纪 80 年代用连云港淤泥试验得出 u_{*d} = 0.7~0.8 cm/s[7]。可以认为，当水流摩阻速度 u_* ≤0.8 cm/s 时（相当于最大流速 V_{max} ≤ 23~26 cm/s，或平均流速 V_{mean} ≤15~17 cm/s），海床一般处于淤积状态。

5.2.2　黏性泥沙起动摩阻流速 u_{*c}

黏性泥沙起动摩阻流速 u_{*c} 一般可用下式表示：

$$\tau_c = K \cdot C^n$$

式中：τ_c 为起动切应力（N/m²），$\tau_c = \rho u_{*c}^2$；K、n 为系数；C 为淤积物浓度（kg/m³）。

河海大学张万涵试验得到：

$$\tau_c = 1.29 \times 10^{-6} \cdot C^{2.27}$$

南京水利科学研究院黄建维 20 世纪 80 年代试验得出：

$$\tau_c = 2.63 \times 10^{-6} \cdot C^{2.08}$$

法国 Cormault P 公式是工程界最常用的关系式[8,9]：

$$u_{*c} = 0.005\,5C + 0.000\,002\,6C^2$$

一般情况下，泥沙初淤时浮泥湿容重 γ_m = 1 050~1 200 kg/m³，经过一定时期密实后形成淤泥，湿容重为 $\gamma_m = 1\,250\ \text{kg/m}^3$，相当于 $C = 400\ \text{kg/m}^3$。随着时间的推移，床面淤泥容重还会增加。如按 $1\,250\ \text{kg/m}^3$ 考虑，可算得：$u_{*c} = 2.62\ \text{cm/s}$。即底质为淤泥，且水流摩阻流速满足 $u_* \geqslant 2.6\ \text{cm/s}$ 条件时，床面将处于冲刷环境。由表 13 可知，三个桥位断面均接近冲淤平衡状态。

5.3　从海岸动力学角度提出桥位比选意见

由潮汐汊道理论计算结果可知，象山湾大桥三个桥位处实际水深均小于计算平衡水深，说明这三个桥位处均为轻微冲刷状态。

根据三个桥位处水流条件分析，三个桥位断面均接近冲淤平衡状态。

从海岸动力学角度综合考虑，象山湾大桥三个桥位中，后华山桥位较好，青来桥位较差。优化桥位明显优于初始桥位，建议采用优化后的后华山或西泽桥位。

6　结语

6.1　象山湾海床演变总趋势

象山湾海床及岸滩演变已趋于动态平衡，具体表现在水道受强潮流制约，海域输运细颗粒泥沙只有极少部分在象山水道两岸滩地沉积，悬沙绝大多数为过境泥沙；水道深槽内含沙量的变化基本不受流速变化影响，深槽内粗粒沉积物已不参与现代岸滩的塑造。多年海图对比分析表明，海域平均冲淤幅度极少，且象山湾边界基本稳定不变。

6.2　拟选桥位处主槽稳定性

历史测图对比分析表明，拟建桥位处水道深槽走向稳定，等深线平面上变幅与海域宽度相比不大，而主槽底部略有冲刷。受强潮流和水下地形影响，象山湾水道口门 10 m 等深线深槽南股汊道与牛鼻山水道西侧深槽连通。桥位附近 20 m 等深线边界线变化较少，说明桥位处深槽深水区十分稳定。

6.3　建桥后桥区水道海床的演变趋势

建桥后桥区水域的水动力条件场会产生一些变化，其变化主要集中在桥轴线两侧一定的范围。大潮条件下，建桥后涨潮时桥位东侧水位略有抬高，西侧略有下降，落潮时影响相反。总之，建桥后桥区水域水动力条件受影响的范围有限，整个桥区海域的海床冲淤演变规律不会发生大的变化。

6.4　基于海岸动力学角度分析象山湾大桥海床稳定性

本研究从海岸动力学角度有针对性地展开象山湾海床演变分析工作。不仅进行了水深地形图的对比分析，还进行了象山湾潮流、波浪动力的计算分析，掌握桥位处水流动力条件，运用潮汐汊道理论和工程泥沙研究成果，分析桥位处海床稳定性和泥沙冲淤趋势。

6.5　结论

从海岸动力学角度综合考虑，象山湾大桥三个桥位中，后华山桥位较好，青来桥位较差；优化桥位明显优于初始桥位，建议采用优化后的后华山桥位或西泽桥位。

参考文献

［1］象山港大桥工程初步建设方案［R］. 中交公路规划设计院，2003.

［2］浙江省宁波象山港大桥预可行性研究阶段海床演变研究［R］. 南京水利科学研究院，2003.

［3］象山县港口航道资源开发利用规划研究报告（征求意见稿）［R］. 国家海洋局第二海洋研究所，2002.

［4］宁波象山港大桥工程预可行性研究：气象特征值和风参数研究专题. 宁波市应用气象室，宁波市气象局. 2003.

［5］O'Brien D R F, Dean R G. Hydraulics and Sedimentary Stability of Coastal Inlets. 13th Coastal Engineering Conf. Vol. II，1972.

［6］Keulegan G A. Third Progress Report on Tidal Flow in Entrances，Repot 1146，National Burean of Standards. 1951.

［7］黄建维. 黏性泥沙在盐水中冲刷和沉降特性的试验研究［R］. 南京水利科学研究院，1986.

［8］Migniot C. 水流、波浪和风对泥沙的作用. 刘泊生译. La Houille Blanche，1977（1）.

［9］Cormault P. Determination Experimentale du Debit Solid d erosion de Sediments Fine Cohesifs，14th Conference I A H R，1971，4.

象山湾公路桥桥位波场分析

摘　要： 象山湾口外有众多岛屿掩护，且有广阔浅滩，使外海来浪通过折射、绕射进入海湾后波浪强度大大削弱，湾内波浪主要是当地风生成的风浪。本文根据西泽站 1966—1980 年风速资料极值频率统计分析结果推算了小列山和缸爿山桥位处设计风浪要素。

关键词： 象山湾；公路桥桥址；波场分析

1　引言

象山湾先后进行两次公路桥选址工作，即 1995 年的缸爿山和小列山桥位及 2003 年的后华山、青来和西泽桥位（图 1）。本文主要分析计算 1995 年的缸爿山和小列山桥位处的波场。

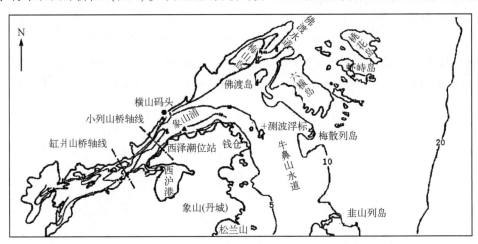

图 1　象山湾形势

2　象山湾地理条件

象山湾位于浙江省北部沿海，地处 29°24′—29°26′N，121°25′—122°E；为东北—西南走向的狭长半封闭型港湾。纵深约 60 km，湾顶及湾口处水域面较宽阔，宽达 20 km 左右，海湾中部较窄，宽仅 3~5 km，象山湾大桥缸爿山桥位处宽仅 3.5 km（净水域 2.2 km），小列山桥址宽 4.4 km。口外东北方向是较窄的佛渡水道，东南方向是较宽的牛鼻山水道，两条水道之间分布有六横岛、佛渡岛、梅山岛和梅散列岛等，掩护条件较好（图 1）。

3 象山湾风特性

象山湾属副热带季风气候，冬季盛行西北风，夏秋季受太平洋副热带高压控制，常有台风侵入。根据距桥址不远处西泽气象站 1966—1980 年风速、风向观测资料分析[1]，常风向为 NW（14.24%），然后为 NE（7.58%）、S（7.42%）及 SSE（7.16%）。强风向为 NW（17.66%）、NE（11.15%）及 S（8.75%）。

湾口风速一般大于湾顶，西泽站平均风速约为 4.7 m/s。每年大风天（风速大于 17 m/s）为 3~16 d，平均 8.6 d。

4 象山湾附近海域波况

4.1 牛鼻山波况分析

牛鼻山临时海洋站位于象山湾口门外南侧东屿山（29°37.6′N，122°1.7′E），1970 年 3 月至 1971 年 2 月曾进行一年波浪观测，测波浮标在岛的东北方向，离岸 300 m，水深约 14.5 m。可以较好地反映象山湾口外牛鼻山附近海域波况。据此资料分析可知，象山湾口外风浪占优势（45.3%）。从各季看，春季和冬季以风浪为主，而夏季和秋季以涌浪为主的混合浪占优势。全年最多风浪向为 N—NW 和 SE—SSE，频率为 30% 和 20%，全年最多涌浪向为 ENE—ESE，频率为 30%。常涌浪向季节变化较小，浪向相对稳定（E 向），常风浪向季节变化较显著，冬季以 N—NW 为主，春秋两季以 NW—NE 为主。

各月平均波高为 0.3~0.5 m，月际变化不大，平均为 0.42 m。各月平均波周期为 3.0~6.3 s，年平均为 4.8 s。常浪向为 E（14.15%）、NNE（12.24%）及 NW（12.17%）。强浪（利用波高加权计算）向为 NNW（18.7%）、NW（16.13%）及 E（13.11%）。其他 S、SSE、WSW、WNW 向来浪很少，不到 5%。实测最大波高 1.8 m，最大波周期 17 s。

图 2 为牛鼻山各向平均波高、频率分布及波能比分布玫瑰图。

4.2 松兰山波况分析

松兰山水文站位于 29°26′N、121°5.8′E，在象山县城（丹城）东南约 11.5 km 处，测站位于大目涂滩涂北面的松兰山上，观测使用的光学测波仪位于 18.2 m 高程，视角 130°，测波浮标置于测点东北 600 m 处，水深 3.9 m，自 1981 年观测至今。

根据 1981—1990 年测波资料分析[2,3]可知，松兰山测站处为风浪（频率为 54%）和涌浪（46%）的混合浪区，风浪常浪向为 NE，涌浪常浪向以东和东南向为主。常浪向和强浪向较为一致，均为偏东方向。

各月平均波高与牛鼻山波况大致相同，为 0.3~0.5 m，年平均波高 0.4 m。大浪集中在秋季的台风和冬季北向寒潮大风期间，实测最大波高为 2.3 m（波向东，1983 年 9 月），

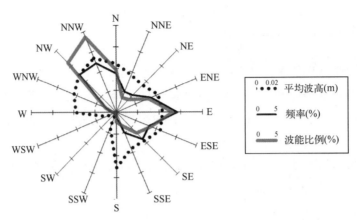

图 2　牛鼻山各向波要素分布玫瑰图（1970 年 3 月至 1971 年 2 月）

$H_{1/10}$ 为 2.1 m，各月平均周期为 7.4~8.0 s，平均为 7.7 s，为牛鼻山平均波周期的 1.6 倍，初步分析，这可能是松兰山测站在牛鼻山测站以南 18.5 km 处，涌浪所占比例更大的原因。

　　一般讲，松兰山测波站浮标水深较小，精度较差，但测量系列较长，在目前缺乏更好资料的情况下，仍有重要参考价值，可以较好地代表象山湾口门附近波况条件。

　　图 3 为松兰山各向波要素统计分析[2,3]。

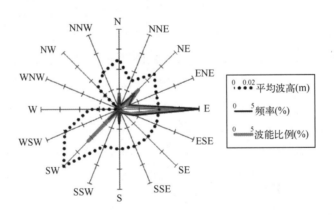

图 3　松兰山各向波要素分布玫瑰图（1981—1990 年）

4.3　象山湾口门外测波资料分析小结

　　通过牛鼻山和松兰山测波资料分析可得以下结论：

　　（1）象山湾口门外掩护条件较好，波浪强度不大，平均波高仅 0.4 m。

　　（2）大浪集中在夏秋的台风季节和冬季北向寒潮大风季节，实测最大波高为 2.3 m。对象山湾公路大桥桥位处而言，口门外冬季东北向的风浪和夏秋季东和东南向的涌浪是影响桥位处波要素的主要动力因素。口门外冬季西北向的风浪虽然较强，对湾内水域影响相对较小。

　　基于以上认识，在下面分析桥位处设计波要素时，分别考虑口门外东和东南向涌浪通过折射和浅水变形进入到设计桥位处的波场以及当地风形成的风浪场强度。

5　桥址处设计波要素计算

现分别分析象山湾口门外东和东南向涌浪通过折射、浅水变形进入象山湾的情况以及东北、西南向风浪对桥位处的影响。

5.1　象山湾波浪浅水变形计算

5.1.1　起始波要素的确定

由于象山湾外仅有牛鼻山和松兰山两测站资料，其他有关海洋站，因距离太远，代表性不高，因此主要通过牛鼻山和松兰山资料来确定象山湾口门外起始波要素。

5.1.1.1　牛鼻山测波资料分析

牛鼻山只有一年资料，先将 0.3 m 以上的日最大波高挑选出来列表，根据表中的波高 H_i 和经验频率 P_i 点绘于对数正态概率纸中（图 4），分布曲线呈直线，可见牛鼻山日最大波高为正态分布[4,5]。其统计特征值为

$$\begin{cases} x = \dfrac{1}{n}\sum \ln(H_i) = -0.691 \\ S = \sqrt{\dfrac{1}{n}\sum (\ln H_i)^2 - \bar{x}^2} = 0.393 \end{cases}$$

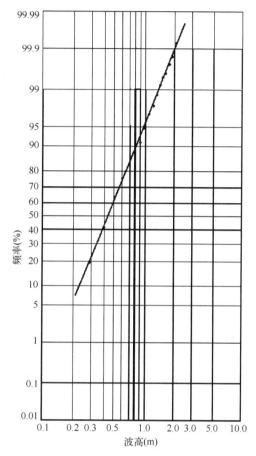

图 4　牛鼻山日最大波高原始分布

根据以上数据可以算得 20 年、50 年、100 年和 300 年一遇设计波高，结果列于表 1，表中平均波周期系根据风浪要素计算图表直接查得[6]。下面进一步分析松兰山资料。

表 1　牛鼻山设计波要素

波要素	20 年一遇	50 年一遇	100 年一遇	300 年一遇
$H_{1/10}$（m）	2.34±0.08	2.55±0.09	2.71±0.1	2.97±0.12
$H_{1\%}$（m）	2.79±0.10	3.04±0.11	3.23±0.12	3.54±0.14
T（s）	5.5	5.7	5.9	6.2

5.1.1.2　松兰山测波资料分析

松兰山 1981—1990 年各年最大波高、波向见表 2，由于 $C_v > 2C_s$，故不宜用 P-Ⅲ型曲

线拟合。现采用工程中常用的耿贝尔曲线适合，计算方法见文献［1］，现仅将计算结果列于表3。由表1与表3比较可以看出，两种方法算得牛鼻山与松兰山设计波高基本一致，因松兰山掩护条件不如牛鼻山，波高要大一些。用牛鼻山结果作为象山湾口门处起始波要素显然更合理。

表 2　松兰山各年最大波高和波向

年份	$H_{\max}$（m）	波向	统计参数
1981	1.8	E	
1982	1.7	ESE	
1983	2.3	E	
1984	2.0	E	$H_{\max} = 1.85$
1985	1.8	E	$C_v = 0.1534$
1986	2.0	E	$C_s = 0.0188$
1987	1.8	E	
1988	1.5	E	
1989	1.4	E	
1990	2.2	E	

表 3　松兰山不同重现期波要素

波要素	重现期（a）	20年一遇	50年一遇	100年一遇	300年一遇
	矩法	2.85	3.00	3.22	3.45
$H_{1\%}$（m）	Thomas 法	3.10	3.33	3.57	3.93±0.32
	最小二乘法	3.00	3.33	3.57	3.93
	采用值	3.10	3.33	3.57	3.93
T（s）		5.7	6.0	6.2	6.5

5.1.2　象山湾设计潮位

根据文献［7］和文献［8］，距桥位较近的西泽站和海军4819厂年特征潮位见表4和表5。

表 4　西泽站和 4819 厂处特征潮位（m，黄海基面）

特征潮位	西泽站	4819厂	各基面相对关系
平均高潮位	1.92	2.18	平面海面
平均低潮位	−1.10	−1.18	0.33
大潮平均高潮位	2.55	2.98	黄海基面
小潮平均高潮位	1.17	0.67	2.57　2.25
小潮平均低潮位	−0.50	−0.64	理论基础

表5　西泽站不同重现期特征潮位（黄海基面）

重现期（年）	频率（%）	高水位（m）	频率（%）	低水位（m）
20	5	3.75	97	−2.70
50	2	3.89	98	−2.76
100	1	4.00	99	−2.82
300	0.33	4.17	99.67	−2.92

5.1.3　象山湾公路大桥桥位波浪浅水变形计算组合

以象山湾口门外−10 m等深线作为起算点，对不同重现期、不同潮位组合下东和东南向入射涌浪向象山湾内进行浅水变形数值计算。设计波浪的重现期分别为20年、50年、100年和300年一遇四种，推算潮位为相应设计高水位（3.75 m、3.89 m、4.00 m、4.17 m）、平均高潮位（1.92 m）、平均潮位（0.32 m）和平均低潮位（−1.10 m）四种，一共16个组次。

众所周知，对于狭长的半封闭型海湾，平均潮位和潮差均会向湾内逐渐加大，由于计算水域水深一般大于10 m，各处潮位差别（表10）一般仅几十厘米，对波浪浅水变形计算影响很小，为方便计，取相同水位，误差可以忽略不计。

5.1.4　计算方法简介

波浪传播时，由于床面作用会发生变形。计算浅水波要素（波高及波向），可以用基于波数守恒和波能守恒原理的数值解析法；也可以用基于几何光学原理及一般运动学原则的波射线法。现采用后种方法。

目前已有不少求解波射线方程的方法，影响计算精度的关键是网格内各点水深的处理。本文采用 Dobson 改进模式，即用深度为网格，以二次拟合曲面计算深度的局部改变[9]。

波射线由给定点（x'，y'）和波向角α'出发，通过反复迭代，依次求出射线上各点的波向角α和波强参数，直到波浪到达岸边或边界为止。

5.1.5　计算结果分析

数值计算结果表明，外海东向涌浪通过折射进入象山湾后，由于地形影响，只能到达西沪港口门附近，说明缸爿山桥位处只需考虑风浪作用，而小列山桥位不仅要考虑风浪作用还要考虑外海涌浪作用。表6列出了象山湾口外东向来浪折射到达小列山桥位处波高情况，一般为0.3~0.6 m。

表6　象山湾口门外东向来浪折射到达小列山桥位处波高（m）

重现期（年）	设计高水位	平均高潮位	平均潮位	平均低潮位
300	0.62	0.65	0.34	0.29
100	0.63	0.54	0.33	0.27

续表

重现期（年）	设计高水位	平均高潮位	平均潮位	平均低潮位
50	0.56	0.49	0.33	0.30
20	0.51	0.47	0.29	0.32

5.2　根据风速资料确定桥位处不同重现期的设计波要素

由于象山湾隐蔽条件较好，外海涌浪不易直接折射进入海湾内，为此需进行风浪推算。目前国内外用风速推算风浪要素的关系式很多，由于依据资料不同，对各种自然条件的适用性也不同，所以应先通过实测资料进行验证以选取较适用的计算关系式。

5.2.1　主要计算关系式[10,11]

（1）莆田试验站法；

（2）SMB 法；

（3）W-I（井岛）法；

（4）青岛海洋大学法［即新规范（未刊）公式］；

（5）苏联规范（СН иπ Ⅱ57-75）方法；

（6）《海洋防护手册》（1984 年版）方法（CERC）。

5.2.2　验证比较

为检验上述六种风浪计算方法的适用情况，现选用牛鼻山（1970 年 3 月至 1971 年 2 月）纯风浪资料进行验证，现先取 N、NNE、NE、ENE、SE、NW、NNW 共 7 个方向计 72 组纯风浪资料，其波高范围为 0.1~1.1 m，风速范围为 2.0~14.7 m/s，波周期范围为 1.3~4.2 s，风速取时段内平均风速。对所选取的每一组数据分别用前述 6 种方法进行风浪计算，并将结果与相应实测值进行比较，以评判它们的适用性。表 7 和表 8 为各种方法计算结果的相对误差情况。相对误差指（计算值-实测值）/实测值×100%。表中"累计"为相对误差的绝对平均值。

表 7　波高相对误差（%）分布

	<-40	-40~ -20	40~ -20	0~ 20	20~ 40	40~ 60	60~ 80	>80	-20~ 40	累计
莆田	4.2	12.5	12.5	20.8	23.6	15.3	5.6	5.6	56.9	33.0
SMB	4.2	12.5	13.9	20.8	23.6	16.7	4.2	4.2	57.3	32.9
井岛	26.4	11.1	23.6	16.7	11.1	5.6	5.6	0.0	51.4	57.1
青岛	13.9	16.7	8.3	31.9	12.5	9.7	2.8	4.2	52.7	44.8
苏联规范	15.3	12.5	9.7	29.2	9.7	11.1	5.6	6.9	48.6	42.3
CERC	0.0	4.2	6.9	19.4	22.2	23.6	16.7	6.9	48.5	24.4

表 8　波周期相对误差（%）分布

	<-40	-40~ -20	-20~ 0	0~ 20	20~ 40	40~ 60	60~ 80	>80	-20~ 40	累计
莆田	1.4	0.0	8.3	37.5	29.2	12.5	6.9	4.2	75.0	25.0
SMB	1.4	0.0	1.4	36.1	34.7	15.3	11.1	0.0	72.2	20.1
井岛	1.4	0.0	6.9	41.7	33.3	12.5	4.2	0.0	81.9	23.3
青岛	1.4	0.0	1.4	25.0	45.8	18.1	6.9	1.4	72.2	17.7
苏联规范	1.4	1.4	6.9	43.1	25.0	12.5	8.3	1.4	75.0	26.6
CERC	1.4	0.0	1.4	13.9	45.8	20.8	13.9	2.8	61.1	17.4

从表 7 和表 8 可以看出，《海岸防护手册》（1984 年版）方法推算的波高相对误差的绝对平均值最小为 24.4%，其次为 SMB 法和莆田法，日本井岛方法最大，为 57.1%。波周期相对误差的绝对平均值比波高要小，其中苏联规范方法最大，为 26.6%，《海岸防护手册》（1984 年版）公式最小，为 17.4%。青岛海洋大学方法为 17.7%，SMB 法为 20.1%，井岛法为 23.3%。从波高和波周期的相对误差的分布来看，《海岸防护手册》（1984 年版）方法在 -20~40 范围均较小，莆田法比较大。根据以上综合比较，并参照以前的研究成果，本文决定用莆田方法和《海岸防护手册》（1984 年版）两种方法来计算象山湾公路桥位处风浪要素。

5.2.3　设计风速的确定

在文献 [1] 中我们应用西泽站（1966—1980 年）各向风速年最大值系列进行极值频率分析，确定了不同方向不同重现期的设计风速（表 9），计算时采用表中设计风速。频率分析时，考虑了相邻两侧一个方位内的数据。理论频率曲线为 Gumbel 理论曲线，采用 Thomas 法统计分析。

表 9　不同重现期各向平均最大风速（m/s）

重现期（年）	N	NNE	NE	ENE	E	ESE	SE	SSE	S	SSW	SW	WSW	W	WNW	NW	NNW	合计
20	22.3	22.2	21.0	21.3	21.5	21.9	22.0	21.2	19.9	22.0	20.2	25.2	24.9	24.3	24.0	23.5	24.1
50	23.5	23.9	22.6	22.9	23.7	24.1	24.0	22.9	21.2	24.1	22.6	28.9	27.2	25.7	25.4	24.6	25.3
100	24.5	25.2	23.8	24.1	25.4	25.7	25.4	24.1	22.3	25.7	24.5	31.7	28.9	26.8	26.5	25.5	26.2
300	26.0	27.1	25.8	26.0	28.0	28.3	27.8	26.1	23.9	28.1	27.4	36.0	31.5	28.6	28.1	26.9	27.6

5.2.4　有关参数的处理

风区 F 的取值：在风浪生成过程中，与主方位相邻方位上的风能也将有所贡献。采用克雷洛夫提出的能量风区法，合成波高：

$$H_{\mathrm{P}} = \sqrt{0.25H_0^2 + 0.21(H_{-1}^2 + H_{+1}^2) + 0.13(H_{-2}^2 + H_{+2}^2) + 0.035(H_{-3}^2 + H_{+3}^2)}$$

式中：H_0 为主方位算得波高；H_{-1}，H_{+1} 等为相邻方位算得波高，相邻方位之间夹角取 11.25°。

各种累积率波高与平均波高之间关系采用格鲁霍夫斯基波高经验分布公式换算：

$$\frac{H_F}{H} = [-(1+0.4H_*)\ln F]^{(1-H_*)/2}$$

式中：$H_* = H/h$，h 是当地水深，H_F 是累积率波高。有效波高与平均波高之间关系为：$H_s = 1.6H$；有效波周期与平均波周期之间关系为：$T_s = 1.15T$。

5.2.5　计算组合

根据波浪推算技术要求，分别计算小列山桥位及缸爿山桥位处重现期为 20 年、50 年、100 年及 300 年一遇，累积频率为 1% 的设计波高。计算时水位采用同样重现期的设计高水位和低水位，为便于分析，同时计算了平均潮位情况，并对所有方位风浪都进行了计算。

5.2.6　计算结果分析

（1）由于象山湾公路大桥两桥址均位于狭长的水道范围内，实际上只有东北和西南向来风才能形成一定规模的风浪。从计算结果来看，小列山桥位处最强风浪方向是 NE—ENE 向和 SW 向。缸爿山桥位处最强风浪方向是 NE 向和 WSW 向。莆田公式和《海岸防护手册》（1984 年版）公式计算结果基本一致。表 10 和表 11 列出莆田公式主要计算成果。其中 $H'_{1\%}$ 为风浪、涌浪综合值，用式 $H' = \sqrt{H_1^2 + H_2^2}$ 计算，式中 H_1 为折射计算波高，H_2 为当地风形成的波高。

表 10　小列山桥位处设计波浪要素

重现期（年）	计算水位（m）	NE-ENE 向风浪			SW 向风浪	
		$H_{1\%}$（m）	$H'_{1\%}$（m）	T（s）	$H_{1\%}$（m）	T（s）
20	高水位（3.75）	2.53	2.58	4.9	1.93	4.3
	中水位（0.32）	2.45	2.47	4.7	1.91	4.3
	低水位（-2.70）	2.24	2.24	4.5	1.89	4.2
50	高水位（3.89）	2.72	2.78	5.0	2.18	4.5
	中水位（0.32）	2.57	2.59	4.9	2.16	4.5
	低水位（-2.76）	2.33	2.33	5.0	2.13	4.5
100	高水位（4.00）	2.96	3.03	5.2	2.38	4.7
	中水位（0.32）	2.79	2.81	5.0	2.35	4.7
	低水位（-2.28）	2.56	2.56	4.7	2.31	4.7
300	高水位（4.17）	3.08	3.14	5.4	2.67	5.0
	中水位（0.32）	2.88	2.90	5.2	2.64	5.0
	低水位（-2.92）	2.62	2.62	4.8	2.59	5.0

注：$H'_{1\%}$ 为风浪、涌浪综合值。计算水位以黄海基面为准。

表 11　缸爿山桥位处设计风浪要素

重现期（年）	计算水位（m）	NE 向风浪		WSW 向风浪	
		$H_{1\%}$（m）	T（s）	$H_{1\%}$（m）	T（s）
20	高水位（3.75）	2.38	5.3	2.17	4.3
	中水位（0.32）	2.30	5.2	2.12	4.3
	低水位（−2.70）	2.21	5.1	2.04	4.2
50	高水位（3.89）	2.56	5.5	2.45	4.6
	中水位（0.32）	2.47	5.4	2.38	4.6
	低水位（−2.76）	2.37	5.3	2.29	4.5
100	高水位（4.00）	2.88	6.0	2.66	4.9
	中水位（0.32）	2.76	5.8	2.58	4.8
	低水位（−2.82）	2.62	5.6	2.47	4.8
300	高水位（4.17）	2.91	5.9	3.06	5.2
	中水位（0.32）	2.79	5.7	2.87	5.1
	低水位（−2.92）	2.65	5.5	2.73	5.1

可以看出，小列山桥位处东北向风浪大于西南向风浪，而缸爿山桥位处东北向和西南向风浪强度大致相同。高水位时波高一般大于低水位。

（2）象山湾为狭长的 NE—SW 向半封闭型海湾，口外有舟山群岛众多岛屿掩护，且口门外有广阔浅滩，使外海东和东南向来浪通过折射、绕射进入海湾后波浪强度大大削弱。折射计算表明，口外波浪大致只能传播到西沪港口门附近，小列山桥位处波高约为 0.3～0.6 m。缸爿山桥位处基本不需考虑外海来浪影响。

（3）象山湾内波浪主要是当地风生成的风浪。本文根据西泽站 1966—1980 年风速资料极值频率统计分析结果，分别应用莆田公式和《海岸防护手册》（1984 年版）公式推算了小列山和缸爿山桥位处设计风浪要素。从计算结果看，莆田公式和《海岸防护手册》（1984 年版）公式所得结果基本一致。一般来讲，小列山桥位处风浪强度要大于缸爿山。小列山桥位处东北向风浪大于西南向风浪，而缸爿山桥位处东北向和西南向风浪强度大致相同。高水位时波高一般大于低水位。

参考文献

［1］徐啸，等. 象山湾大桥设计风速计算［R］. 南京水利科学研究院，1995.

［2］浙江省围垦局，等. 浙江省开敞式海岸波浪要素及波浪爬高的试验研究［R］. 1993.

［3］国家海洋局. 中国海湾志［M］. 北京：海洋出版社，1994.

［4］陈上及，等. 海洋数据处理分析方法及其应用［M］. 北京：海洋出版社，1991.

［5］刘德辅，等. 极值分布理论在计算波高多年分布中的应用［J］. 应用数学学报，1976：23-27.

［6］交通部. 港口工程技术规范：水文·海港水文（JTJ213-87）［S］. 北京：人民交通出版社，1987.

［7］象山港电厂可行性研究中平均海平面与各工程基本关系的分析研究［R］. 国家海洋局第二海洋研究所，1993.

［8］孙献清. 象山港海湾大桥海洋水文分析计算［C］. 中国海洋学会成立 20 周年学术年会，1999.

［9］Dobson R S. Some Applications of Digital Computers to Hydraulics Engineering Problems，TR-80，Ch. 2, Department of Civil Engineering，Stanford University，Calif.，1967.

［10］洪广文，杨正己. 风浪要素计算方法［J］. 水利水运工程学报，1978.

［11］海岸及海洋工程手册［M］. 李玉成，等译. 大连：大连理工大学出版社，1994.

象山湾大桥设计风速推算

摘　要：本文首先分析了象山湾大桥附近风场特点，指出象山湾不同部位的风场分布随季节变化呈一定的规律性。第二部分应用耿贝尔分布，根据桥位附近西泽海洋站 1966—1980 年各向最大风速资料推算了桥位处 100 年一遇 2 min 和 10 min（海平面以上不同高度处）平均最大风速，建议用 Thomas 法推算结果。

关键词：象山湾大桥桥址；设计风速推算

1　引言

象山湾先后进行两次公路桥选址工作，即 1995 年的缸爿山和小列山桥位及 2003 年的后华山、青来和西泽桥位（图 1）。本文主要分析计算 1995 年的缸爿山和小列山桥位处的风场。

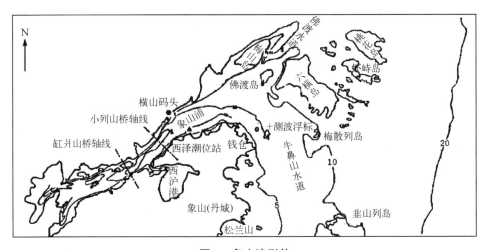

图 1　象山湾形势

2　地理环境

象山湾位于浙江省北部沿海，北有杭州湾，南有三门湾，位于 29°24′—29°46′N、121°25′—122°00′E。为东北—西南走向的狭长半封闭型海湾，纵深 60 余千米，湾顶及湾口水域较宽阔，中部较窄，宽仅 3~5 km。1995 年规划的象山湾公路大桥的缸爿山桥位处净水域宽 2.2 km，小列山桥址处水域宽 4.4 km。象山湾处于天台山山脉的北延地带；其西、南、北三面有低山丘陵环抱，丘陵高度一般为海拔 300~500 m。地形分割破碎，总地势是西南高东北低。象山湾湾口外舟山群岛星罗棋布，掩护条件较好。

3 象山湾大桥附近特征风速和风向

象山湾四周分别为宁波北仑、鄞州、奉化、宁海和象山等区县。各地气象站距象山湾均有一定距离，且地形地势条件各不相同，各处风的条件有一定差别，代表性也较差。在湾内除西泽站外，尚无其他沿海气象观测资料。西泽站距小列山桥位约 6 km，距缸爿山桥位约 15 km，该站所测风的资料在一定程度上可以代表这两桥址处风特征（表 1）。

表 1　象山湾附近气象站条件

气象站	北纬	东经	海拔高度（m，黄海基面）	资料年份
梅山	29°49′	121°59′	6.2	—
鄞州	29°52′	121°34′	4.2	—
奉化	29°40′	121°26′	7.9	—
宁海	29°18′	121°26′	25.0	—
象山（丹城）	29°28′	121°52′	3.0	—
西泽	29°37′	121°50′	27.3	1966—1980
牛鼻山	29°37′	121°06′	21.1	1970—1971
松兰山	29°26′	121°01′	18.2	1981—1995

3.1　象山湾风场

表 2 为象山湾附近各站各月平均风速情况，表 3 为各测站各月最多风向及频率。

表 2　象山湾附近各测站各月平均风速（m/s）

站名	1月	2月	3月	4月	5月	6月	7月	8月	9月	10月	11月	12月	年均
牛鼻山	9.6	6.7	6.7	6.0	6.3	4.7	6.4	6.1	7.3	7.1	7.0	6.7	6.7
西泽	5.6	5.2	4.8	4.1	3.6	3.2	3.9	4.6	4.7	5.1	5.1	5.8	4.7
梅山	—	—	—	—	—	—	—	—	—	—	—	—	3.7
鄞州	3.0	3.0	3.1	3.2	2.9	2.6	3.1	3.0	2.6	2.7	2.7	2.7	2.9
奉化	2.9	3.0	3.3	3.4	3.0	3.0	3.5	3.2	2.4	2.4	2.4	2.7	2.9
宁海	3.3	3.4	3.3	3.3	2.9	2.7	3.2	3.0	2.5	2.5	2.5	3.1	3.0
象山	—	—	—	—	—	—	—	—	—	—	—	—	2.2

表 3　象山湾附近各测站各月最多风向频率（C 表示风向不清）

站名	项目	1月	2月	3月	4月	5月	6月	7月	8月	9月	10月	11月	12月	年
鄞州	风向 频率(%)	NW 21	NW NNW 15	C NNE 12,10	SSE 15	SSE 16	SSE 18	S 24	SSE 18	NNE CNW 10,15	C NW 10,15	C NW 20,17	NW 20	C NW 13,11
奉化	风向 频率(%)	C NNW 24,17	C NNW 21,15	C SSW 18,13	SSW 19Q	SSW 19	SSW 22	S 28	S 21	C NNW 25,11	C NNW 28,15	C NNW 28,16	C NNW 26,18	C SSW 20,13
宁海	风向 频率(%)	NNE 25	NNE 27	NNE 24	NNE 17	NNE 19	ESE 17	ESE 23	ESE 17	C NNE 22,18	C NNE 26,21	C NNE 24,21	NNE 24	NNE 18
梅山	风向 频率(%)	NW 24	NNW 19	C NNW 15	SSE 18	SSE 17	SSE 22	SSE 32	SSE 26	N 16	N 24	NNW 18	NNW 23	N SSE 13
牛鼻山	风向 频率(%)	NW 54	NW 30	NW 26	NW 30	NW 23	SSE 22	S 33	SSE 31	S 24	NW NNW 26	NW 38	NW 35	NW 25
西泽	风向 频率(%)	NNW 29	NW 23	C NW 16,5	C NW 18,10	C SSE 17,10	C NE 22,11	S 18	SSE 15	C NW 12,12	NW 16	NW 24	NW 27	C NW 15,14
象山	风向 频率(%)	NNW NNE 36	NNW NNE 24,16	NNW NNE 21,413	SSE NNE 14,11	SSE SE 17,11	SSE SE 15,11	SSE SE 20,13	SSE SE 16,12	NNW NNE 13,13	NNW NNE 21,15	NNW NNE 20,15	NNW NNE 30,12	NNW NNE 16,11

由以上资料可以得到以下看法：

（1）各测站的平均风速年内变化不大，一般秋冬季要稍大于春夏季。

（2）各测站秋冬季（9 月到翌年 3 月）以北向风为主，春夏季（4—8 月）以南向风为主。受季风控制明显。

（3）从风场强度分布看，湾口大于湾顶，海域大于陆域。

3.2　桥位附近西泽站风场特点

西泽站距桥址最近，基本可以代表桥位附近风场特点。表 4 为西泽站各向风速统计表，图 2 为西泽站各向平均风速及频率分布玫瑰图，由图 2 和表 4 可知，这里常风向为 NW（14.2%），其次为 NE（7.6%）、S（7.4%）及 SSE（7.2%）。从强度上看 NW 向风速也要大于其他各方向。

表4 西泽站（1966—1980年）各向风速统计（C表示风向不清）

	N	NNE	NE	ENE	E	ESE	SE	SSE	S	SSW	SW	WSW	W	WNW	NW	NNW	C	合计
0~3.3 m/s	1.91	1.93	3.19	1.20	1.74	0.82	1.89	3.17	3.27	0.77	1.01	1.01	2.94	1.35	1.96	1.06	14.94	44.16
3.4~5.4 m/s	1.88	1.50	2.51	1.19	1.41	0.76	1.46	1.99	2.14	0.34	0.40	0.25	1.43	1.47	2.84	1.54	0.00	23.13
5.5~7.9 m/s	1.44	0.88	1.13	0.52	0.73	0.40	0.75	1.34	1.20	0.20	0.15	0.05	0.45	1.31	2.84	1.48	0.00	14.88
8.0~10.7 m/s	1.16	0.59	0.56	0.17	0.26	0.14	0.29	0.58	0.64	0.11	0.07	0.02	0.28	1.38	3.78	1.78	0.00	11.80
10.8~13.8 m/s	0.30	0.09	0.11	0.01	0.06	0.03	0.07	0.05	0.11	0.01	0.01	0.01	0.11	0.44	1.50	0.65	0.00	3.56
13.9~17.1 m/s	0.13	0.03	0.07	0.01	0.01	0.00	0.02	0.02	0.04	0.01	0.00	0.00	0.06	0.25	1.03	0.28	0.00	1.97
17.2~20.7 m/s	0.02	0.00	0.00	0.00	0.01	0.00	0.01	0.00	0.01	0.00	0.01	0.00	0.01	0.05	0.27	0.05	0.00	0.45
20.8~24.4 m/s	0.00	0.00	0.00	0.00	0.00	0.00	0.00	0.00	0.00	0.00	0.01	0.00	0.01	0.00	0.02	0.00	0.00	0.04
24.5~28.4 m/s	0.00	0.00	0.00	0.00	0.00	0.00	0.00	0.00	0.00	0.00	0.00	0.00	0.00	0.00	0.00	0.00	0.00	0.00
累加频率（%）	6.83	5.03	7.58	3.10	4.22	2.16	4.49	7.16	7.42	1.45	1.66	1.36	5.30	6.24	14.24	6.84	14.94	100.0
平均风速（m/s）	5.55	4.55	4.19	4.07	4.13	4.25	4.14	4.11	4.19	3.77	3.37	2.62	3.69	6.50	7.73	7.07	0.00	4.69
日极值次数（次）	409	334	610	255	349	164	303	405	469	66	74	37	262	343	966	424	0	5 470
日极值频率（%）	7.48	6.11	11.15	4.66	6.38	3.00	5.54	7.40	8.57	1.21	1.35	0.68	4.79	6.27	17.66	7.75	0.00	100.0
历年最大值（m/s）	20.00	20.00	20.00	17.00	18.00	19.00	20.00	17.00	18.00	12.00	23.00	13.00	25.00	24.00	24.00	20.00	—	—

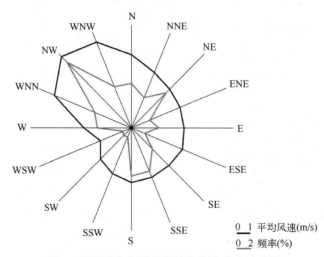

图2 西泽站各向平均风速和频率分布玫瑰图

桥址处 10—12 月及 1—3 月以 NW 向风为主,4—6 三个月风向逐渐转向 NE、SSE 和 S 向。7 月和 8 月受东南向热带气旋影响,以 SSE 和 S 向大风为主,9 月又向 NW 和 NE 向过渡。

3.3 桥址附近大风情况

表 5 为西泽站(1966—1980 年)各年大风(极大风速 $U_{max} \geqslant 17$ m/s 或风力 $\geqslant 8$ 级)天数,每年大风天数 3~16 d,平均 8.6 d。

表 5 西泽站各年大风天数

年份	1966	1967	1968	1969	1970	1971	1972	1973	1974	1975	1976	1977	1978	1979	1980
大风天数(d)	15	14	10	13	14	16	5	7	8	5	7	5	7	3	3

表 6 为各月大风天数,冬季大风天数最多,平均每月大风天为 14.4 d,夏季较少,平均为 4.7 d,春秋季平均为每月 6.6 d 和 9.6 d。

表 6 西泽站各月大风天数

月份	1	2	3	4	5	6	7	8	9	10	11	12
大风天数(d)	16.5	7.8	12.0	5.7	2.0	1.6	4.7	7.8	5.7	7.1	16.2	18.9

4 桥位处设计风要素推算

4.1 基本资料

下面推算桥位处 100 年一遇 2 min 和 10 min 平均最大风速(高度分别为平均海平面以上 5 m、10 m、20 m、30 m、…,150 m)。目前收集到离桥位最近的西泽站 1966—1980 年风速资料为 2 min 风速,记录并不规范。自 1966 年 1 月至 1970 年 4 月为每天记录 12 次(每 2 h 一次),1970 年 5 月至 1980 年 12 月为每天记录 8 次(夜间 2 h、4 h、6 h、22 h 停测)。根据这一资料选择每日 4 次的 2 min 风速记录,进行统计分析后可得历年各向最大风速统计表(表 7)。因目前缺乏当地 2 min 年最大风速与 10 min 年最大风速之间的关系,现根据交通部颁布《公路桥位勘测设计规程(JTJ 062—82)》[1] 附录 7 附表 7-2 提供的关系式(适用于江苏、浙江、安徽、上海):

$$Y = 0.78X + 8.41$$

式中:X 为定时 4 次 2 min 平均年最大风速,Y 为自记 10 min 平均年最大风速。计算结果列于表 8。表 7 和表 8 即为进行设计风速推算的依据。

表7　西泽站历年各向最大风速（2 min 平均最大风速，m/s）

年份	N	NNE	NE	ENE	E	ESE	SE	SSE	S	SSW	SW	WSW	W	WNW	NW	NNW	TOTAL
1966	10	10	14	10	7	10	7	10	10	6	3	6	7	14	20	20	20
1967	10	10	14	9	10	9	7	12	14	5	4	9	9	18	20	16	20
1968	12	12	10	6	9	7	10	12	10	9	3	5	7	20	20	18	20
1969	14	14	14	12	12	12	12	17	18	9	7	8	12	18	20	16	20
1970	12	10	14	12	12	9	14	9	12	7	5	5	7	24	24	16	24
1971	20	17	14	9	10	8	20	14	17	7	7	6	17	20	14	20	20
1972	12	9	11	7	17	18	14	12	14	7	7	9	14	20	19	20	20
1973	14	14	17	17	11	10	9	9	13	9	5	7	6	12	20	18	20
1974	15	20	20	8	9	7	11	9	11	8	6	7	5	12	18	19	20
1975	11	8	13	0	18	0	18	8	12	4	9	5	18	19	18	14	19
1976	18	13	15	6	10	9	12	14	17	11	11	12	16	15	15	14	18
1977	15	12	14	12	15	14	13	7	14	12	23	4	20	16	16	12	23
1978	19	13	13	7	12	19	12	12	11	12	12	13	25	20	23	20	25
1979	19	10	18	9	8	9	11	12	13	6	5	7	16	15	16	15	19
1980	15	8	8	7	10	10	8	14	13	7	9	4	16	17	15	18	18

表8　西泽站历年各向最大风速（10 min 平均最大风速，m/s）

年份	N	NNE	NE	ENE	E	ESE	SE	SSE	S	SSW	SW	WSW	W	WNW	NW	NNW	TOTAL
1966	16	16	19	16	14	16	14	16	16	13	11	13	14	19	24	24	24
1967	16	16	19	15	16	15	14	18	19	12	12	15	15	22	24	21	24
1968	18	18	16	13	15	14	16	18	16	15	11	12	14	24	24	22	24
1969	19	19	19	18	18	18	18	22	22	15	14	15	18	22	24	21	24
1970	18	16	19	18	18	15	19	15	18	14	12	14	12	27	27	21	27
1971	24	22	18	15	16	15	24	19	22	13	14	14	13	24	24	19	24
1972	18	15	17	14	22	22	18	18	19	14	14	15	19	24	23	24	24
1973	19	19	22	17	16	14	15	15	19	12	13	13	18	24	24	24	24
1974	20	24	24	15	14	17	15	17	15	13	14	12	18	22	23	24	24
1975	17	15	19	8	22	8	22	15	18	12	15	12	22	23	22	19	23
1976	22	19	20	13	16	15	18	19	22	17	17	18	21	20	20	19	22
1977	20	18	19	18	20	19	19	14	19	18	26	12	24	21	21	18	26
1978	23	19	19	14	18	23	18	18	18	18	19	19	28	24	26	22	28
1979	23	16	20	15	15	15	17	18	19	13	12	14	21	20	21	20	23
1980	20	15	19	15	15	15	17	15	19	12	21	22	20	22	20	22	22
C_v	0.13	0.15	0.16	0.20	0.14	0.22	0.17	0.13	0.11	0.13	0.27	0.15	0.27	0.12	0.09	0.09	0.07
C_s	0.37	1.05	0.23	-0.08	0.99	0.17	0.93	0.13	0.78	0.42	1.24	1.15	0.72	0.49	0.05	-0.01	1.28

4.2　计算方法

目前在海洋工程应用中，推算极值的方法主要有 P-Ⅲ 型曲线。耿贝尔（Gumbel）曲线和威布尔（Weibull）曲线等多种方法。P-Ⅲ 型曲线应用时要求满足 $C_s \geqslant 2C_v$ 这一条件，由表8中所列 C_v、C_s 值可以看出，部分资料不能满足这一条件。为此，本文采用工程常用的耿贝尔分布。以耿贝尔极值分布为理论基础推算极值的方法主要有矩法、Thomas 法和最小二乘法等，下面分别采用这三种方法计算。

因计算基本资料（表 7 和表 8）为西泽站实测值，由表 1 可知，西泽测站位于黄海基面以上 27.3 m，风速仪距地 10 m；由文献［2］可知，象山黄海基面位于当地平均海平面以下 0.32 m，进而可知表 7 和表 8 中各值为当地海平面以上 37 m 处风速值。

根据"海洋数据处理分析方法及其应用"一文[3]，海面上风速垂直分布可用下式表示：

$$V_i = V_n \frac{\lg Z_i - \lg Z_0}{\lg Z_n - \lg Z_0}$$

式中：V_i 为对应于海平面上 Z_i 高程处风速；Z_0 为底部糙率厚度，根据经验，海面条件下可取 $Z_0 = 0.003$m；Z_n 为海平面以上风速仪高程。由上式可算得海平面以上不同高程处风速值。

4.3 计算结果

应用上述方法算得结果列于表 9 至表 14，其中表 9 至表 11 为海平面以上不同高程 100 年一遇 2 min 平均最大风速，表 12 至表 14 为对应 10 min 平均最大风速。各表中均考虑了分方向和不分方向各种情况。考虑到，Thomas 法和最小二乘法所得结果要比矩法更为合理，根据经验和与实际情况比较分析，建议采用表 10 和表 13（即 Thomas 法计算结果）中所列计算值。

表 9　海平面以上不同高程 100 年一遇 2 min 平均最大风速（矩法）

高程（m）	N	NNE	NE	ENE	E	ESE	SE	SSE	S	SSW	SW	WSW	W	WNW	NW	NNW	Total
Z = 10	20.6	20.9	19.3	19.7	20.6	21.1	21.0	19.6	17.6	21.1	19.1	26.9	25.0	23.4	22.9	22.0	22.8
Z = 50	24.7	25.1	23.2	23.6	24.7	25.3	25.1	23.5	21.1	25.3	22.9	32.2	30.0	28.0	27.5	26.4	27.4
Z = 100	26.5	26.9	24.8	25.3	26.5	27.1	26.9	25.2	22.7	27.1	24.5	34.5	32.1	30.0	29.5	28.3	29.4

表 10　海平面以上不同高程 100 年一遇 2 min 平均最大风速（Thomas 法）

高程（m）	N	NNE	NE	ENE	E	ESE	SE	SSE	S	SSW	SW	WSW	W	WNW	NW	NNW	Total
Z = 10	22.1	23.0	21.3	21.6	23.3	23.7	23.3	21.6	19.3	23.6	22.1	31.3	27.7	25.1	24.6	23.4	24.3
Z = 50	26.5	27.7	25.6	26.0	27.9	28.4	28.0	26.0	23.1	28.3	26.5	37.6	33.3	30.2	29.6	28.1	29.2
Z = 100	28.4	29.6	27.4	27.8	29.9	30.5	30.0	27.8	24.8	30.4	28.4	40.3	35.6	32.3	31.7	30.1	31.2

表 11　海平面以上不同高程 100 年一遇 2 min 平均最大风速（最小二乘法）

高程（m）	N	NNE	NE	ENE	E	ESE	SE	SSE	S	SSW	SW	WSW	W	WNW	NW	NNW	Total
Z = 10	21.6	22.6	20.8	21.4	22.6	23.2	23.1	21.4	19.1	23.2	20.2	30.5	27.6	24.5	24.1	23.0	23.8
Z = 50	25.9	27.2	25.0	25.7	27.1	27.8	27.7	25.7	22.9	27.8	24.3	36.6	33.1	29.4	28.9	27.6	28.6
Z = 100	27.8	29.1	26.8	27.5	29.1	29.8	29.7	27.5	24.5	29.8	26.0	39.2	35.4	31.5	31.0	29.6	30.6

表 12　海平面以上不同高程 100 年一遇 10 min 平均最大风速（矩法）

高程（m）	N	NNE	NE	ENE	E	ESE	SE	SSE	S	SSW	SW	WSW	W	WNW	NW	NNW	Total
Z = 10	23.3	23.6	22.3	22.6	23.3	23.7	23.6	22.5	21.0	23.7	22.1	28.2	26.7	25.4	25.1	24.4	25.0
Z = 50	27.9	28.3	26.7	27.1	27.9	28.4	28.3	27.0	25.2	28.4	26.5	33.8	32.0	30.5	30.1	29.3	30.1
Z = 100	29.9	30.3	28.7	29.0	29.9	30.4	30.3	29.0	27.0	30.4	28.4	36.2	34.3	32.7	32.3	31.4	32.2

表 13　海平面以上不同高程 100 年一遇 10 min 平均最大风速（Thomas 法）

高程（m）	N	NNE	NE	ENE	E	ESE	SE	SSE	S	SSW	SW	WSW	W	WNW	NW	NNW	Total
Z = 10	24.5	25.2	23.8	24.1	25.4	25.7	25.4	24.1	22.3	25.7	24.5	31.7	28.9	26.8	26.5	25.5	26.2
Z = 50	29.4	30.2	28.6	28.9	30.5	30.9	30.5	28.9	26.7	30.8	29.3	38.0	34.6	32.2	31.7	30.6	31.4
Z = 100	31.5	32.4	30.7	31.0	32.7	33.1	32.7	31.0	28.6	33.0	31.4	40.7	37.1	34.5	34.0	32.8	33.7

表 14　海平面以上不同高程 100 年一遇 10 min 平均最大风速（最小二乘法）

高程（m）	N	NNE	NE	ENE	E	ESE	SE	SSE	S	SSW	SW	WSW	W	WNW	NW	NNW	Total
Z = 10	24.1	24.9	23.5	23.9	24.9	25.3	25.2	23.9	22.1	25.3	23.0	31.0	28.7	26.3	26.0	25.2	25.8
Z = 50	28.9	29.9	28.2	28.7	29.8	30.4	30.3	28.7	26.5	30.4	27.6	37.2	34.5	31.6	31.2	30.2	31.0
Z = 100	31.0	32.0	30.2	30.8	32.0	32.6	32.4	30.8	28.4	32.5	29.6	39.9	36.9	33.9	33.4	32.4	33.2

5　结语

（1）象山湾公路桥桥位处秋、冬、春三季（9 月至翌年 4 月）以 NW 向风为主，夏季（5—8 月）以 SSE 向风为主。西北风是较强的风向。

（2）本文应用耿贝尔分布推算了 100 年一遇 2 min 平均最大风速和 10 min 平均最大风速，其中 Thomas 法和最小二乘法计算结果基本一致，矩法结果偏小，建议用 Thomas 法推算的结果。

（3）本文应用的基本资料为西泽站 1966—1980 年自记风记录，资料本身有一定缺陷，系列也不够长，西泽站距设计桥位也有一定距离，这些都会带来一定偏差。但总的来看结果是可信的，可以满足桥位处设计风速的要求。由于当地风场强度有向湾内逐渐减小的趋势，因此用西泽站风况来代表小列山桥位和缸爿山桥位风况是偏于安全的。

参考文献

［1］交通部. 公路桥位勘测设计规程（JTJ, 062-82）［S］. 北京：人民交通出版社，1982.

［2］象山港电厂可行性研究中平均海平面与各工程基本关系的分析研究［R］. 国家海洋局第二海洋研究所，1993.

［3］陈上及，等. 海洋数据处理分析方法及其应用［M］. 北京：海洋出版社，1991.

连云港船厂水域回淤分析

摘　要： 应用数学模型进行连云港船厂港区、航道海域波浪浅水变形和潮汐水流计算，在此基础上估算港区海域含沙量条件，并用半经验公式估算港区、航道的泥沙可能回淤率。文中还收集了邻近港区及航道泥沙回淤资料，结合动力条件进行分析，为以上预报的可行性提供佐证。

关键词： 连云港船厂港区；数值模拟；波场和流场；回淤分析

拟建中的连云港船厂港区及出港航道位于连云港老港区东防波堤外，海峡南岸浅滩上。其西侧为渔港，东侧与某修船所毗邻。

1992 年曾应用已有的物理模型、数学模型成果，初步分析了拟建港池航道的回淤情况。目前，港区设计方案有了较大变动，为了更好地预测新方案条件下港区航道回淤强度，在前人工作的基础上，重新进行波浪和潮流的数值计算并到现场进行调查访问，进一步分析研究几种主要方案条件下连云港船厂水域可能的回淤率。

1　港区及航道布置方案及简介

根据设计规划，船厂港区东防波堤将向海延伸 300 m 左右，与渔港防波堤呈掎角之势，整个港区形成一个东西宽约 650 m，南北纵深约 400 m 的环抱式港域（图 1）。

拟建的港区主要工程有：

（1）新建码头及港池；

（2）浮船坞；

（3）远景规划 6 万吨级干船坞。

根据这三个工程布置情况，可分为三种方案，各方案的具体工程布置如图 2 所示。

主要工程基本参数：浮坞坑基底尺寸 42 m×168 m，底标高 -9.8 m（理论深度基准面，下同）。开挖边坡暂定为 1：7。码头港池底标高 -6 m，面积约 $1.6×10^4$ m²。出港航道底宽 80 m，底标高 -3 m。浮船坞空载时吃水深度为 2 m，满载时为 4 m。

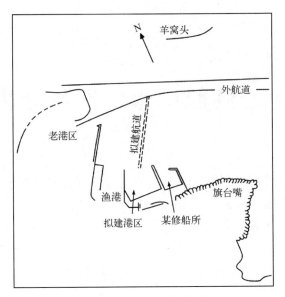

图 1　拟建工程平面布置

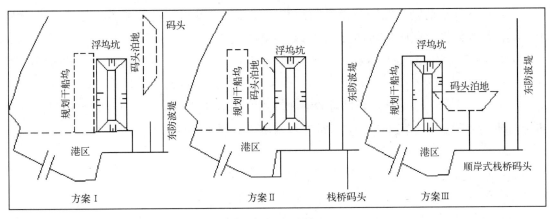

图 2　港区方案

2　港区自然条件

2.1　潮汐水流

2.1.1　潮位（连云港水尺零点）

（1）历史最高潮位：6.50 m；

（2）历史最低潮位：-0.45 m；

（3）最大潮差：6.48 m；

（4）平均潮差：3.39 m。

西大堤于 1987 年动工修建，已于 1993 年年底建成。物模试验和数值计算结果表明，西大堤建设前后海峡内潮位过程线和潮差变化不大。

2.1.2 潮流

连云港海域为不正规半日潮，建堤前海峡内为前进波，建西大堤后形成半封闭型海湾港口，海峡范围内潮波改变为驻波。建堤前为涨潮东流，落潮西流；建堤后为涨潮西流，落潮东流。从实测结果可知，西流（涨潮）历时减少近1/3，而流速和流量增大两倍以上；东流（落潮）历时增加1/3，流速和流量略有减少。

为了解港区附近水流形态，重新进行了船厂港区及航道水域二维潮流计算。从计算结果发现海湾内水流有以下特点：

（1）海峡范围内以东西向往复流为主；

（2）老港区东防波堤头过水断面是海峡内最窄处，东堤伸入海峡约1 km，起丁坝作用，将主流向北挑向连岛一侧，拟建港区位于丁坝一侧的回水区，流速向岸迅速减小，拟建港域平均流速小于0.1 m/s；

（3）由于涨潮历时短，落潮历时长，涨潮流明显大于落潮流，涨潮期间，船厂港域内有较强的大尺度逆时针回流。

2.2 波浪

本海域以风浪为主，涌浪为辅，两者出现频率为3∶1。根据大西山海洋站观测资料分析，常浪向为E向，其次为NE和NNE向。强浪向为NNE向，其次为NE和N向。根据具体条件分析，可以合理地认为，连岛东侧-5 m水深处波浪与大西山测波站波况相当。基于这一假设，自羊窝头向研究水域进行波浪浅水变形和折射、绕射计算。

2.3 岸滩地貌及泥沙条件

2.3.1 港区自然冲淤形势

经过多年观测，连云港海峡地区处于微冲状态。近20年来，拟建港区和航道范围，岸线至-2 m等深线范围内浅滩的自然坡度从1/500逐渐变化为1/400，-2 m等深线处岸滩处于轻微冲刷状态，约以7.5 m/a速率向岸移动。而靠岸浅滩有淤涨趋势，0 m等深线大致以7.5 m/a速率向海淤涨。

这一自然冲淤趋势与本海域潮流、波浪动力条件密切相关。由潮流计算结果可知，在-2～-3 m等深线处，建西大堤前流速可达0.35～0.40 m/s；建西大堤后，落潮水流与原东流水流强度相当，但涨潮水流比原来西流流速增大两倍以上，最大流速可达1 m/s左右，在较强的东北向风浪与潮流综合作用下岸滩处于轻微的冲刷状态。在近岸区，潮流动力大大削弱。NE向波浪对岸滩形态的塑造起主要作用。由于防波堤的掩护，波影区波能削弱，导致近岸泥沙的淤积（图3）。

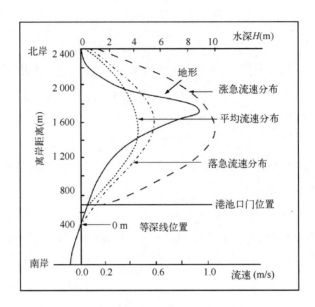

图 3　潮流动力在离岸方向分布

2.3.2　邻近港域泥沙回淤趋势

邻近港域泥沙回淤趋势，对分析拟建港区泥沙回淤形势有一定借鉴意义。

根据近年观测资料分析可知：

（1）连云港老港区在 1980—1988 年期间平均回淤率为 1 m/a。

（2）据有关资料分析，连云港外航道在 1982—1988 年间，船厂拟建港区以北主航道范围内处于微冲状态（−0.01~−0.06 m/a）；而海峡东口门附近航道处于淤积状态，回淤率达 0.45 m/a 左右。与水流强度分布图对照可知，冲刷区平均流速在 0.4 m/s 以上，淤积区流速在 0.3 m/s 以下，两者对应关系是明显的。

（3）渔港出港航道。

渔港航道 1989 年 10 月浚深至−4 m，与 1992 年 9 月测图相比，3 年内淤厚约 2 m（据了解 1991 年曾进行局部疏浚）。

（4）某修船所港域。

某修船所位于拟建港区东侧，1987 年建港后一直没有开挖港池航道。南京水利科学研究院喻国华等曾对该港区回淤率和回淤分布进行过预报[1]。据调查，建港后港内回淤分布与预报结果基本一致。

（5）拟建港区外浅滩上 1985 年深槽淤积。

在拟建港区之北−1 m 浅滩位置，1985 年测图上有一北偏西 30°方向长约 500 m、宽约 80 m 的深槽，底标高−3.5 m 左右。在 1989 年测图上此深槽已完全淤平，回淤率应在 0.60 m/a 以上。

2.3.3 港区泥沙特性

根据海峡地区多次取样分析，悬沙中径 $d_{50} = 0.002 \sim 0.004$ mm，为细颗粒黏性泥沙，在海水条件下以絮团形式沉降，絮团静水沉速 $W = 0.000\ 5$ m/s。图 4 为连云港地区泥沙级配曲线。研究海域自海向岸底质取样的分析结果见表 1。

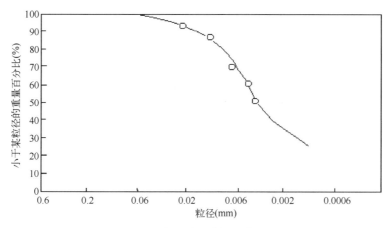

图 4　连云港悬沙级配曲线

表 1　底质取样分析结果

站位	d_{50} （mm）	位置
1	0.009 5	距南岸 700 m 左右
2	0.003 4	距南岸 150 m 左右
3	0.018 0	距南岸 50 m 左右

根据有关数值计算所得港区口门外 $-1 \sim -3$ m 范围内波浪、潮流资料，应用刘家驹研究的本海域内挟沙能力关系式[2]可算得：含沙浓度 $C = 0.236$ kg/m³。

根据现场资料分析，连云港海域 20 世纪 70 年代平均含沙浓度为 $0.24 \sim 0.25$ kg/m³，与以上计算值一致。但近年来水体含沙浓度有减少的趋势，这可能与西大堤的兴建有关，初步分析约减少 20%，即 $C \approx 0.2$ kg/m³。

3　港池回淤分析

3.1　港池回淤分析预测

港池位于 $0 \sim -1$ m 的浅滩范围内，东侧防波堤延伸 300 m 后，与渔港防波堤堤头之间口门宽约 550 m，纵深约 420 m，形成一个纳潮面积约为 0.273 km² 的宽短形半封闭港区。港内水深条件及工程布置情况如图 2 所示。

计算回淤率时，采用以下两种方法。

3.1.1 刘家驹关系式[2]

$$\Delta h = K \frac{WCT}{\gamma_0} \left[1 - \left(\frac{h_1}{h_2} \right)^3 \right] \times \exp \left[\frac{1}{2} \left(\frac{A_0 - A}{A_0} \right)^3 \right] \tag{1}$$

式中：C 为含沙浓度；γ_0 为淤积物干容重；K 为计算常数、连云港地区为 0.027 3；W 为泥沙沉速；T 为一年中秒数；A_0 为总纳潮面积；A 为港内挖槽面积；h_1 为港池口门外浅滩平均水深；h_2 为港池内挖槽平均水深。

根据以上数据可算得回淤率（m/a）：

$$\Delta h = 0.92 \sim 1.10$$

3.1.2 笔者关系式[3]

$$\Delta h = (\Delta h_0) \exp \left\{ \frac{1}{4} \left[1 - \left(\frac{h_1}{h_1} \right)^3 \right] \left(\frac{A_0 - A}{A_0} \right)^{0.3} \right\} \tag{2}$$

及

$$\Delta h_0 = k\eta \frac{WCT}{\gamma_0} \exp \left[-\beta A^{0.3} \right] \tag{3}$$

式（2）用于港内有浅滩情况，式（3）为港内无浅滩情况，式中：K，η 为计算常数；$\beta = 1.896 - 0.221\Delta H$，$\Delta H$ 为当地平均潮差；h_1 为港内浅滩平均水深；h_2 为港内挖槽平均水深；其他参数同上，可算得：$\Delta h = 1.34 \sim 1.60$ m/a。

以上计算中，码头前沿停泊水域标高按 -6 m 考虑，如增至 -7 m，初步估算回淤率增加 0.05 m/a 左右。

建港初期，由于挖槽边坡的崩塌、动力条件与边界条件的调整、施工的影响，回淤率一般较高。式（2）的结果可作为这段时间回淤率的估算值，在正常营运条件下，港池内回淤率约为 0.9~1.1 m/a。

3.2 不同方案回淤条件分析

根据港区动力条件特点，可以认为导致港区泥沙回淤机制主要为以下两方面：

（1）含沙水体进入港区后，由于动力强度下降，水体挟沙能力减弱所致。本港区受地形条件限制，水流强度较低，岸滩地貌形态主要受控于波浪。当东堤延伸 300 m 后，波影区范围增大，波浪强度减弱，港内东侧泥沙回淤强度将大于西侧。

（2）港池口门附近流速梯度较大，特别是涨潮流阶段，这使港内产生大尺度回流，回流区往往是回淤率较大的部位。

基于以上分析，码头前沿港池和浮坞坑尽量位于波影区之外，即布置在港内西侧，同时应远离涨潮流的回流中心。为此，我们认为：

（1）在规划干船坞实施前，方案 3 的回淤率要低于方案 1 和方案 2。

（2）如将方案 2 中干船坞布置在透空栈桥东侧（图 5），从泥沙回淤角度考虑是有利的。

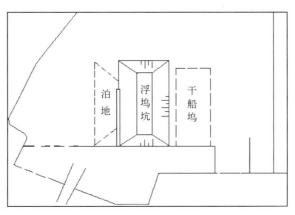

图 5 方案 2 的修改建议

4 出港航道回淤率估算

航道底宽为 80 m，底标高为 -3 m，假设航道走向有三种：北偏东 5°（5°航道），北偏东 15°（15°航道）和北偏东 25°（25°航道）。根据潮流数学模型计算结果，-1 m 以外浅滩水域，涨、落潮流主要为东西向往复流。因此，上述三种走向航道的水流与其夹角分别为 85°、75°和 65°。

航道经过的浅滩水深为 -3~-1 m，分两段计算航道回淤率。第一段浅滩水深为 -3~-2 m，平均取 -2.5 m，第二段浅滩水深为 -2~-1 m，平均取 -1.5 m。现据以下两种方法进行回淤率估算。

4.1 刘家驹关系式[2]

$$\Delta h = \frac{WCT}{\gamma_0}\left\{K_1\left[1 - \left(\frac{h_1}{h_2}\right)^3\right]\sin\theta + K_2\left[1 - \frac{h_1}{2h_2}\left(1 + \frac{h_1}{h_2}\right)\cos\theta\right]\right\} \quad (5)$$

式中：K_1，K_2 为经验系数；θ 为水流与航槽轴线夹角；其他参数同前，从计算结果看，5°航道、15°航道和 25°航道回淤率相差不大。

4.2 笔者关系式[4]

$$\Delta h = \frac{KP_d WT}{\gamma_0}(C - C_{eq}) \quad (6)$$

式中：K 为常数；P_d 为沉降概率；C_{eq} 为回淤平衡含沙浓度。

根据计算结果看，航道内平均回淤率为 0.6~0.7 m/a。

5 结论和建议

（1）通过数值计算、现场资料和以往物理模型成果的综合分析，对研究海域的水动力条件、岸滩冲淤趋势及泥沙运动特点进行了较全面的研究，对港区和航道泥沙回淤机制有了较完整的认识。

（2）应用淤泥质海岸泥沙回淤预报关系式估算了拟建港区泥沙回淤率，主要结论为：

①港池内浮坞坑及码头前沿内回淤率为 0.9~1.1 m/a，建港初期回淤率可能较大，根据经验，一般是上值的 1.5 倍左右。

②淤泥质海岸泥沙条件下，波影区是回淤较强区域，挖槽应避免布置在波影区。

③因地形条件影响，港内涨潮阶段有大尺度逆时针回流，回流区一般也是回淤率较高的地区，方案布置时应予以考虑。

④方案 3 的回淤率要低于方案 1 和方案 2。

⑤如采用方案 2，建议将干船坞布置在栈桥东侧。

（3）根据航道回淤率计算，可得以下结论：

①航道走向对回淤率影响较小，从施工条件的合理性来看，建议采用北偏东 25°，这时航道轴线基本上与等深线垂直，在平面上与渔业公司航道平行。

②航道内年泥沙回淤率自深水区向岸渐增，靠海侧一段平均回淤率为 0.4 m/a 左右，靠岸侧一段为 0.8~1.0 m/a，平均回淤率为 0.6~0.7 m/a。

参考文献

[1] 喻国华，等. S 工程回淤预报与分析 [J]. 海岸工程，1988（12）.

[2] 刘家驹，喻国华. 海岸工程泥沙的研究和应用 [J]. 水利水运科学研究，1995（3）.

[3] 徐啸. 淤泥质海岸半封闭港口回淤预报 [J]. 水运工程，1991（1）.

[4] 徐啸. 近海航槽回淤率计算 [J]. 海洋学报，1990（1）.

（本文刊于《水运工程》，1996 年第 5 期）

核电厂取水明渠泥沙回淤分析

摘　要：核电厂需用大量冷却水，明渠取水是核电厂常用的取水方式之一。本文针对电厂取水明渠及口门外水流特点，分析计算了取水明渠内各部位及口门外过渡段的泥沙回淤率，并提出减少明渠泥沙回淤量的措施。

关键词：核电厂；取水明渠；回淤率；潮汐水流

1　前言

在建成大亚湾和秦山核电厂后，我国正在规划设计更多大型核电厂。核电厂需用大量冷却水，百万千瓦的核电厂需水量为 $50 \sim 70 \ \mathrm{m^3/s}$，为工业用水第一位。目前核电厂常用的取水方式为明渠式和涵管式。明渠式取水工艺简单，便于施工和维护，但明渠内存在泥沙回淤问题。正确估算海岸、河口条件下核电厂取水明渠内泥沙回淤和分布情况，对电站的规划建设具有重要意义。

本文借鉴以前我们在海岸河口条件下航道港池泥沙回淤计算的理论和经验，针对核电厂取水量巨大这一特点，先用数学模型计算了明渠内外的水流动力条件，仔细分析了某电厂水文泥沙观测资料，根据明渠内外不同的水流泥沙运动特点，用不同的模式计算分析明渠内外各部位泥沙回淤率。

2　取水口布置方案及运行条件

某核电厂冷却水取水明渠平面布置如图 1 所示，明渠宽 40 m，长 470 m，底标高 -12 m，明渠内布置了 6 个取水口，每个取水口取水量为 $q = 52 \ \mathrm{m^3/s}$，运行期间不得间断。

3　明渠内水流动力条件计算

3.1　水流动力条件计算

采用一维明渠非恒定流数学模型进行计算，计算时分别考虑典型大、中、小潮（潮差分别为 5.8 m、4.4 m 和 2.5 m）及明渠中二管取水、四管（一期）取水和六管（二期）取水条件。计算时控制方程为

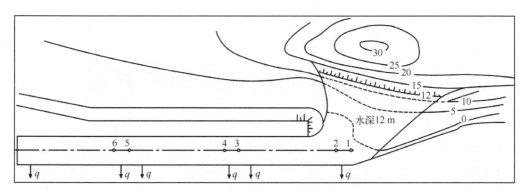

图1　明渠式取水方案布置

$$\frac{\partial A}{\partial t} + \frac{\partial Q}{\partial x} = q \tag{1}$$

$$\frac{\partial Q}{\partial t} + \frac{\partial(Qu)}{\partial x} + gA\frac{\partial z}{\partial x} + \frac{gQ|Q|}{AC_c^2 R} = 0 \tag{2}$$

式中：A 为过水面积；Q 为流量；q 为支流取水量；u 为流速；z 为水位；C_c 为谢才系数；R 为水力半径。

3.2　泥沙条件

取水明渠类似于半封闭型纳潮港湾，明渠内泥沙回淤的多少主要取决于口门处供沙条件（含沙量）、明渠内各处水动力强度以及泥沙特性。首先用数值计算方法计算各种典型潮、不同运行状况下明渠内流速分布情况。

根据该核电厂址附近海域水文泥沙测验资料，悬沙中值粒径为 0.004 1 mm，粒径级配以黏土级颗粒为主，明渠内主要是悬沙回淤。

因明渠水深为 12 m，距明渠口门最近的水文测站处平均水深约 17 m，水文测验最下两层测点（即 $0.8H$ 和 $1.0H$）处悬沙量对明渠内泥沙回淤影响较小，因此仅对上面四层含沙量资料进行分析（表1）。明渠口门外，冬季含沙量要大于夏季，特别是大、中潮，其含沙量约为夏季的 2.5 倍。小潮含沙量较小，平均为 0.1 kg/m³左右，受季节影响不大。

表1　涨、落潮全潮平均含沙量 C（kg/m³，上面四层）

潮型	大潮			中潮			小潮		
	C_F	C_E	C	C_F	C_E	C	C_F	C_E	C
冬季	0.58	0.62	0.60	0.58	0.57	0.57	0.11	0.09	0.10
夏季	0.23	0.30	0.27	0.22	0.21	0.21	0.11	0.06	0.09
年平均值	—	—	0.44	—	—	0.39	—	—	0.10

注：下标 E 表示落潮；F 表示涨潮。

4 明渠内泥沙回淤率分析估算

4.1 回淤机理的一般考虑

潮汐条件下半封闭水道内泥沙回淤一般由以下三种原因引起：潮汐棱体引起的水道内外泥沙交换，平面回流，异重流。回淤形态一般是回流区回淤率较大且自口门处向内逐渐减少。但若泥沙较细，口门外含沙量较大，且潮流较弱，异重流回淤可能使水道内回淤量增大。在现研究条件下，如没有取水，明渠内泥沙回淤主要由潮汐棱体引起，口门附近还需考虑回流引起的局部回淤以及可能产生的异重流回淤。

在明渠内有取水情况下，如只有一个孔口取水，其每潮取水量（m³）为

$$Q = qt \approx 52 \times 12.5 \times 3\,600 = 23.4 \times 10^5$$

而中潮条件下每潮进入明渠潮汐棱体（m³）为

$$P_r = \Delta H \times B \times L = 4.4 \times 40 \times 470 = 8.372 \times 10^4$$

式中：ΔH 为中潮潮差；B 为明渠宽；L 为明渠长。可得：$Q/P_r = 28.3$，即每潮每个取水口的取水量为潮汐棱体的 28 倍，如 6 孔一起取水，则为 170 倍。这时明渠内的泥沙回淤机制已与前述一般潮汐条件下半封闭港池不同。在估算明渠内泥沙回淤率时，就不能采用目前常用的一些河口海岸半封闭港池回淤计算经验关系式。

根据经验，现采用以下计算模式，在明渠内两取水口之间输沙连续方程为[1]

$$\frac{\partial(Ch)}{\partial t} + \frac{\partial(Chu)}{\partial x} = \frac{\partial}{\partial x}\left(hK_x \frac{\partial C}{\partial x}\right) + S(x) \tag{3}$$

式中：C 为沿水深平均含沙浓度（kg/m³）；h 为水深（m）；u 为沿水深平均流速（m/s），K_x 为沿水流方向悬沙扩散系数；$S(x)$ 为床面泥沙交换率（即冲淤率）。

悬沙回淤条件下，忽略扩散项质量输运对计算精度影响，则有：

$$\frac{\partial(Ch)}{\partial t} + \frac{\partial(Chu)}{\partial x} = S(x) \tag{4}$$

要严格求解以上方程，实际上很困难，一般概化为准恒定流。即采用某时段平均条件，这样输沙符合恒定不均匀条件，式（4）即可简化为

$$\frac{\partial(Chu)}{\partial x} = S(x) \tag{5}$$

$S(x)$ 可用式（6）表示：

$$S(x) = P_d(C - C_*)W \tag{6}$$

式中：W 为絮团沉降，取 $W = 0.000\,5$ m/s；C_* 为挟沙能力，考虑到研究区域悬沙条件与连云港接近（$d_{50} \approx 0.004$ mm），采用刘家驹公式[2]

$$C_* = \alpha \gamma_s \frac{u^2}{gh} \tag{7}$$

P_d 为沉降概率, 用式 (8) 计算[3]

$$P_d = 2\phi\left(\frac{\beta W}{\sigma}\right) - 1.0 \tag{8}$$

式中: ϕ 为概率函数; σ 为垂直脉动速度均方差; β 为与泥沙粒径特性有关的系数, 进而可得

$$\frac{\partial(Chu)}{\partial x} = P_d(C - C_*)W \tag{9}$$

或

$$\frac{\partial(Cq)}{\partial x} = P_d(C - C_*)W \tag{10}$$

考虑到各取水口取水量均为 $q = 52 \text{ m}^3/\text{s}$, 则有:

$$\frac{dC}{dx} = \frac{P_d}{q}(C - C_*)W \tag{11}$$

对式 (11) 积分并考虑进口边界条件 $C(x=i) = C_i$, 可得

$$C(x) = (C_i - C_*)\exp\left(-\frac{P_d Wx}{q}\right) + C_* \tag{12}$$

应用式 (12) 即可算出整个明渠内各处含沙量, 进而可求出各点回淤率。事实上明渠很短, 可用式 (13) 直接计算两取水口之间平均回淤率

$$P_i = K\frac{P_d WT}{\gamma_d}(C_i - C_*) \tag{13}$$

4.2 明渠内泥沙回淤分布计算

在没有取水情况下, 明渠内泥沙回淤取决于明渠内外水体交换量, 亦即纳潮量, 这时涨潮时段口门处含沙浓度是计算明渠内泥沙回淤量的重要参数。但在取水条件下, 水流始终向明渠内流动, 因此应该同时考虑涨、落潮过程。应用水流动力和含沙量逐时资料, 利用式 (7) 至式 (13) 计算六管取水时冬、夏半年明渠内各段回淤厚度和回淤量。计算时考虑当地潮波特点, 采用一个大潮、两个中潮和一个小潮组合。结果如表 2 所示, 计算条件如图 2 所示。表 3 为不同取水条件下明渠内平均回淤率 P (m/a) 和回淤量 Q_s (m³/a)。

表 2　六管取水条件下明渠内平均回淤率 P 和回淤量 Q

		V	IV	III	II	I	回淤量 (m³/a)	平均回淤率 (m/a)
夏半年	P (m/a)	0.69	0.33	0.18	0.08	0.01	—	0.28
	Q_s (m³/a)	3 569	399	910	96	59	5 033	—
冬半年	P (m/a)	1.35	0.70	0.43	0.27	0.17	—	0.63
	Q_s (m³/a)	7 007	843	2 236	327	865	11 278	—
全年	P (m/a)	2.04	1.03	0.61	0.35	0.18	—	0.91
	Q_s (m³/a)	10 576	1 242	3 146	423	924	16 311	—

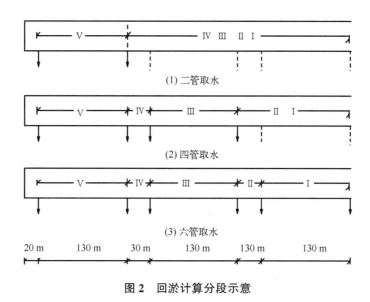

图 2 回淤计算分段示意

表 3 不同取水条件下明渠内平均回淤率 P 和回淤量 Q_s

		V	IV	III	II	I	回淤量 （m³/a）	平均回淤率 （m/a）
二管 取水	P（m/a）	2.04	1.03	1.03	1.03	1.03	—	1.32
	Q_s（m³/a）	10 576	13 184	13 184	13 184	13 184	23 760	—
四管 取水	P（m/a）	2.04	1.03	0.61	0.35	0.35	—	0.96
	Q_s（m³/a）	10 576	1 242	3 164	2 240	2 240	17 204	—
六管 取水	P（m/a）	2.04	1.03	0.61	0.35	0.18	—	0.91
	Q_s（m³/a）	10 576	1 242	3 164	423	924	16 311	—

目前，常用的一些计算泥沙回淤率关系式，都是从宏观长期平均角度导得的，采用较长时段的平均值。表 4 列出逐时计算和根据全潮平均资料（含沙浓度以冬、夏季平均值代表全年条件）计算明渠内各处回淤率情况。为便于比较，表中还列出单一典型潮（中潮）和组合潮（1 大、2 中、1 小）条件下计算结果。

表 4 单一中潮和组合潮回淤率 P 计算结果

		V	IV	III	II	I	总回淤量（m³/a）
典型潮 （中潮）	全潮 P（m/a）	2.47	1.25	0.79	0.47	0.27	20 170
	逐时 P（m/a）	2.43	1.22	0.70	0.45	0.26	19 762
组合潮	逐时 P（m/a）	2.04	1.03	0.61	0.35	0.18	16 311

根据表 2 至表 4 结果，可以看出：

（1）一期（四管）和二期（六管）明渠内泥沙回淤量和回淤率较接近。

（2）越向渠内回淤率越大。

（3）回淤主要发生在大、中潮期间，夏季大潮回淤量约为小潮的 3.5 倍，冬季大潮回淤量几乎为小潮的 7 倍。大、中潮回淤量较接近。

（4）冬半年回淤量是夏半年的 2.2 倍左右。

（5）采用中潮作为典型潮计算结果，与组合潮型（1 大、2 中、1 小）计算结果比较表明，因当地中潮回淤量较大，用中潮作典型潮计算值要比组合潮型时大一些（约为 1.2 倍）。采用全潮平均和逐时计算，结果基本一致。

4.3 明渠口门外过渡段泥沙回淤率估算

明渠口门外约有 100 m 长过渡段，呈辐射状延伸到 −12 m 等深线处。其形态类似于潮滩上引潮沟。在工程前天然条件下，当地潮汐水流主要为平行岸线的往复流，而且落潮流速大于涨潮流速。工程后，由于取水影响，流速普遍减小，特别是涨潮流，由于地形条件，减少幅度大于落潮流。此外，流向普遍向岸向偏离，图 3 为取水渠口门外过渡段流矢图。

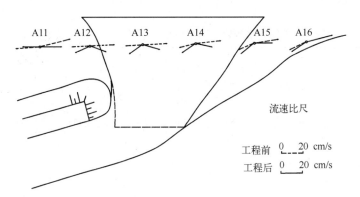

图 3   取水渠口门外过渡段流矢图

对取水口门外过流段内流态分析后发现，越向外侧，取水口影响越小，水流越接近原来天然条件下的往复流；越向里，取水口影响越大，流向逐渐向岸偏转，最后垂直于原来天然流向。图 4 为工程前后此范围流线示意图。如将流速按两个方向分解，平行岸线的流速越向里越小，垂直于岸线的流速越向里越大，而流向与取水渠轴线夹角则从 90° 变为 0°。

根据上面分析的流态特点，假设自外向里平行和垂直于岸线的流速均呈线性分布（图 5）。采用刘家驹关系式来计算挖槽内回淤率[2]

$$P = \frac{WC_1 t}{\gamma_d}\left\{K_1\left[1 - \left(\frac{d_1}{d_2}\right)^3\right]\sin\theta + K_2\left[1 - \frac{d_1}{2d_2}\left(1 + \frac{d_1}{d_2}\right)\right]\cos\theta\right\} \tag{14}$$

式中：W、t、γ_0 意义同前，根据当地条件取 $C_1 = 0.4$ kg/m³，d_1 为浅滩水深；d_2 为挖槽水深；θ 为挖槽轴线与水流流向夹角；K_1、K_2 为计算系数，取值范围见参考文献 [2]。各计算断面位置和浅滩水深概化情况如图 6 所示，计算结果见表 5。

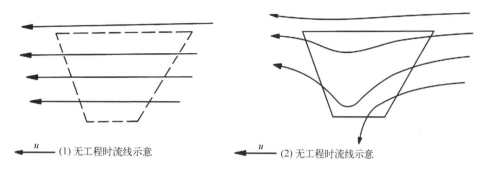

图 4 取水渠口门外过渡段流线概化示意

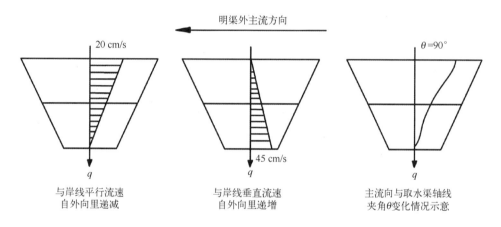

图 5 明渠口门外过渡段内流速及流向分布概化示意

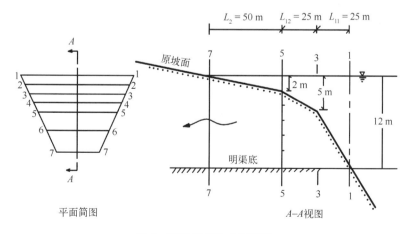

图 6 明渠口门外水深概化

表5 明渠口门外过渡段泥沙回淤率

断面位置	1-1	2-2	3-3	4-4	5-5	6-6	7-7
回淤率（m/a）	0.0	2.17	3.11	3.04	2.73	1.85	1.22

断面7-7处水流特点与明渠内相同，可采用前面计算明渠回淤率方法（式13），根据断面水流强度，可算得断面7-7处回淤率：$P_2 = 0.97$ m/a；与式（14）计算值1.22 m/a较接近。

根据以上计算可知，取水明渠口门处过渡段内平均回淤率约为2.25 m/a，最大回淤率发生在3-3断面，约为3.1 m/a。

5 结论与建议

（1）根据厂址附近实测水文泥沙资料，计算了明渠内泥沙回淤率，在一期工程条件下，明渠内回淤量为 $1.8 \times 10^4 \sim 2.0 \times 10^4$ m³/a，平均回淤率为 1.0~1.1 m/a，越向渠里端回淤率越大，最大值约为 2.1~2.4 m/a。

（2）明渠内回淤主要发生在冬半年。从潮型来看，主要发生在大、中潮期间。

（3）为减少总回淤量，应尽量缩短明渠长度；为减少明渠里端回淤率，可以考虑适当调整明渠宽度。

（4）通过计算分析，一期工程条件下，明渠口门外过渡段内平均回淤率约为 2.25 m/a，最大回淤率发生在靠外侧的3-3断面，约为3.1 m/a。

参考文献

[1] 徐啸. 近海航槽回淤率计算 [J]. 海洋学报，1990（1）.

[2] 刘家驹，等. 海岸工程泥沙的研究和应用 [J]. 水利水运科学研究，1995（3）.

[3] 徐啸. 细颗粒黏性泥沙沉降率的探讨 [J]. 水利水运科学研究，1989（4）.

（本文刊于《海岸工程》，1998 年第 70 卷第 4 期）

第三部分

淤泥质海岸动力及
泥沙运动实例研究——厦门湾

厦门港潮汐水流及浑水悬沙整体模型设计

摘　要： 厦门港潮汐水流及浑水悬沙整体物理模型于 1989 年建成后，进行了不少有意义的试验研究工作，取得较好效果。本文主要介绍模型的设计思想、相似准则、浑水悬沙相似理论的探讨、模型设计方法以及模型沙的选择等。

关键词： 厦门港；潮流；浑水悬沙；物理模型

厦门港是我国东南沿海天然深水良港，由于近年人类活动加剧，影响到天然水沙条件，局部地区出现淤积趋势，甚至对进港航道构成威胁。受厦门港务局和建港指挥部委托，南京水利科学研究院进行厦门港物理模型试验研究，对物理模型总的要求是：

（1）应能满足港口近期工程建设的需要，着重研究各种工程方案对水流形态和泥沙运动的影响；

（2）可以考虑港口中、长期发展要求，能够进行远期岸线总体规划研究工作，为厦门港的开发建设提供战略性的科学论证和意见。

1　厦门港自然水文泥沙条件

1.1　概述

厦门港位于台湾海峡西部，福建省厦门湾内，与九龙江呈掎角之势。整个港区又分为内港和外港。鼓浪屿以南、九龙江河口以东为外港，外港东西长约 10 km，南北宽 4 km，平均水深 12 m；鼓浪屿以北呈南北走向的狭长海湾为厦门内港（常称"厦门西港区"），其南北长 14 km，东渡一期港区位于其中部范围内，宽仅 600 m 余，但水流湍急，水深达 20~30 m；整个内港平均水深为 9 m 左右，港区多年来基本不淤，且无河口拦门沙。1953 年修建高集海堤后，厦门内港形成半封闭的狭长海湾，此后湾内相继修筑了杏林、马銮、东屿等海堤，围垦了大片浅滩，纳潮面积减少甚多，使原有的水沙形势发生较大变化[1]。

与厦门港紧邻的九龙江是福建省第二大河，河口处为一口小腹大的河口湾，东西长 21 km，河口最狭处约 3.5 km，内部最宽处 8.8 km，总纳潮面积约 100 km², 平均水深约 4 m。20 世纪 60 年代以来，九龙江主要支流的下游均已建闸蓄淡，其输水输沙对厦门港泥沙运动有较大影响。

1.2　水文泥沙条件

厦门地区属正规半日潮，平均潮差 3.96 m，平均海平面 3.35 m，呈驻波形态。

厦门西港区平均波高仅 0.2 m，波浪对内港泥沙输移作用较小。

由文献 [2] 可知，嵩鼓水道和西港区表层沉积物主要为粉砂质泥，含泥量为58%～65%，中值粒径为 4 μm。多次水文测验资料表明，本区悬沙粒径范围为 1.6～8 μm，与海底沉积物平均粒径基本一致，这说明厦门港湾内近期沉积以悬沙为主。

一般情况下本区悬沙浓度较低，但九龙江开闸泄洪时，河口处含沙浓度骤增。

2　模 型 设 计

2.1　模型范围及几何比尺

模型应包括鼓浪屿以北全部水域及鼓浪屿以南部分水域。考虑到边界条件的要求及今后需要复演九龙江及外港来水来沙的影响，确定模型范围为：北起杏林海堤，南到屿仔尾，南北长约 20 km，东边界为厦门大学—屿仔尾断面，西至九龙江内海门岛。

实验大厅长 54 m、宽 27 m，由场地条件及模型研究范围要求，确定水平比尺 $\lambda_l = 550$，具体布置情况如图 1 所示。

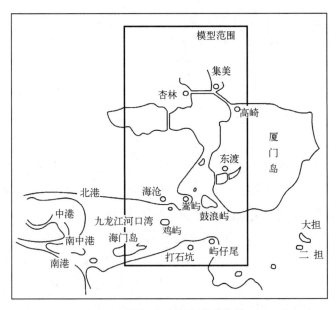

图1　厦门港形势及模型布置

2.2　垂直比尺 λ_h

潮汐海岸河口水域特点是宽浅，为保证流态相似，一般需做成变态模型，变率的大小取决于流态能否相似、模型的加糙要求及泥沙运动相似要求能否满足。

考虑到表面张力作用，模型内主要研究水域水深不宜小于 4 cm。此外还要考虑重力相似和阻力相似，即要求水流处于阻力平方区。

垂直比尺 λ_h 应综合考虑以上各因素。

考虑到高崎以北有大片浅滩，平均水深约为 2.5 m，由表面张力要求 $\lambda_h \leqslant 60$。高崎以南水深流急，属阻力平方区，为满足紊流流态要求，应满足

$$\lambda_h \leqslant \left(\frac{V_P \Delta_P}{60 \, C_{C_P} \, \nu_P} \right)^{0.2} \lambda_l^{0.7} \tag{1}$$

式中：下标 P 表示原型；V 为港区特征流速；Δ 为糙度；C_C 为无因次谢才系数；ν 为流体运动黏滞系数。根据现场资料分析，最后可得 $\lambda_h \leqslant 60$，综合考虑后取 $\lambda_h = 60$。

2.3 动力相似

二维潮波方程为

$$\frac{\partial u}{\partial t} + u \frac{\partial u}{\partial x} + v \frac{\partial u}{\partial y} + g \frac{\partial h}{\partial x} + gu \frac{|U|}{C_C^2 h} = 0 \tag{2}$$

$$\frac{\partial v}{\partial t} + u \frac{\partial v}{\partial x} + v \frac{\partial v}{\partial y} + g \frac{\partial h}{\partial y} + gv \frac{|U|}{C_C^2 h} = 0 \tag{3}$$

连续方程

$$\frac{\partial h}{\partial t} + \frac{\partial (hu)}{\partial x} + \frac{\partial (hv)}{\partial y} = 0 \tag{4}$$

其中，$U = \sqrt{u^2 + v^2}$；C_C 为谢才系数。由式（2）、式（3）和式（4）可得以下相似关系：

重力相似：$\lambda_u = \sqrt{\lambda_h}$ \tag{5}

$$\lambda_u = \sqrt{\lambda_h} \tag{5}$$

阻力相似：$\lambda_C = (\lambda_l / \lambda_h)^{0.5}$ 或 $\lambda_n = \lambda_h^{2/3} \lambda_l^{-1/2}$ \tag{6}

平面流态相似：$\lambda_u = \lambda_v$ \tag{7}

水流运动惯性相似：$\lambda_u = \lambda_l / \lambda_t$ \tag{8}

可算得：$\lambda_u = 7.75$，$\lambda_t = 71$，$\lambda_n = 0.65$。

2.4 悬沙沉降运动相似及模型沙的选择

厦门港近期沉积以细颗粒悬沙沉积为主，模型中应首先考虑悬沙运动相似。

2.4.1 动水沉速比尺

单位水柱体输沙连续方程

$$\frac{\partial (hC)}{\partial t} + \frac{\partial (huC)}{\partial x} + \frac{\partial (hvC)}{\partial y} - \frac{\partial}{\partial x}\left(h \, E_x \frac{\partial C}{\partial x} \right) - \frac{\partial}{\partial y}\left(h \, E_x \frac{\partial C}{\partial y} \right) = R = S \tag{9}$$

式中：S 为"源/汇"项，包括以下各项。

$$S = S_e + S_d + S_a \tag{10}$$

式中：S_e 为床面冲刷率；S_d 为回淤率；S_a 为人为因素导致单位水体泥沙变化率（抛泥、取沙等）。因主要关心泥沙回淤问题，故着重讨论悬沙沉降相似，回淤率可用式（11）表示：

$$S_d = \frac{-W_m(C - C_*)}{h} \tag{11}$$

式中：W_m 为动水沉速；C_* 为黏性细颗粒泥沙沉降条件下平衡含沙浓度。将式（11）代入到式（9），可得动水沉速比尺：

$$\lambda_{Wm} = \lambda_u \frac{\lambda_h}{\lambda_l} = 1.88 = 0.85 \tag{12}$$

及含沙浓度比尺

$$\lambda_C = \lambda_{C*} \tag{13}$$

细颗粒泥沙在盐水中主要是以絮团形态沉降，絮团大小主要取决于水流动力条件及含沙浓度，目前关于絮团动水沉降机制研究尚不成熟，参照文献 [3]，

$$W_m = \alpha W_s \tag{14}$$

式中：W_s 为絮团静水沉速；α 为沉降系数。

$$\alpha = 2\phi\left(\frac{\beta W_s}{\sigma}\right) - 1 \tag{15}$$

式中：ϕ 为概率函数；$\beta = \sqrt{\frac{\gamma_f - \gamma}{\gamma}}$，$\gamma_f$ 为絮团容重；$\sigma = 0.033 u_*$，u_* 为摩阻速度；根据经验，絮团静水沉速取 $W_s = 5 \times 10^{-2}$ cm/s。最后可算得 $\alpha_P = 0.2$。

用电木粉或木屑均可较好地模拟细颗粒泥沙沉降运动。如采用电木粉，容重 $\gamma_s = 1.45$ g/cm^3，通过试算，当采用粒径 $d_{50} = 29$ μm 时，可得动水沉速比尺 $\lambda_{Wm} = 0.88$；如采用饱和湿容重为 1.18 g/cm^3 的木粉，当粒径 $d_{50} = 51$ μm 时，其静水沉速 $W_s = 2.55 \times 10^{-2}$ cm/s，动水沉速比尺 $\lambda_{Wm} = 0.87$，都可以满足式（12）的要求，最后确定采用木粉。

2.4.2　回淤时间比尺 λ_{t_2}

悬沙运动的河床变形方程为

$$\frac{\partial C}{\partial t} + \frac{\partial(Cu)}{\partial x} + \frac{\partial(Cv)}{\partial y} = \frac{\gamma_0}{h}\frac{\partial z}{\partial t} \tag{16}$$

式中：γ_0 为淤积体干容重；z 为床面高程。由式（16）可导得：

$$\lambda_{t_2} = \left(\frac{\lambda_{r0}}{\lambda_C}\right)\lambda_t \tag{17}$$

2.4.3　含沙浓度比尺 λ_C

由式（13）可知，$\lambda_C = \lambda_{C*}$，C_* 为细颗粒泥沙沉降平衡浓度，据研究，C_* 不仅与水流强度、泥沙颗粒特性有关，且与前期（初始）含沙浓度有关，鉴于目前关于 C_* 研究较少，

可近似用挟沙能力经验关系式估算 λ_C[4]，对变态模型，有[5]：

$$\lambda_{C*} = \frac{\lambda_{\gamma S}}{\lambda_{\frac{\gamma_S - \gamma}{\gamma}}} \times \left(\frac{\lambda_h}{\lambda_l}\right)^{1/2} \tag{18}$$

但近年无论正态或变态模型均按

$$\lambda_{C*'} = \frac{\lambda_{\gamma S}}{\lambda_{\frac{\gamma_S - \gamma}{\gamma}}} \tag{19}$$

设计含沙浓度。根据经验，一般只要按式（17）适当调整 λ_{t_2} 和 λ_C 值，可以保证回淤相似，式（18）或式（19）可作初估含沙量用[4]。

2.4.4 床面冲刷相似

为满足冲刷相似，需要求满足起动相似条件：

$$\lambda_{u_c} = \lambda_u \tag{20}$$

黏性细颗粒泥沙的起动或扬动与淤泥的固结程度有关，即天然沙淤积后黏结力作用显著，但模型沙（木粉）黏结力较小；目前还缺乏适用于不同条件的统一起（扬）动流速公式，一般需通过对天然沙和模型沙进行水槽试验来确定起动流速比尺。关于模型沙的起动和扬动试验结果见表1。天然条件下新淤泥沙密度较小，可按 1.15 g/cm³ 考虑，由文献 [6] 提供的 $\tau_c \sim C$ 资料查得相应扬动临界摩阻流速为 $(u_{*f})_P = 1.55$ cm/s，如以水槽试验中开始产生深水悬物作为扬动标准，其相应摩阻速度为 $(u_{*f})_m = 0.63$ cm/s（下标 m 代表模型），据此可算得扬动速度比 $\lambda_{u_f} = \lambda_{u_{*f}} / \lambda_f^{1/2} = 7.45$，基本上可满足式（20）要求。

表 1 模型沙（木粉）起动和扬动试验结果

水流摩阻流速 u_*（cm/s）	现象
0.45	个别动
0.47	少量动
0.51	普遍动
0.63	沙纹背水面浑水悬扬
0.91	较大颗粒普遍滚动，小颗粒悬扬
0.99	悬扬更剧烈

2.4.5 生潮系统

（1）生潮方式：生潮方式有水位控制和流量控制等方式。本模型控制断面为胡里山—屿仔尾，采用水位控制比较合理。根据场地条件，决定采用翻板式尾门。

（2）水泵选择：根据胡里山断面多次水文测验资料分析，取其中大潮涨潮最大流量 58 300 m³/s，由比尺可算得相应于模型中 0.228 m³/s，或 821 m³/h，即水泵流量应大于 821 m³/h，取安全系数为 1.5，即要求水泵额定流量 $Q_0 \geqslant 1\ 200$ m³/h。

（3）尾门长度：尾门位于胡里山断面，在模型中长 7.3 m，根据经验，取尾门长度为 4 m。

（4）尾门高度及底坎高度。尾门处水流应满足

$$Q_1 = Q_0 - Q_2 - Q_3 \tag{21}$$

式中：Q_0 为水泵额定流量；Q_1 为断面实际流量过程；Q_2 用薄壁堰顶非淹没出流公式计算

$$Q_2 = m_0 b \sqrt{2g} H_1^{3/2} \tag{22}$$

Q_3 用大底孔泄流公式计算

$$Q_3 = \mu W \sqrt{2gH_2} \tag{23}$$

式中：m_0、μ 分别为堰顶和底孔流量系数；W 为底孔过水断面宽度。尾门设计示意如图 2 所示。L 为尾门宽度，一般为 20~30 cm，且尾门开度 α 不宜太大或太小，一般控制在 15°~60° 范围内，可根据给定的流量过程，采用不同的尾门宽度和底坎顶高程，通过试算确定尾门开度变化范围。通过计算取尾门宽度为 30 cm，底坎顶高程也为 30 cm。

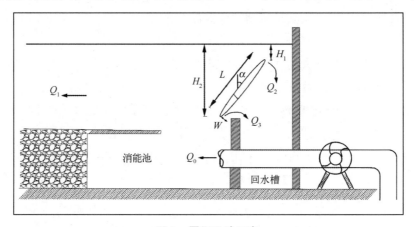

图 2 尾门设计示意

（5）转速比的确定：根据流量过程，可算得尾门最大转速 $\omega_{max} = \dfrac{\Delta\alpha_{max}}{360°} = 0.1433$ 转/min，经过比选采用转速 $\omega_0 = 1\,500$ 的电机，由此可得最大转速比 $n_{max} = \dfrac{\omega_0}{\omega_{max}} = 10\,467$，根据经验取 $n = 10\,000$，采用二级变速，第一级为涡轮减速器，速比 20；第二级为摆线针轮式减速器，速比 473。

2.4.6 量测系统

本模型中可自动采集测点水位和流速，每 25 s（相当于原型 0.5 h）记录存盘一次。

3 结语

（1）厦门港第一个潮汐水流整体物理模型于 1989 年在南京水利科学研究院建成。由于事先对现场资料进行了深入分析，模型设计考虑比较缜密，得以保证在短时期内完成模型制作、潮汐水流和悬沙回淤的复演验证工作，在此基础上进行了东渡二期工程潮汐水流试验、嵩鼓水道猴屿浅段航道回淤试验等一系列研究工作，在模型中可以直观地观测整个厦门西港区及九龙江部分海域水流、泥沙运动规律，为厦门市港口规划发展提供有效的研究手段。

（2）2001 年，南京水利科学研究院重新设计制造了一个范围较大的厦门港整体潮汐水流物理模型。模型东边界在塔角附近，西到九龙江南、北、中港，南到大磐浅滩，北至东渡湾北端的杏林海堤。模型东西范围约 30 km，南北约 24 km。包含水域面积近 250 km²。

模型布置情况如图 3 所示。模型水平比尺 $\lambda_1 = 500$，垂直比尺 $\lambda_h = 70$。模型变率为 7.1，实验室面积为 1 700 m²。由于模型范围较大，而且在模型范围内进行了比较完整的水文泥沙以及地形现场测量工作，可以更好地模拟厦门西海域和九龙江河口湾水流条件。此模型进行了九龙江河口湾岸线利用及港口规划、漳州招银港区水文泥沙问题研究以及马銮湾、杏林湾海堤开口暨厦门西海域综合整治研究工作等。

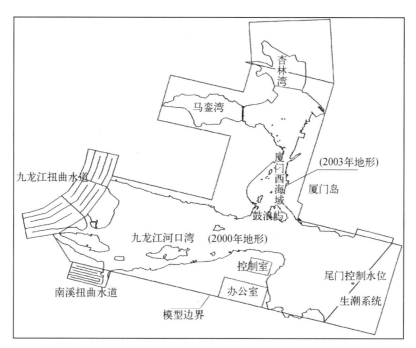

图 3　厦门物理模型试验平面布置示意

参考文献

［1］孙献清. 厦门西港泥沙淤积的分析［J］. 台湾海峡，1989（8）.

［2］廖水木，等. 厦门港湾海底沉积类型的分布特征［J］. 台湾海峡，1987（6）.

［3］徐啸. 黏性细颗粒泥沙沉降率的探讨［J］. 水利水运科学研究，1989（4）.

［4］徐啸. 淤泥质海岸河口悬沙回淤模型相似律探讨［J］. 河海大学学报，1994（1）.

［5］武汉水利电力学院河流泥沙工程学教研室. 河流泥沙工程学［M］. 北京：水利出版社，1982.

［6］黄建维. 黏性泥沙在盐水中冲刷和沉降特性的试验研究［J］. 海洋工程，1989（7）.

（本文刊于《台湾海峡》，1995 年第 2 期）

厦门嵩屿电厂扩建工程取水口水域泥沙淤积问题计算分析研究

摘　要： 为嵩屿电厂二期扩建工程需要，本文通过现场资料、数学模型和物理模型研究成果分析、泥沙回淤分析计算等途径，研究各种工况条件下嵩屿电厂取水口工程附近泥沙冲淤有关问题，以保证电厂二期工程实施后的运行安全。

关键词： 嵩屿电厂；取水口；泥沙回淤计算分析

1　前言

嵩屿电厂取九龙江海水作为直接供水冷却水，取水口位于九龙江河口北岸，此处水域主要受厦门湾潮汐水流作用，同时受九龙江径流作用。1991 年以来，已多次应用数学模型、物理模型等手段研究海沧岸线各规划方案对厂区附近流场的影响。本报告是在以上工作的基础上，结合电厂二期工程的需要，对嵩屿电厂二期工程取水区域岸滩稳定性进行分析。

2　厂区海域自然条件简介

2.1　地理地貌

嵩屿电厂位于九龙江河口北岸，象鼻山至鸭蛋山为基岩海岸，沿岸为海拔 200 m 以下的丘陵，鸭蛋山与澳头之间为淤泥质海岸，地势逐渐平缓，电厂厂区即位于此岸段。嵩屿电厂与海沧开发区毗邻，电厂专用煤码头走向与海沧港区规划岸线基本一致，与深槽等深线基本平行。取水口位于煤码头与海沧港区码头之间（图 1）。

2.2　海洋水文条件

2.2.1　波浪

1985 年 5 月至 1986 年 8 月，在嵩屿曾进行一年波浪观测。嵩屿海域以涌浪为主，占 73.84%，风浪占 21.95%。该区波高、周期均不大，波高 $H_{1/10} \leqslant 0.4$ m 的占 80.89%；波高 $H_{1/10}$ 为 $0.5 \sim 0.9$ m 的占 19.32%。最大波高 $H_{1/10} = 1.4$ m，波向南向，对应波周期 4.9 s，发生在"8504"号台风期间。平均波高 0.30 m，平均波周期 4.14 s。九龙江河口湾波浪动力

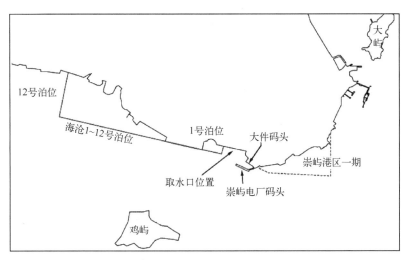

图1 嵩屿电厂附近岸线布置

相对较弱，潮流是主要动力条件。

2.2.2 嵩屿电厂涉水工程海域水流条件

厦门海域属正规半日潮区，潮波呈驻波形态，平均潮差 4 m 左右，为强潮海域。

1992 年以来，已通过物理模型和数学模型等途径，研究了天然条件下嵩屿电厂厂区附近水流特点[1~4]。主要结论如下：

（1）电厂附近深槽水流呈往复流，流向与深槽等深线平行。大潮时涨、落潮垂线平均流速为 0.55~0.65 m/s，小潮为 0.35~0.40 m/s。

（2）厂区附近水流向岸有逐渐减小的趋势，每向岸 100 m 流速减小 0.04~0.05 m/s。

（3）电厂煤码头修建后，煤码头后侧水流有所减弱。

（4）海沧港区建成后，电厂厂区前海域水流流态基本不变，使电厂取水口后侧岸坡形成一个半封闭水域，特别在落潮流阶段，在港区 1 号泊位东侧将形成大尺度回流区。电厂二期工程建成后，回流区依然存在，仅回流中心将向东移。

（5）海沧港区一期工程建成后，取水口区域有局部回流产生。模型试验表明，随着海沧港区顺岸码头向上游延伸，电厂煤码头前沿水域水流强度逐渐加强。但由于回流的影响，电厂取水口附近水流强度反而有所减弱（表1）。

表1 海沧规划方案条件下嵩屿电厂附近水域半潮平均流速（m/s）

工况条件	电厂取水口附近		电厂煤码头前沿		嵩屿电厂码头后与大件码头之间	
	涨潮	落潮	涨潮	落潮	涨潮	落潮
现状条件	0.46	0.55	0.56	0.51	0.31	0.35
海沧规划港区（1~12 号）建成	0.41	0.48	0.60	0.52	0.27	0.30
工程后与现状流速比值	0.89	0.88	1.07	1.02	0.87	0.86

（6）嵩屿集装箱港区一期工程（图1）建成后，由于码头岸线的导流作用，电厂煤码头前后水流均有不同尺度的增加；煤码头前沿涨落潮水流均增加11%左右，煤码头后侧涨潮流增加较多，为10%左右，落潮流稍有减小（表2）。

表2　嵩屿港区一期工程建设后电厂附近水域半潮平均流速（m/s）

工况条件	取水口附近		嵩屿电厂煤码头前沿		嵩屿电厂煤码头后与大件码头之间	
	涨潮	落潮	涨潮	落潮	涨潮	落潮
现状条件	0.46	0.55	0.56	0.51	0.31	0.35
嵩屿一期工程建成	0.39	0.47	0.62	0.57	0.34	0.31
工程后与现状流速比值	0.85	0.86	1.11	1.12	1.10	0.89

3　嵩屿电厂取水口海域岸滩稳定性分析

地形资料分析表明，九龙江河口湾近10年宏观冲淤趋势为：海门岛与鸡屿之间近年处于微淤状态，平均每年淤积0.53 cm，鸡屿以东至嵩屿断面，近年处于冲刷状态，每年冲刷2.2 cm。

3.1　嵩屿电厂建设前附近水域冲淤趋势

1992年在研究嵩屿电厂煤码头附近水域潮汐水流和泥沙运动规律时，曾得到以下结论：厂区边滩处于轻微淤积状态，而深槽目前处于基本平衡、轻微冲刷状态[1]。

根据1985年和1990年地形测图分析可知，电厂煤码头后的岸坡微淤，淤积率约为5~6 cm/a，煤码头前水域为微冲区，平均冲刷率为6~7 cm/a。

1996年，应用1955年、1974年、1982年和1993年地形测图分析比较后指出，电厂附近深槽近40年基本处于稳定形态，仅深槽下游侧在1955—1974年处于淤积过程，1974—1982年又冲刷恢复到1955年的状态，1982—1993年基本稳定[2]。

由厂区附近海域底质取样分析资料可知，嵩屿电厂煤码头前深槽内基本上为0.18~0.55 mm的中细沙。应用唐存本泥沙起动公式可知，在水深10~17 m条件下，对于0.2 mm的细沙，起动流速为0.53~0.58 m/s，对于0.6 mm的中粗沙，起动流速为0.76~0.83 m/s。厂区附近由于地形束水，流速较大，部分底沙可能发生运动，反映为深槽内主流区床面泥沙有粗化现象。近40年随着泥沙粗化和水深增大，河床已逐渐处于冲淤相对平衡状态。

3.2　电厂建成后取水口区域冲淤分析

嵩屿电厂一期（2×300 MW）工程首台机组于1995年12月并网发电。几乎在同时（1996年）与嵩屿电厂相邻的厦门港海沧港区国际货柜码头（海沧2号、3号泊位）也开始动工兴建，并于1997年投产。港区和电厂土建工程的施工建设，直接影响了附近海域水流和泥沙运动规律，进而导致局部地形发生冲淤调整。下面主要介绍电厂建成以来取水口附近水域地形变化情况，在此基础上探讨分析泥沙冲淤的规律、预测电厂二期工程建设后的泥沙冲淤趋势。

3.2.1　电厂一期工程泥沙物理模型试验结果

1992 年，在筹建嵩屿电厂一期工程建设阶段，曾进行定床浑水悬沙模型试验[1]，研究各种工况条件下，嵩屿电厂取水口及煤码头泊位前沿及附近航道和深槽的水流条件及泥沙运动规律，预测电厂取水口水域泥沙冲淤趋势，得出以下结论：

（1）电厂附近海域基本处于冲淤平衡状态，虽然岸坡略有淤积、深槽略有冲刷，但冲淤幅度不大，具有洪淤枯冲的特点。

（2）电厂煤码头修建后，码头前沿流速稍有增加，码头后侧水流普遍减小，在猫公屿与鸭蛋山之间形成大尺度回流；煤码头后侧岸坡上回淤率增大到 15 cm/a 左右，泵房前明渠内达 25 cm/a。

（3）海沧港口工程建设对煤码头港池航道部分泥沙淤积影响不大，回淤率仅为 1~2 cm/a；但对煤码头后岸坡影响较大，当海沧港码头岸线与煤码头走向一致时，岸坡回淤率增至 20 cm/a 左右；当海沧港口与煤码头走向不一致时（即目前已建成的海沧港区一期国际货柜码头），将增加回流强度，进而增加回淤率。

（4）试验表明，一次洪水过程，海域内平均回淤率仅为 1~2 cm，悬沙骤淤可能性不大。

（5）如有海岸工程施工，人为因素的影响将导致本海域泥沙淤积率增大。

3.2.2　现场地形资料分析

图 2 为 1995—1999 年间电厂取水口附近水域泥沙淤积分布。

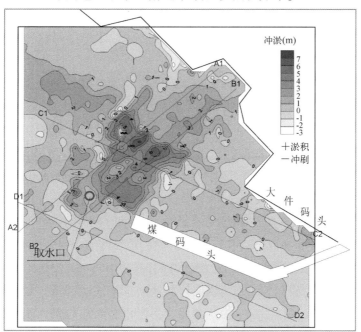

图 2　厂区附近水域冲淤变化等值线（1995—1999 年）

图 3 为 1999—2001 年间电厂取水口附近水域泥沙淤积分布。

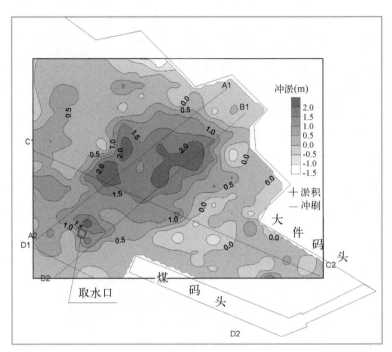

图 3　屿电厂取水口附近水域冲淤变化（1999 年 10 月至 2001 年 9 月）

由图 2 可知，在海沧港区一期集装箱码头建成、电厂煤码头和取水口建成投产4 年内，在电厂煤码头西端，电厂取水口后侧的引水管线两侧发生显著回淤，范围大致为 150 m×150 m；最大回淤率约为 150 cm/a，发生在取水口与取水泵房中间位置（距取水口约 150 m），此范围平均回淤率为 46 cm/a。电厂煤码头和取水口后侧整个海域 4 年来回淤量约为 110 000 m³，平均回淤率约为 28 cm/a。

电厂煤码头港池和大件码头水域冲淤幅度较小，特别是煤码头前沿港池范围局部甚至发生微冲；大件码头水域回淤率约为 8 cm/a。

由图 3 可以看出，1999—2001 年间，取水口后水域泥沙回淤规律与1995—1999 年间情况大致相同，即在电厂取水口北侧仍然存在一个明显回淤区，大件码头前沿回淤率较小。电厂煤码头和取水口后侧整个海域在后 2 年内回淤量约为 60 000 m³，平均回淤率约为 31 cm/a，即回淤率与前 4 年大致相同，稍有增加。

但图 2 和图 3 仍有一定差别，一是泥沙回淤区分布稍有不同，在前 4 年（1995—1999 年），最大回淤区主要分布在取水口和煤码头后侧，后 2 年（1999—2001 年）最大回淤区明显北移。如图 2 中 C1-C2 剖面线大致在最大回淤区的中间；而图 3 同样的 C1-C2 剖面线却明显位于最大回淤区的南侧，清楚地说明回淤区向岸发展的趋势。此外一期取水口南侧附近水域回淤率也明显增加。图 4 至图 7 为两次回淤率分布比较剖面图。可以清楚地看出回淤分布的差别。

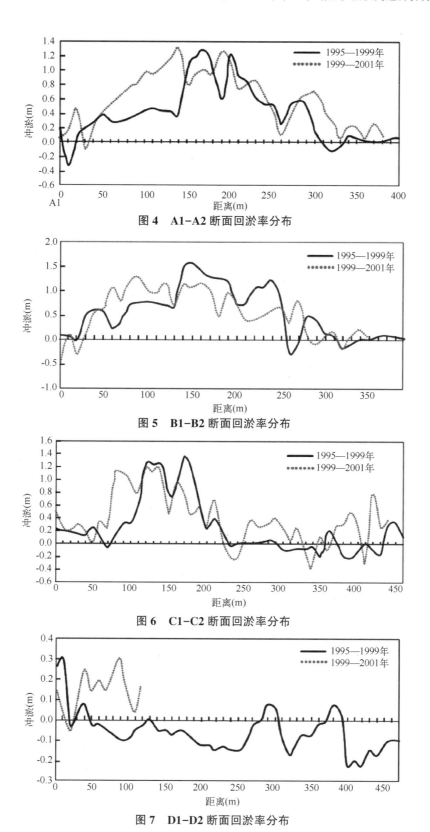

图 4　A1–A2 断面回淤率分布

图 5　B1–B2 断面回淤率分布

图 6　C1–C2 断面回淤率分布

图 7　D1–D2 断面回淤率分布

3.2.3 取水口北侧岸坡回淤率较大的原因分析

（1）落潮回流回淤。

海沧港区一期工程建成后，落潮期在电厂取水口后引水管线附近水域产生大尺度回流，这是导致泥沙回淤最主要的动力因素。

（2）引水管线的影响。

在1992年进行的物理模型试验中，引水管线埋设在取水口后侧滩面以下；实际引水管线部分布置在原地面以上，相当于取水口后侧滩面上布置一道与水流流向正交的潜坝，它将直接影响涨、落潮水流，增强泥沙回淤趋势，这应是引水管线附近显著回淤的重要环境因素。

（3）厂区附近施工滑坡的影响。

据了解，除了1995—1996年嵩屿电厂和海沧港区一期工程施工导致泥沙回淤外，1997年9月修筑取水口护岸工程时基础抛沙施工过程中曾发生滑坡现象，导致泥沙流失回淤。

（4）岸滩冲刷。

据文献［3］介绍，电厂取水泵房以西至猫公屿之间约160 m岸段为回填的土坡，测图对比表明，1995—1999年期间此段岸滩因冲刷而流失的泥沙量达6 800 m³。电厂煤码头以东岸段部分仍为回填的土坡，在较强的海洋动力作用下发生冲刷，提供了煤码头后侧水域回淤的沙源。

（5）海沧港区建设施工的影响。

1996年以来，嵩屿电厂西侧水域海沧港区1号泊位和3～10号泊位，一直在进行施工建设。港口工程的岸壁回填，需进行基槽开挖，然后将大量土石方倾倒入海，大量泥沙的悬扬流失不可避免，悬浮的泥沙由当地较强的落潮流挟带到电厂附近水域，落淤到水流动力较弱的回流区或缓流区。这可能是近年电厂涉水工程附近水域回淤率居高不下的主要原因。

4 电厂取水口、煤码头及大件码头泥沙回淤分析

4.1 电厂涉水工程及海沧和嵩屿规划港区情况

电厂取水口为烟囱式，取水井筒直径20 m，进水口高3 m，取水采用侧面周缘进水的方式；进水口底栏高出海底约3 m，由3 m×3 m廊道与泵房相连，一、二期取水口取水量均为25 m³/s。一期取水口距煤码头西端80 m（距系缆墩约30 m），一、二期取水口之间间距42 m。考虑航运要求，取水口应与航道保持一定距离，大致位于煤码头后缘，水深为12 m（图8）。

电厂专用煤码头为3.5万吨级，码头长220 m；码头轴线110°～290°，码头前沿水深为13.5 m，煤码头为栈桥式。电厂大件码头位于煤码头后方，为重力式结构。

海沧规划港区岸线东起嵩屿电厂煤码头西侧的避风坞（1号泊位），西至海沧镇的青

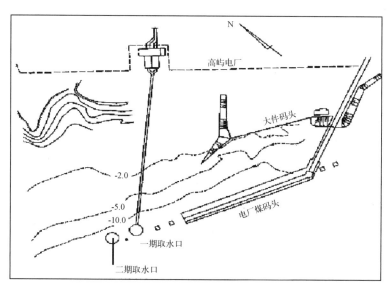

图 8　取水口与煤码头平面布置

礁，岸线总长 6 978 m；在回淤分析中，考虑岸线长 2 896 m 情况，即 1~12 号泊位建成条件[4]（图 1）。

嵩屿港区南侧码头岸线长 1 584 m，布置 10 万吨级泊位 4 个，其中西侧 1~3 号泊位和工作船码头为一期工程，岸线长 1 291 m。南侧码头岸线的东侧 4 号泊位和东岸线的 5~7 号泊位为二期工程[5]。

4.2　煤码头及大件码头泥沙回淤估算

4.2.1　回淤计算模式及条件

计算模式。电厂码头前沿基本与涨、落潮流平行，采用刘家驹航道淤积计算公式进行计算[6]：

$$P = \frac{K_2 WCT}{\gamma_0}\left[1 - \frac{V_2}{2V_1}\left(1 + \frac{h_1}{h_2}\right)\right] \tag{1}$$

计算参数的确定。根据经验，厦门湾泥沙絮凝沉速 W 取 0.05 cm/s。根据现场资料取泥沙中值粒径为 0.005 mm，则得淤积物干容重 $\gamma_0 = 664$ kg/m³。根据厦门湾多年水文测验资料综合分析，含沙量 C 取 0.14 kg/m³。

计算工况。

工况 1：无工程，天然条件；

工况 2：电厂一期工程，海沧港区一期工程（2 号、3 号泊位）；

工况 3：电厂二期工程，海沧港区 1~12 号泊位；

工况 4：在工况 3 基础上，嵩屿港区一期工程建成。

4.2.2　计算结果及分析[1,7,8]

根据物理模型水流试验结果，应用式（1）可算得煤码头前沿和煤码头与大件码头之间水域泥沙淤积率，计算结果见表 3。因各工况条件下，煤码头前流速均有所增大，煤码头港池基本上处于微冲微淤状态；煤码头后侧与大件码头之间岸坡水域水流强度有所减弱，在电厂建成初期回淤率一般为 20 cm/a 左右；嵩屿港区的建设，对此水域水流具有导流理顺作用，水流有所增强，泥沙回淤率将随之下降，从长远看，这里泥沙回淤率不大。

表 3　各种工况条件下厂区附近回淤率（cm/a）

位　置	无工程 天然条件	嵩屿电厂一期工程； 海沧港区一期工程	海沧港区 1～12 号泊位	嵩屿港区 一期工程建成
煤码头前沿	冲淤平衡 洪淤枯冲	3～4	1～4	0～3
大件码头前水域	5～6	20	21	18

4.3　电厂二期取水口泥沙回淤估算

估算取水口泥沙回淤率是比较困难的，因为取水口（墩）既与桥墩一样起阻水和束水作用，又同时起取水汇流作用，其周围水流形态十分复杂。嵩屿电厂取水口位于煤码头轴线后侧，这里原为大尺度回流区，随着取水口的相继建成，减少了主流区与回流区内外的水沙交换，也减弱了主流区对回流区的驱动作用，进而削弱了回流强度，同时减少回流回淤的范围和总体回淤率。但取水口又不同于一般桥墩，一方面取水口位于水下，另一方面取水口大量取水，既可能削弱回流，又因阻水作用和汇流作用使取水口附近局部水流强度削弱，前者会减少回流引起的回淤率，而后者导致挟沙力降低进而使取水口附近回淤率增大。因此取水口附近泥沙回淤机制十分复杂。

电厂一号、二号取水口均位于煤码头轴线后侧，处于煤码头后回流区边缘，根据电厂一期工程泥沙试验结果及综合分析可知，取水口附近的泥沙回淤形式主要为回流回淤。文献［8］中分别采用刘家驹横流淤积公式和回流回淤经验公式（2）对取水口泥沙回淤进行了计算，计算结果分别为 23～31 cm/a 和 25～27 cm/a，两结果非常接近，与近年来水下地形分析结果 28 cm/a 基本一致，因此，本次以回流回淤经验公式对取水口回淤进行计算[9]：

$$P = \phi \frac{LDVC}{A\gamma_0} T \tag{2}$$

根据 1992 年浑水悬沙试验[1]，煤码头及海沧二期建成后，取水口北侧岸坡回淤区回淤率约为 20 cm/a，可以反算出当地 ϕ 值为 0.004。将有关边界条件和动力条件代入后，可以算得嵩屿电厂二期工程取水口建成后，取水口后回流区总体平均回淤率，计算结果见表 4。此外，根据水流特点，上游侧（靠海沧港区）取水口回淤率一般要大于下游侧。

考虑到取水口附近局部回淤率可能大于回流区总体平均回淤率，特别是附近工程施工的影响，在建成初期（1~2 年），取水口局部回淤率可能会达到 40~50 cm/a；这些结果均是工程建成后初期回淤率，随着水文泥沙条件的自然调整，年平均淤积量将会逐年减少。

表 4　各种工况条件下取水口附近回流区回淤率（cm/a）

工况 位置	无工程 天然条件	嵩屿电厂一期工程； 海沧港区一期工程	海沧港区 1~12 号泊位	嵩屿港区 一期工程建成
一期取水口	冲淤平衡	25~27	33.5	35.3
二期取水口	冲淤平衡	—	33.5	35.3

4.4　取水口泥沙冲淤平衡问题初步探讨

电厂取水口与港池和航道不同，它不能停止运行来疏浚清淤，其泥沙冲淤的最终平衡状态是否危及取水口的安全，对电厂来说十分重要。下面就这一问题作一初步探讨。

采用式（1），假设床面达到冲淤平衡，即回淤率 $P=0$，则可导得下式：

$$\frac{h_1}{h_2} = \frac{(1 + 8\,q_1/\,q_2)^{1/2} - 1}{2} \tag{3}$$

式中：q 是当地单宽流量，$q=uh$，h 为当地平均水深，u 为当地平均流速；下标 1、2 分别代表工程前和工程后最终平衡条件。利用式（3）即可估算各种工程条件下的最终平衡水深，由此判断取水口泥沙最终淤积程度。计算结果见表 5。

表 5　不同工况条件下取水口处最终平衡水深（黄海零点，m）

工况	初始水深 h_1	最终平衡水深 h_2	可能淤厚
海沧 1~10 号泊位建成	-16.7	-15.36	1.34
海沧 1~10 号泊位建成； 嵩屿港区一期工程建成	-16.7	-15.02	1.68

计算结果表明，各方案条件下取水口处平衡淤积厚度均不大于 1.7 m，而取水口预留高度为 3 m，因此不会危及电厂运行。以上计算的前提条件是水流挟沙能力仅取决于水流条件，不考虑人为因素影响。在有人为因素影响时，平衡水深可能小于以上计算值。本计算结果尚有待实测资料的验证，建议加强一期取水口周围地形监测。

4.5　取水口泥沙骤淤问题分析[8]

根据经验，厦门湾水域基本未发生过泥沙骤淤现象。考虑到电厂取水工程的重要性，为保证电厂运行的可靠性，需对取水口在异常气象条件下发生骤淤的可能性及回淤强度进行分析计算。

异常气象条件主要指大风浪，由于缺乏实测的台风浪过程，为安全计，现采用（设计高水位时）重现期 50 年一遇的波要素作为异常气象条件[5]。嵩屿海域设计波要素见表 6。

表 6　嵩屿海域设计波要素[5]

位置	主浪向	$H_{1\%}$（m）	$H_{1/10}$（m）	T（s）
	ESE	4.90	4.35	7.4
嵩屿海域	SE	4.30	3.70	6.6
	S-SSE	3.20	2.80	5.9

根据刘家驹风浪掀沙公式，计算大风天电厂水域含沙量：

$$C = 0.027\,3\,\gamma_s\,\frac{(\,|\,U_T\,| + |\,U_W\,|\,)^2}{gh} \tag{4}$$

可计算得出 50 年一遇波浪条件下，取水口附近滩地泥沙含沙量为 2.84 kg/m³。取风浪过程为 48 h，用回流回淤经验公式，计算出一次风浪过程取水口淤积厚度为 6.1 cm。

4.6　洪水季节上游开闸泄洪时的取水口淤积量

由于九龙江上游各支流均已设闸蓄淡，在枯水期基本无径流下泄，此时九龙江河口及西海域水体含沙量与九龙江径流含沙量无关。但在洪季，出于防洪考虑，上游开闸放水，可能会使河口地区含沙量明显增高。为安全起见，我们进行了一次洪水过程的电厂取水口回淤计算。

1990 年 9 月 8—17 日九龙江发生一次洪峰下泄过程，此次洪峰过程中，在电厂上下游各布置一含沙量测点，上游为海沧，下游为象鼻。图 9 为两处含沙量变化过程。可以看出，洪峰下泄过程时含沙量明显高于平时，洪峰高含沙过程约为一周。图中可以看出海沧含沙量明显高于象鼻。这是由于九龙江河口西部存在大片浅滩，泥沙首先在此沉降，从而形成了含沙量分布呈西高东低态势。从地理位置看，电厂取水口距象鼻较近，考虑到象鼻处含沙量受西海域水流影响较大，为安全起见，取海沧含沙量作为电厂取水口含沙量。

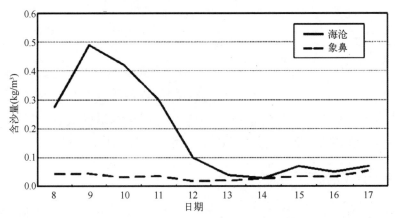

图 9　1990 年 9 月一次洪峰过程平均含沙量

海沧站实测最高日平均含沙量为 0.5 kg/m³，含沙量大于 0.3 kg/m³ 的天数共 4 d，高含沙过程为 7 d。在计算取水口淤积量时，考虑到此次洪峰过程代表性的局限，为安全计，取其峰值含沙量（0.5 kg/m³）、过程 7 d 来计算取水口淤积量。同样用回流回淤经验公式，得出一次洪水过程各种港口规划方案条件下取水口淤积量为 3~4 cm。可见上游开闸泄洪并不危及电厂运行。

另外，在洪季上游开闸泄洪过程中，每年首次开闸可能引起闸下沉积泥沙冲刷，造成高含沙水流下泄，但缺乏这方面的实测资料。从九龙江河口湾地形来看，开闸泄洪，泥沙主要在西部浅滩沉降，对河口湾东部影响较小；历次水文测验及电厂附近水下地形图比较，也未发现上游开闸泄洪对鸡屿北深槽、电厂水域造成明显影响。

5 结语

（1）取水口回淤量较大原因。现场资料分析表明，导致取水口后水域泥沙回淤增大的原因除了落潮回流回淤、引水管线的影响、厂区附近施工滑坡的影响、岸滩冲刷等原因外，主要为海沧港区建设施工的影响。

（2）电厂二期工程条件下煤码头和大件码头泥沙回淤估算。在电厂建成初期电厂码头水域泥沙回淤率约为 20 cm/a，嵩屿港区的建设，对水流具有导流理顺作用，泥沙回淤率将随之下降，从长远看，这里泥沙回淤率不会太大。

（3）电厂取水口回淤估算。嵩屿电厂二期工程取水口建成后，取水口后回流区总体平均回淤率约为 35 cm/a。在建成初期（1~2 年），取水口局部回淤率可能会达到 40~50 cm/a，以后将会逐年减少。

（4）取水口附近水域平衡水深估算。各方案条件下取水口处达到平衡水深时淤积厚度均不大于 1.70 m。在有人为因素影响时，淤积厚度可能大于上值。

（5）取水口泥沙骤淤问题分析。按照 50 年一遇波浪条件，取风浪过程为 48 h，用回流回淤经验公式，计算得一次风浪过程取水口淤积厚度为 6.1 cm。

（6）洪水季节，上游开闸泄洪时的取水口淤积量估算。以 1990 年 9 月一次洪峰过程中实测含沙量为依据，用回流回淤经验公式，计算出一次洪水过程各种港口规划方案条件下，取水口淤积量为 3~4 cm。即上游开闸泄洪并不危及电厂运行。

参考文献

［1］嵩屿电厂煤码头附近水域潮汐水流及泥沙运动规律研究［R］. 南京水利科学研究院，1992.

［2］嵩屿电厂三期工程（联合循环电厂）取水区域岸滩稳定性咨询报告［R］. 南京水利科学研究院，1996.

［3］杨顺良，等. 厦门嵩屿电厂取水口附近海域冲淤变化分析［J］. 海洋工程，2001（5）.

［4］厦门港海沧港区规划（汇报稿）［R］. 中交第一航务工程勘察设计院有限公司，2004.

［5］厦门港嵩屿港区规划功能调整［R］. 交通部规划研究院，2004.

［6］刘家驹. 海岸泥沙运动研究及应用［M］. 北京：海洋出版社，2009.

［7］厦门海沧开发区码头岸线总体规划数学模型和回淤计算［R］. 南京水利科学研究院，1991.

［8］嵩屿电厂一、二期工程取水口潮流模型试验与泥沙冲淤分析［R］. 南京水利科学研究院，1996.

［9］武汉水利电力学院. 河流泥沙工程学（下册）［M］. 北京：水利出版社，1982.

九龙江河口湾港口岸线利用总体规划整体物理模型试验研究

摘　要：通过物理模型试验，掌握九龙江河口湾港口岸线规划方案条件下码头前沿港池水流特点和泥沙回淤规律，寻求经济上合理、技术上可行的最佳方案，为规划、设计和施工单位提供可靠的科学依据。

关键词：九龙江河口湾；岸线利用；总体规划；物模试验

1　前言

九龙江是福建省第二大河，河口处为一口小腹大的狭长河口湾，河口湾总纳潮面积达 100 km² 以上，九龙江河口湾外没有拦门沙，水域宽阔，船舶航运条件好。河口湾两岸岸线是十分宝贵的资源（图 1）。整体模型着重研究九龙江河口湾规划方案对水流流态和泥沙运动的影响，寻求经济上合理、技术上可行的最佳方案，为规划、设计和施工单位提供可靠的依据。保证九龙江河口湾两岸港口、海岸（线）资源被可持续开发、利用和保护。

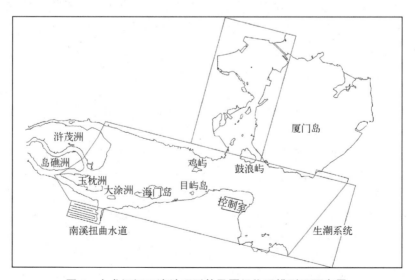

图1　九龙江河口湾地理形势及厦门物理模型平面布置

本研究主要从工程角度研究九龙江河口湾水沙基本特点及岸线开发基本思路；通过模型试验，研究各种规划方案潮汐水流作用和泥沙运动特点；推荐优化方案和分期实施基本方案，进行回淤预报；综合分析浅滩演变趋势和鸡屿南北深槽稳定性，预测鸡屿以西岸线浅水深用的开发潜力，估算浚深后的平衡水深。

2 九龙江河口湾潮汐水流整体模型范围及比尺

根据研究目的的要求，新的九龙江河口湾物理模型应包括整个九龙江河口湾及厦门南港区全部水域。东边界在塔角附近，西到南、北、中港；南到大磐浅滩，北至东渡湾北端的杏林海堤，模型东西范围约 30 km，南北约 24 km；涵盖的水域面积近 250 km²。

模型布置情况如图 1 所示。最后确定物理模型水平比尺为 $\lambda_1 = 500$；模型垂直比尺为 $\lambda_h = 70$；模型变率为 7.14。

3 九龙江河口湾港口岸线规划原则和试验组次

3.1 九龙江河口湾港口岸线规划原则

在进行九龙江河口湾岸线利用规划和方案比选优化试验研究时，应遵循以下原则：
（1）尽量少占有海域，避免减少纳潮面积；
（2）尽量利用天然深槽，维持深槽和外航道水流强度，尽量减少各种工程方案对九龙江河势的影响，避免产生较大回淤和地形剧烈变化；
（3）岸线尽量平顺，特别是码头前水流平顺，减少横流和回流现象；
（4）近期规划方案应与远期总体规划方案相统一。

3.2 规划方案试验组次

在模型中共进行了 23 组方案试验。其中基本方案如图 2 所示。

4 九龙江河口湾北岸港区规划基本方案水流特点

4.1 九龙江河口湾北岸港区规划基本方案地形特点（文中水深均按理论基面）

图 3 为沿图 2 中九龙江北岸规划基本方案Ⅱ港区中心线和港区外 150 m 滩面绘制的东西纵向地形剖面图。由图可知，在东西 10 km 范围内，仅东部 2.5 km 水域水深较大；在 14~22 号泊位段范围内天然水深仅为 1.5~5.0 m，意味着建港需开挖 12.0~15.5 m。

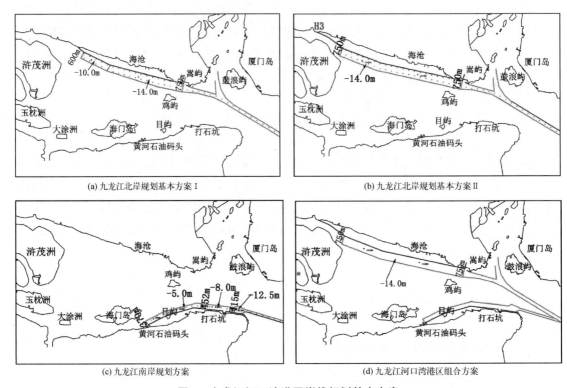

(a) 九龙江北岸规划基本方案 I

(b) 九龙江北岸规划基本方案 II

(c) 九龙江南岸规划方案

(d) 九龙江河口湾港区组合方案

图 2　九龙江河口湾港区岸线规划基本方案

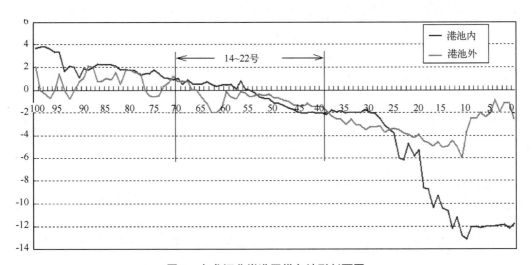

图 3　九龙江北岸港区纵向地形剖面图

4.2　九龙江河口湾北岸港区规划基本方案实施后港池水流特点

（1）试验表明，在北岸港区规划基本方案条件下，港池内水流比较均匀平顺。

（2）港区涨、落潮平均流速比天然流速减少，且落潮流减小幅度大于涨潮流。越向西由于港池开挖，工程前后水深变化越大，流速减小越多；海沧以西，停泊区流速减小22%～24%；调头区流速减小16%～26%（表1）。

表1　海沧港区11～22号泊位港池半潮平均相对流速

位置	停泊区		调头区	
	涨潮	落潮	涨潮	落潮
海沧港区建成	0.78	0.76	0.84	0.74

注：相对流速指工程后流速与工程前流速之比。

（3）落潮阶段西部港池边缘存在"归槽水流"。

因北岸西部港池是在浅滩上开挖而成，落潮阶段滩面水深仅1～2 m；而相邻港池水深达17 m，当港区形成后，浅滩上落潮流因滩槽之间较大的床面坡降而形成比较强的归槽水流从浅滩冲入港池，此外，深槽潮波传播速度大而浅滩潮波传播速度小，导致滩槽之间潮波出现相位差，这是落潮期滩槽之间发生"归槽水流"的主要原因。此外，许茂洲南侧中港口的落潮主流向为东北向，在海沧西侧与北港口落潮流汇合，这股落潮流进一步加强了从浅滩冲入港池的水流。

模型中测得的九龙江北岸港区方案条件下港池边缘落潮横流流矢图如图4所示。

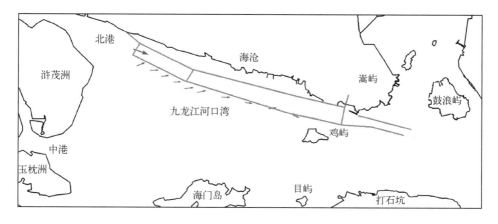

图4　九龙江河口湾北岸规划基本方案I西部港池边缘落潮横流流矢图[1]

（4）西端码头前沿水域存在局部回流。

由于西端码头岸线凸出于天然岸线，在落潮期具有挑流作用，使西端码头前沿形成局部回流。试验还表明，港池开挖后，由于港池水域水深较大，此回流强度及范围均大大减弱。

5 九龙江北岸港区规划方案优化比选试验

5.1 九龙江北岸港区规划优化比选方案（图5和图6）

为了有效减少西部港池的"归槽水流"，在基本方案Ⅰ、Ⅱ基础上进行优化比选方案试验研究。根据图5所示九龙江河口湾规划方案布置特点，优化比选方案可以分为三种类型，即开敞式、半封闭开挖式和通道式。导流堤一端与岸相连即形成半封闭挖入式港池，否则即形成通道式港池。

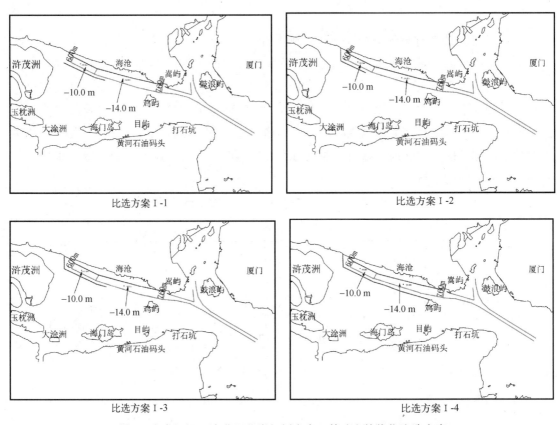

图5 九龙江河口湾港区北岸规划方案Ⅰ基础上的优化比选方案

5.2 九龙江河口湾北岸各规划比选方案水流泥沙条件的综合分析

根据物理模型试验成果，对九龙江河口湾北岸各规划方案的水流泥沙条件进行了综合分析。

5.2.1 港池水域水流特点

（1）两种开敞式基本方案（Ⅰ和Ⅱ）港池范围水流条件差别不大。东部港区涨、落潮

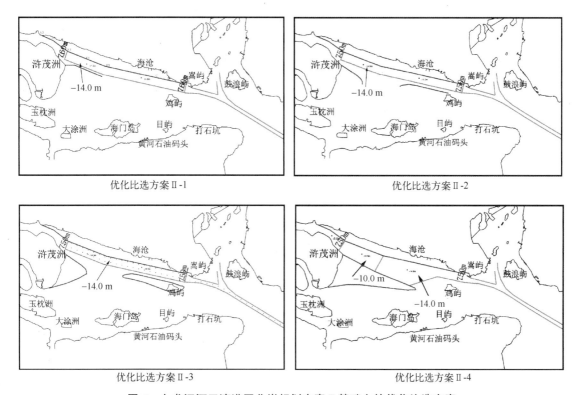

图6　九龙江河口湾港区北岸规划方案Ⅱ基础上的优化比选方案

平均流速比天然流速略有减小，越向西流速减小越多；因滩槽高差较大，西部港池边缘存在较强归槽水流。

（2）在西部港区外缘布置导流堤的通道式方案（Ⅰ-1或Ⅱ-1），可以有效地减少归槽水流及滩槽水体交换，堤后流速小于开敞式，但堤头缺口处局部横流有加强的趋势。在鸡屿西侧布置导堤方案（Ⅱ-2）条件下，堤头附近流速发生较大变化；特别是落潮流，纵向流速分布梯度过大，对航运和泥沙淤积都是不利因素。

（3）当西部导流堤与岸相连，形成半封闭式港池（方案Ⅰ-2～Ⅰ-4），可以解决落潮期浅滩归槽横流问题。

5.2.2　北岸规划港区方案码头港池范围泥沙回淤分析

5.2.2.1　计算方法

针对九龙江河口湾不同规划方案布置情况，应采用不同计算方法。

（1）开敞式挖槽，采用刘家驹公式[2]：

$$P = \frac{WCT}{\gamma_0}\left\{K_1\left[1-\left(\frac{h_1}{h_3}\right)^3\right]\sin\theta + K_2\left[1-\frac{V_2}{2V_1}\left(1+\frac{h_1}{h_2}\right)\right]\cos\theta\right\} \quad (1)$$

（2）顺岸式挖槽，基本方案Ⅰ、Ⅱ等顺岸式码头港池，计算时可采用$\theta=0$条件，这时式（1）为

$$P = \frac{K_2 WCT}{\gamma_0}\left[1 - \frac{V_2}{2V_1}\left(1 + \frac{h_1}{h_2}\right)\right] \tag{2}$$

（3）半封闭式挖坑，在航道端头，如果滩面水深较小，回淤计算时航道挖槽应作为半封闭挖坑处理：

$$P = \frac{WCT}{\gamma_0}K_1\left[1 - \left(\frac{h_1}{h_2}\right)^3\right] \tag{3}$$

（4）半封闭开挖式（或环抱式）港池[3]，采用以下关系式计算：

$$P = k\frac{WCT}{\gamma_c}\exp(-\beta A^{0.3}) \tag{4}$$

（5）通道（穿堂）式港池，根据经验，可以按准恒定非均匀输沙条件考虑[4]：

$$\frac{\partial(Q_x C)}{\partial x} + \alpha BW(C - C_*) = 0 \tag{5}$$

式中：挟沙率 C_* 可用刘家驹公式计算[2]：

$$C_* = 0.027\ 3\gamma_s\frac{(V_1 + V_2)^2}{gh} \tag{6}$$

（6）回流区回淤估算，计算式为[5]

$$P_S = \phi \cdot L \cdot h \cdot U_F \cdot C_F \cdot f(\theta)T/\gamma_0 \tag{7}$$

式中：$f(\theta)$ 为岸线与主流之间交角的函数，用式（8）计算[6]：（式中参数 $\sigma = 0.542$）

$$f(\theta) = \exp\left[-\frac{(\theta - \pi/2)^2}{2\sigma}\right] \tag{8}$$

（7）归槽水流引起的推移质回淤计算，利用《泥沙手册》推荐的沙莫夫推移质输沙率公式，计算部分九龙江河口湾北岸规划方案在横流作用下港池内泥沙回淤量[7]：

$$g_b = 9.31d^{\frac{1}{2}}\left(\frac{U}{U_c/1.2}\right)^3\left(U - \frac{U_c}{1.2}\right)\left(\frac{d}{h}\right)^{\frac{1}{4}} \tag{9}$$

5.2.2.2　港池泥沙回淤分析计算结果

（1）因为越向西流速减小越多，而含沙量越大，回淤量也越大。在开敞式方案条件下西部港区回淤率为 1.15~1.60 m/a，东部为 0.1~0.2 m/a；基本方案Ⅱ与Ⅰ回淤率大致接近。

（2）计算表明，落潮期归槽"横流"引起的推移质回淤量并不大，但因泥沙粒径较粗，落淤位置比较集中。

（3）"通道式"港池因导流挡沙堤阻挡了滩槽水沙交换，计算回淤量一般比开敞式少。因九龙江河口湾内浅滩范围大，布置导流挡沙堤虽可以解决堤身范围横流输沙问题，但会使堤头缺口处"横流"作用加强，淤积集中。导流挡沙堤不适当的布置方式或不适当的长度都会使问题复杂化；从水流泥沙角度，不推荐导流堤方案。

（4）半封闭港池范围内回淤率一般小于其他形式港池，特别是当半封闭港池口门位于含沙量较低处，回淤率减少更为显著。

（5）虽然方案Ⅱ-4港池水流强度减少较多，但港内没有浅滩供沙，西部港区泥沙回淤率较低，仅 0.6 m/a，回淤量也不大。

5.2.3 对九龙江河口湾河势影响

基本方案Ⅰ和Ⅱ，基本维持了九龙江河口湾天然河势，断面平均流速与天然条件相当。布置导流堤，河势变化也不大；但在半封闭港池情况下，特别当导流堤延伸到鸡屿（方案Ⅰ-4），阻挡了所有北向水流，将部分主流向南逼，流速增大近 20%。在方案Ⅱ-4条件下，浒茂洲楔形围地将整个九龙江河口湾水域南北一分为二，北侧水流流速减少近83%，南侧水流则增加 17%。九龙江河口湾整个河势发生较大变化（图 7 和图 8）。

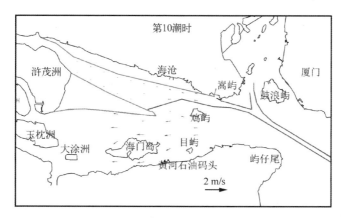

图 7 方案Ⅱ-4 涨急流矢图

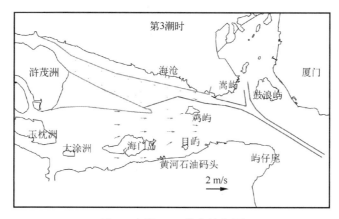

图 8 方案Ⅱ-4 落急流矢图

5.2.4 九龙江河口湾内潮汐棱体的变化及对外航道的影响

（1）虽然北岸港区的建设将减少九龙江一定的纳潮面积，但各规划方案西部港池处原地形水深仅 1~2 m，开挖形成港池后也将增加部分纳潮水量；在九龙江河口湾北岸规划基本方案及大部分比选方案条件下，湾内潮汐棱体减少约 2%~3%，但浒茂洲围海方案Ⅱ-3和Ⅱ-4 条件下潮汐棱体减少均超过 5%。

（2）从对厦门湾起控制作用的厦门大学—屿仔尾断面潮流量变化情况来看，各规划方案引起潮流量减少幅度一般不超过 10%，大部分在 3%~8% 的范围内，仅方案Ⅱ-4较大，达到 12% 左右。潮流量的减少，一般将增加海湾口门处泥沙淤积趋势，导致水深变浅。如仅从潮流量条件看，方案Ⅰ略优于方案Ⅱ及其他各方案，方案Ⅱ-3较差，Ⅱ-4最差。

（3）从湾内外平衡水深和冲淤趋势看，几个基本规划方案排序为：Ⅰ，Ⅱ，Ⅱ-2，Ⅱ-4。

（4）从外航道水流和泥沙回淤条件看，方案Ⅰ和Ⅱ较好，方案Ⅱ-2其次，方案Ⅱ-4较差。

6 招银规划港区方案水流特点和泥沙回淤初步分析

6.1 招银规划港区方案码头港池范围水流特点

（1）水流形态。在厦门湾特定的地形边界条件下，位于九龙江河口湾南岸的招银港区岸线位置，基本上相当于弯道河流的凸岸，涨、落潮水流均被挑离岸线，涨潮流尤为明显。招银港区方案实施后，大部分港区岸线与天然岸线条件相差不大，流态基本上也和天然条件接近。在涨潮流阶段，东部码头港池范围均存在比较明显的回流和涡流。

（2）水流强度。由于涨潮期东部码头前回流区的存在，招银港区方案实施后，打石坑-屿仔尾范围港池内涨潮流均有所减少，且屿仔尾港区减少幅度大于中部打石坑港区。落潮期，中部港池水流稍有增长（3%~4%），东部基本维持天然水平。

（3）组合方案条件下招银港区水流条件。组合方案条件下，招银西部港区涨落潮流水流强度比未建北岸规划港区前稍有减弱，涨潮流减少幅度大于落潮流；中部港区和东部港区落潮水流稍有增强，涨潮流基本维持原状；航道范围影响更小。从水流角度看，九龙江北岸港口建设对南岸没有明显的不利影响。

6.2 招银规划港区方案码头港池范围泥沙回淤初步分析

根据工程前后水流和水深条件算得招银港池范围回淤量约为 70×10^4 m³/a，外航道为 2.5×10^4 m³/a。东部港区回淤率较大，约为 60 cm/a，西部及中部港区回淤率仅 5~6 cm/a。

在各组合方案条件下，招银港区回淤量与未建北岸港区情况相差不大。

7 设计洪水与大潮组合对行洪影响的试验研究

在物理模型中着重研究分析推荐规划方案对九龙江河口湾内行洪条件的影响，即在设计洪水和大潮组合条件下，推荐规划方案实施后九龙江河口湾范围内水流条件（主要指水位）的变化，即港口工程方案是否对九龙江河口湾防洪标准产生影响。

7.1 试验条件和组次

九龙江行洪条件：洪水流量为 3 000~17 300 m³/s 与累计频率为 10% 的大潮组合条件。

九龙江河口湾岸线边界条件：2000年现状；北岸港区方案Ⅱ与招银港区方案组合条件。

7.2　规划方案实施后对行洪期九龙江河口湾内水位的影响

试验结果如下：

（1）九龙江河口湾港区规划方案实施后，对九龙江河口湾内行洪水位并无不利影响。行洪期最高水位一般都有所下降，在湾口部位高潮位下降幅度不大于10 cm，湾中和湾顶下降幅度在15 cm以内。

（2）港口工程实施后，与无工程条件相比，北港口泄洪最高洪水位下降10~15 cm，由于北岸规划港区方案开挖水深较大，最低洪水位下降较大，达30~115 cm；洪水流量越大，工程实施后最低洪水位下降得越多。

（3）港口工程实施后，与无工程条件相比，中港口与南港口泄洪最高洪水位有所降低，下降幅度在10 cm以内，最大15 cm，最低洪水位则有升有降，升降幅度在5 cm以内。

8　结语

8.1　北岸规划方案优化比选试验主要成果（表2）

表2　九龙江河口湾北岸规划部分优化比选方案试验成果一览

研究项目	Ⅰ	Ⅰ-4	Ⅱ-1	Ⅱ-2	Ⅱ-4
岸线长度（m）	9 300	9 300	11 700	11 700	20 000
港池面积（km²）	6.15	6.15	8.78	8.78	16.9
港池流态	好	好	好	较好	好
港池流速减幅（%）	31	82	26	30	75
港池悬沙回淤率（cm/a）	59	20	71	65	23
港池悬沙回淤量（×10⁴ m³/a）	364	120	624	571	384
横流引起的泥沙回淤量（×10⁴ m³/a）	32.4	0	22.3	9.5	4.0
对九龙江河口湾内河势的影响	影响甚小	影响小	影响甚小	影响较小	影响较大
纳潮面积减少（%）	4.5	4.5	6.8	6.8	17.0
纳潮量减少（%）	涨潮 5 落潮 5	涨潮 6 落潮 0	涨潮 7 落潮 5	涨潮 7 落潮 6	涨潮 10 落潮 7
湾内外冲淤趋势（cm）*	湾内 11 湾外 2		湾内 26 湾外 40	湾内 20 湾外 85	湾内 -15 湾外 91
外航道回淤量（×10⁴ m³/a）	5.21	4.85	5.25	6.21	7.63

注："+"为淤，"-"为冲。

（1）模型试验表明，基本方案Ⅰ、Ⅱ港区水域水流比较平顺，对九龙江河势影响较小，即九龙江河口湾"浅水深用"规划港口布局是可行的，关键是要解决好西侧港池范围归槽水流问题。

（2）在西部港区外缘布置导流堤的通道式方案，可以减少局部归槽水流及滩槽水体交换，但堤头缺口处局部横流有加强的趋势；较难根本解决局部横流问题。

（3）在九龙江北岸建设半封闭的挖入式港池，港内泥沙回淤率最小，可解决"浅水深用"引起的"归槽水流"问题。但半封闭港池范围内水动力较弱，港内水质环境较差。

（4）虽然方案Ⅱ-4港池范围水流泥沙条件尚好，但它使九龙江河口湾河势变化较大，造成九龙江河口湾内外水沙动力环境发生较大变化。

8.2 组合方案试验成果

试验表明：在北岸各规划方案实施后，招银港区落潮流水流均稍有增强，涨潮流稍有减少；其外航道范围则相反，涨潮流稍有增强，落潮流稍有减少，增减幅度都不大。九龙江北岸港口建设对南岸没有明显的不利影响。

8.3 设计洪水与大潮组合对行洪影响的试验研究

物理模型试验结果表明，在规划方案条件下，对九龙江河口湾内行洪水位并无不利影响。在各种设计洪水流量与10%大潮组合条件下，规划方案实施后，行洪期最高水位一般都有所下降，在湾口部位高潮位下降幅度不大于10 cm，湾中和湾顶下降幅度在15 cm以内。

8.4 问题和建议

（1）我国目前建港的重点之一是大型深水港的建设，"浅水深用，浅滩深挖"不仅具有重要的现实意义，在海洋工程泥沙学术领域中也是一个新课题。本研究对各种形式规划方案的泥沙回淤和滩槽水沙交换规律等进行了定床试验和分析研究。建议在下一阶段的规划布局工作中，安排进行浑水悬沙回淤和局部动床试验研究，以便使本项工作具有更可靠扎实的基础。

（2）本研究主要着眼于港口和航道水运方面的要求，规划方案具体实施的可行性还应综合考虑厦门湾内外水体交换、水利建设、环境保护、生态平衡以及城市建设规划、社会效益和经济效益等诸多因素。

参考文献

［1］厦门湾港口总体布局规划九龙江河口湾港口岸线利用总体规划整体物理模型试验［R］. 南京水利科学研究院，2001.

［2］刘家驹. 淤泥质海岸航道、港池淤积计算方法及其应用推广［J］. 水利水运工程学报，1993（4）.

［3］徐啸. 海岸河口半封闭港池悬沙回淤规律研究［J］. 泥沙研究，1993（4）.

［4］徐啸. 近海航槽的回淤率计算［J］. 海洋学报，1990（1）.

［5］武汉水利电力学院. 河流泥沙工程学（下册）［M］. 北京：水利出版社，1982.

［6］谢鉴衡，殷瑞兰. 低水头枢纽引航道泥沙问题［J］. 第二届国际河流泥沙研讨会论文集. 南京，1983.

［7］中国水利学会泥沙专业委员会. 泥沙手册［M］. 北京：中国环境科学出版社，1992.

厦门港海沧港区"浅水深用"问题研究

摘　要： 为满足厦门港口建设的需要，提出了在九龙江河口湾北岸规划海沧深水港区的方案，此范围天然水深仅为 1.5~5.0 m，如建设深水港需开挖 12.0~15.5 m，规划方案是否可行取决于港区的泥沙回淤强度。本文通过对已进行的模型研究成果和现场资料分析，指出随着码头岸线向西发展，航槽和滩面海床高程差的加大，港池内不仅存在因水深增大，流速减缓并引起悬沙淤积，还需考虑"归槽水流"刷滩作用引起的回淤。根据各种水流特点，计算了浅滩深挖后港池内泥沙回淤率，认为在海沧港区建设深水港是可行的。

关键词： 厦门港；海沧港区；浅水深用；泥沙回淤

1　九龙江北岸海沧港区规划和浅水深用问题的提出[1]

图 1 为 2000 年九龙江河口湾地形图，可以看出，鸡屿以北、嵩屿电厂煤码头以西，有一长约 2.5 km 水深达 10 m 左右的天然深槽。

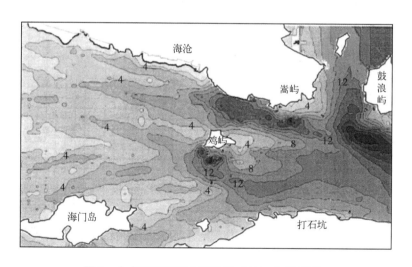

图 1　九龙江河口湾水下地形（2000 年地形图）

自 20 世纪 90 年代初即开展了海沧港区规划。根据规划工作的深度和特点，以及港区的范围，可划分为前期规划阶段（1990—1999 年）和近期规划阶段（2000—2008 年）。

1.1 前期规划（1990—1999 年）

1990 年 8 月，在交通部水运规划设计院编制的《厦门港总体布局规划》中，厦门市可用于建港的深水岸线长度仅 10.4 km，海沧港区深水岸线（自西鸭蛋山至宫前山）长度仅 2.5 km（图 1）。

1998 年 11 月，厦门港务局编制了《厦门港总体布局规划》；"厦门港"建港的岸线使用长度 15.74 km；可用建港的深水岸线长为 12.35 km。海沧港区中嵩屿至西鸭蛋山 1.4 km 岸线，作为大型油轮码头；西鸭蛋山至宫前山，岸线长 2.5 km，以海沧开发区临海工业的货主码头为主。

2000 年以前关于海沧港区的总体规划有以下局限性：

（1）仅仅对海沧 2.5 km 深水岸线进行规划；

（2）缺乏对九龙江河口湾整体布局规划的指导性原则，未考虑对九龙江海域环境的影响；

（3）缺乏资料支撑，海门岛以西几乎没有可靠的地形图，水文测验资料也是局部少量测站资料。

1.2 近期规划（2000—2008 年）

2000—2001 年，着重对九龙江河口湾港口岸线进行了全面、大规模的现场勘察和模型试验研究，对九龙江北岸和海沧港区也进行了系统研究。此次规划有以下特点：

（1）进行了大规模的水文泥沙水文测验和地形测量，全面深入掌握了九龙江基础资料；

（2）第一次明确提出九龙江岸线"浅水深用"的要求。

在此基础上，交通部规划研究院 2001 年编制完成《厦门湾港口总体布局规划（送审稿）》。

2006 年 2 月，交通部规划研究院根据厦门港发展面临的形势和腹地经济社会发展的需求、港口资源的特点，吸收了已有各项规划工作的成果，本着整合资源、统筹规划、合理布局、突出重点、协调发展的原则，调整、修订完成《厦门港总体规划》[2]，其中关于九龙江北岸港区岸线布置情况如图 2 所示。海沧港区岸线（自嵩屿电厂码头西至九龙江北港口）长 11 km 余。

图 3 为沿九龙江北岸港区中心，由 1 号泊位向西绘制的地形剖面图（根据 2000 年地形测图）。由图可知，在九龙江北岸规划岸线东西 11 km 范围内，仅东部 2.5 km 水域水深较大；在 14~22 号泊位段范围内（海平面以下）天然水深仅为 1.5~5.0 m，即建港需开挖 12.0~15.5 m。于是我们必须首先回答浅水深用条件下的港区泥沙回淤问题。

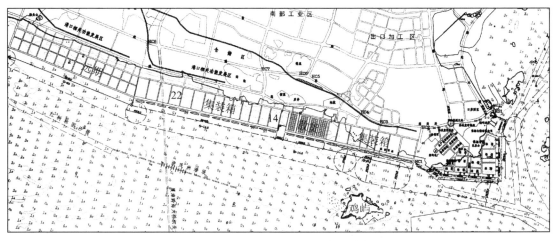

图 2　九龙江北岸海沧港区规划[2]

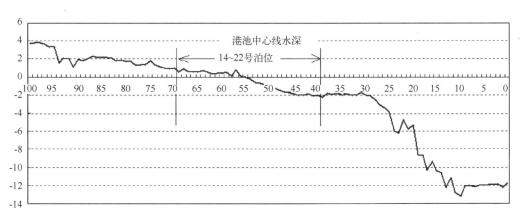

图 3　九龙江北岸海沧港区纵向地形剖面图（规划港池床面标高为−14 m）

（图中纵坐标为厦门理论基面，单位为 m，横坐标每单位长度为 100 m）

2　海沧港区工程实施前后潮流场的变化及特点

　　"浅水深用" 的关键问题是浅滩挖槽后的泥沙回淤强度，这又与挖槽前、后港区附近水域水流特点密切相关。下面主要依据物理模型[3]和数学模型研究成果[4,5]，介绍九龙江北岸海沧港区 1~22 号泊位区建成情况下的挖槽内及附近浅滩上的水流特点。

2.1　物理模型试验成果[3]

　　根据物理模型试验成果，海沧港区水域水流有如下三个特点。

　　（1）港池内流速明显减小。海沧港区建成后，由于港区水深加大，涨落潮流流速均有不同程度减小。从空间上看，港区西部流速减小幅度大于东部；从潮型上看，落潮流减小幅度大于涨潮流；停泊区流速减小 22%~24%；调头区流速减小 16%~26%。

（2）落潮阶段港池边缘存在"归槽水流"。因为北岸规划港区方案西侧港池大部分是在浅滩上开挖而成，落潮阶段水位较低时港池西端原滩面水深仅 1~2 m，潮波波速小（$c=\sqrt{gh}$），床面阻力大；而港池挖后水深达 17 m，由于相邻浅滩、深槽水深差别较大，即深槽潮波传播速度大而浅滩潮波传播慢，导致滩槽之间潮波出现相位差；这是落潮期滩槽之间发生"归槽水流"的主要原因。此外，因九龙江中港口北侧落潮主流向为东北方向，在海沧西侧与北港口落潮流汇合后进入鸡屿北水道。当九龙江北岸港区形成后，浅滩上这股落潮流进一步加强了从浅滩流入港池的水流流速。需要特别指出，港池西端来自北港的落潮流也以较大流速"流入"港池，这将成为造成海沧西港区港池回淤的主要原因。

（3）西端码头前沿水域存在局部回流。由于西端码头岸线凸出于天然岸线，在落潮期具有挑流作用，使西端码头前沿形成局部回流。

2.2 数学模型计算成果[4,5]

以下着重介绍文献［5］的主要成果，由图 4 可以看出九龙江北岸海沧港区工程实施后有如下变化：

（1）港池范围内因水深较大，涨落潮水流普遍减小。

（2）港区水域西端滩地落潮流较工程前增加，落潮归槽水流直接从滩上流入港区水域，滩槽水深差别越大，流速增加越多，22 号泊位落急流速增加 0.64 m/s，增幅达 75%（图 4）。

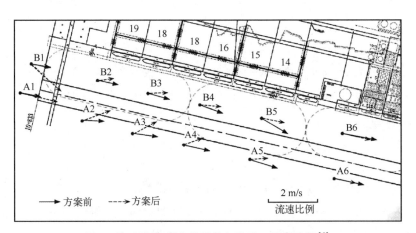

图 4　海沧港区建港前后落急流速、流向变化[5]

（3）海沧港区工程实施后，越靠西部，滩槽水深差别越大，落潮流流向向北偏转越大，即与航道交角越大，流速也明显增大（图 4 中 A2、A3 测点）；但 18 号泊位以东的 A4、A5 测点，虽然流向仍然偏向港池，但水流流速反而减小。可以看出航道落潮归槽水流强度由西向东渐弱，影响范围主要在 18~22 号泊位。

（4）九龙江北岸水域天然条件下涨、落潮水流为比较平顺的往复流，港口工程实施后，由于西端码头将落潮流挑离码头，在西部码头前沿产生局部回流或缓流区。

以上结果与物理模型基本一致。

3　海沧港区泥沙回淤分析

3.1　现场实测资料分析

3.1.1　海沧港区 10 号泊位港池水域挖槽回淤分析[6]

海沧港区 10 号泊位为 5 万吨级化工码头，工程前该水域水深为 1.5～3.0 m；停泊区设计宽度 64 m，设计底标高-13.8 m；调头区设计宽度 350 m，长度 430 m，设计底标高 -7.5 m。

港池水域疏浚工程于 2002 年 9 月完工；从测图对比结果看，在 2002—2004 年期间，10 号泊位水域海底处于弱淤积状态，停泊区西侧部分区域有一定程度的冲刷。

表 1 为不同时段 10 号泊位停泊区和调头区平均水深。可以看出，海沧港区 10 号停泊区平均浚深 12.0 m，最大年淤积约 1.14 m，停泊区年平均淤积为 0.47 m。调头区平均浚深 4.5 m，最大年淤积 0.69 m，年平均淤积 0.14 m。可以认为海沧港区 10 号泊位区挖槽是稳定的，泥沙回淤量有限。

表 1　不同时段 10 号泊位停泊区和调头区平均水深（m）

	2002 年 8—9 月	2003 年 4 月	2003 年 11 月	2004 年 12 月	2005 年 8 月
停泊区	14.18	14.48	14.04	13.53	12.77
调头区	8.22	8.17	8.28	8.25	7.79

3.1.2　海沧港区 15～22 号泊位前沿水域近期演变分析[7]

根据 2000 年、2005 年、2006 年和 2007 年实测海沧 15～22 号泊位前沿水深资料，对港区前沿水域进行平面等深线变化比较和容积计算，分析港区前沿水域近期的冲淤演变特征。

表 2 为研究水域的容积变化表，可以看出，2000—2005 年，该水域容积基本不变，而 2005—2006 年，容积减小了 7.32×10^5 m^3。这说明 2005 年以前港区前沿水域处于基本稳定状态，而 2006 年以来，由于人为因素干扰，呈不规则变化。

表 2　海沧港区 15～22 号泊位前沿水域容积变化（计算基面：黄海零点）

年份	2000	2005	2006	2007
容积（×10^6 m^3）	6.129	6.131	5.399	8.373
计算面积（m^2）		1 792 951		

3.1.3　海沧港区 14~19 号泊位岸壁工程基槽现场地形变化分析[7~9]

海沧港区 14~19 号泊位岸壁工程有关施工单位在基槽施工过程中进行了地形观测，并进行了冲淤分析。从现场观测的资料分析结果可知：①由于各单位交错施工，地形变化的影响因素较难确定；②基槽范围内回淤量较小；③海沧港区风浪较弱，未发现风浪引起泥沙骤淤现象。

3.2　海沧港区 14~22 号泊位区泥沙回淤计算途径

3.2.1　海沧港区泥沙回淤机制

根据海沧港区工程前后流场特点可知，由于浅滩深挖，产生三种回淤机制：深槽水流减小，导致深槽范围内悬沙回淤；落潮期在港池西端和南侧边滩上归槽水流刷滩引起的淤积；因西端岸线不平顺引起的挑流作用，在西部码头前沿水域产生局部回流区，导致回流回淤。

3.2.2　计算方法

（1）挖槽后流速减小引起的悬沙回淤。

九龙江河口湾海域悬沙中值粒径为 0.004~0.007 mm，港区开挖后的泥沙回淤主要是悬沙淤积结果。对于开敞式挖槽，采用刘家驹公式比较合适[10]：

$$P = \frac{WCT}{\gamma_0}\left\{K_1\left[1-\left(\frac{h_1}{h_3}\right)^3\right]\sin\theta + K_2\left[1-\frac{V_2}{2V_1}\left(1+\frac{h_1}{h_2}\right)\right]\cos\theta\right\} \tag{1}$$

式中：W 为黏性细颗粒泥沙絮凝沉速，九龙江悬沙平均中值粒径在 0.004~0.007 mm 范围内，W 取为 0.05 cm/s；γ_0 为淤积泥沙干容重，$\gamma_0=720$ kg/m³；C 为当地年平均含沙量，依据 2000 年 11 月实测枯季大潮资料，自东向西含沙量取值为 0.15~0.20 kg/m³。

根据文献［4］和文献［5］成果中有关资料，进行插值换算得到海沧港区各泊位段流速、流向。

（2）"归槽水流"引起的刷滩作用和深槽回淤。

归槽水流对临近浅滩和边坡的冲刷作用，不仅与水流强度及边界条件等有关，而且与当地的底质条件密切相关，不同的底质条件需用不同的计算模式和方法。根据现场资料，海沧西港区底质是"淤泥"或"淤泥混沙"，在落潮流阶段，较强的"归槽水流"将引起滩面泥沙悬扬含沙量加大。在进行回淤计算时，根据模型提供的流速数据，计算"归槽水流"引起的含沙量增值，以反映归槽水流掀沙影响。根据文献［5］数据，航槽西端 A1 点流速工程前为 0.84 m/s，工程后增加到 1.59 m/s，流速增加近 1.9 倍（图 4），在水深一定的情况下水流对床面剪切力与流速的平方成正比，含沙量约为原来的 3.6 倍，即西端受归槽水流影响局部区域含沙量取 0.72 kg/m³。

（3）回流区回淤估算。

导致回流区泥沙回淤的动力机制包含两部分：一是扩散作用引起的泥沙淤积，回流区外侧主流区含沙量较大，回流区含沙量较小，在界面法线方向存在含沙量梯度，通过水流的紊动扩散作用，泥沙不断地由主流区穿越界面进入回流区，其中部分泥沙在随回流旋转过程中沉积，形成回流淤积；此外，有相当数量的淤积是清浑水交换，即"补偿流淤积"。下面借助河流条件下的一些研究成果，估算海沧港区规划方案工程回流区回淤强度。

回流区回淤量（m^3/a）计算式为[11]：

$$P_S = \phi \cdot L \cdot h \cdot U_F \cdot C_F \cdot f(\theta) T/\gamma_0 \tag{11}$$

式中：L 为回流区长度；h 为主流与回流交界面处的平均水深；U_F 和 C_F 分别是半潮平均流速和含沙量；ϕ 为综合系数，这一系数主要与回流区侧向阻力系数、含沙量的横向分布及粒配等有关，对于特定海域可粗略取为定值；$f(\theta)$ 为岸线与主流的交角的函数，用式（3）计算[12]：

$$f(\theta) = \exp\left[-\frac{(\theta - \pi/2)^2}{2\sigma} \right] \tag{3}$$

3.3　计算成果及分析

根据文献［4］和文献［5］中各泊位的流速数据及对应含沙量等，不同部位采用不同计算方法和参数进行悬沙回淤率估算，结果见表3和图5。由于2001年数值模拟中海沧西港区开挖至-10 m，2006年数值模拟中挖深至-14 m，这是两者计算值不同的原因。

表3　海沧西港区（14~22号泊位段）泥沙回淤再分析结果

水流资料来源	工况	回淤率（m/a）	平均回淤率（m/a）	悬沙回淤量（×10⁴ m³/a）	底沙回淤量（×10⁴ m³/a）		总回淤量（×10⁴ m³/a）
					西端	南侧	
文献［4］	不考虑归槽水流	0.27~0.66	0.51	103	4	20	147
	考虑归槽水流	0.27~2.39	0.71	143	4	20	167
文献［5］	不考虑归槽水流	0.40~0.78	0.72	145	5	23	173
	考虑归槽水流	0.40~2.81	0.98	197	5	23	225

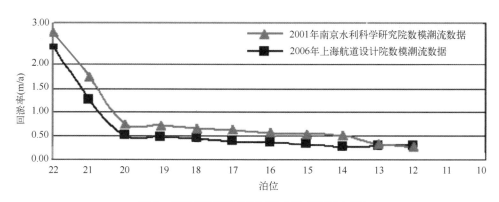

图5　海沧西港区回淤分析（考虑归槽水流）

计算结果表明，在 14~20 号泊位段范围内受归槽水流影响较小，自东向西回淤率逐渐增大为 0.5~0.8 m/a。但 21~22 号泊位段范围内，由于归槽水流作用较大，回淤率明显增大，在 21 号泊位段如不考虑归槽水流作用，悬沙回淤率仅为 0.75 m/a，考虑归槽水流后，悬沙回淤率即达 1.50 m/a；在 22 号泊位段不考虑归槽水流作用，悬沙回淤率仅为 0.80 m/a，考虑归槽水流后，悬沙回淤率即达 2.50 m/a 左右。考虑归槽水流作用后，14~20 号泊位段总回淤量增加 30%左右。

以上计算分析表明，"浅水深用"后海沧西港区归槽水流引起的泥沙回淤作用是明显的。

综合分析上述各种因素，可以认为，九龙江北岸海沧西港区（14~22 号泊位段）实施浅水深用后，港池年平均淤厚为 0.8~1.0 m，回淤量为 $160 \times 10^4 \sim 200 \times 10^4$ m³/a。

4 关于归槽水流刷滩现象

在物理模型和数学模型中均发现挖槽西端存在"归槽水流"，并认为归槽水流可能引起刷滩从而增加挖槽回淤量。2011 年 6 月海沧 18~19 号泊位正式投入运营，海沧港区、航道浚深完成。根据 2005 年与 2012 年地形资料分析，挖槽西端和南侧的归槽水流的刷滩作用导致北港至海沧港区 2 条潮沟加深，中港至海沧港区潮沟加深加宽。说明以上分析符合实际情况。

5 结 语

（1）通过对已进行的模型研究成果和现场资料分析，发现随着海沧港区的建设，除了因滩槽挟沙率不同而引起的悬沙回淤外，还由于西部港区"归槽水流"的作用将滩面泥沙带入航槽引起西端港池的淤积以及由于岸线不平顺引起的局部回流回淤。

（2）泥沙回淤分析计算表明，由于"浅水深用"引起的"归槽水流"作用等，海沧港区 14~22 号泊位段回淤分布特点为西端最大，淤厚可达 2.5~3.0 m；向东逐渐减小。全港年平均淤厚为 0.8~1.0 m，回淤量为 $160 \times 10^4 \sim 200 \times 10^4$ m³/a。随着时间的推移，床面地形的调整，回淤率将逐年减小。

（3）综上所述。海沧港区 14~22 号泊位段的"浅水深用"是可行的；虽然回淤量较大，但可通过整治工程予以解决。

参考文献

[1] 厦门海沧港区 14~22 号泊位段浅水深用问题分析报告 [R]. 南京水利科学研究院，2008.

[2] 厦门港总体规划 [S]. 交通运输部规划研究院，2006.

[3] 厦门湾港口总体布局规划九龙江河口湾港口岸线利用总体规划整体物理模型试验研究 [R]. 南京水利科学研究院，2001.

[4] 厦门湾港口总体布局规划潮流数学模型研究 [R]. 南京水利科学研究院, 2001.

[5] 海沧港区岸线规划及开发潮流泥沙数学模型研究 [R]. 中交上海航道勘察设计研究院有限公司, 2006.

[6] 厦门港海沧港区 10 号港池水域泥沙回淤调查研究报告 [R], 国家海洋局第三海洋研究所, 2005.

[7] 厦门港海沧航道扩建二期工程初步设计 (第一分册) [R]. 福建省港航勘测设计中心, 2007.

[8] 厦门海沧港区 18 号~19 号泊位施工建设期间的观测资料 [R]. 中交第四航务工程勘察设计院有限公司, 2007.

[9] 关于基槽水深变化的说明 [R]. 长江航道局, 2006.

[10] 刘家驹. 淤泥质海岸航道、港池淤积计算方法及其应用推广 [J]. 水利水运工程学报, 1993 (4).

[11] 武汉水利电力学院. 河流泥沙工程学 (下册) [M]. 北京: 水利出版社, 1982.

[12] 谢鉴衡, 殷瑞兰. 低水头枢纽引航道泥沙问题 [J] //第二届国际河流泥沙研讨会论文集. 南京, 1983.

(本文刊于《水运工程》, 2018 年第 11 期)

厦门港疏浚弃土吹填造陆物理模型试验研究

摘 要： 通过厦门港潮汐水流整体物理模型试验，掌握了厦门港十万吨级深水航道二期工程疏浚弃土吹填造陆各方案实施前后港池航道水流特点。试验结果表明，海沧吹填工程可作为一期吹填方案，鸡屿西吹填造陆工程可作为海沧吹填工程的后续工程。仅从水流角度考虑，象鼻嘴吹填造陆方案 1 是可行的。

关键词： 厦门港；深水航道；疏浚弃土；吹填造陆；模型试验

1 概况

利用疏浚弃土吹填造陆，不仅可以减小对海域水环境和生态环境的影响，降低疏浚成本和工程投资，还可以产生大量廉价的土地资源，促进沿海地区经济发展。因此，在国内外均得到广泛应用。厦门港十万吨级深水航道二期工程疏浚泥沙量达 $1\,000 \times 10^4$ m³ 左右。专家们建议结合九龙江河口湾港口岸线利用总体规划的最新成果，进一步研究利用疏浚弃土吹填造陆综合整治方案的可行性。

1.1 厦门湾潮汐物理模型[1]

厦门湾整体物理模型包括厦门湾西港区、九龙江河口湾及厦门南港区全部水域，东边界在塔角附近。模型东西范围约 30 km，南北约 24 km。包含水域面积近 250 km²。模型水平比尺 $\lambda_1 = 500$，垂直比尺 $\lambda_h = 70$。

1.2 疏浚弃土吹填造陆方案

厦门湾疏浚弃土吹填造陆整治工程方案可归纳为三大类，即海沧规划港区吹填工程，鸡屿东、西吹填工程以及象鼻嘴吹填工程。各方案布置形式如表 1 和图 1 所示。

表 1 厦门深水航道疏浚弃土吹填造陆基本方案概况

方案	岸线长度 （m）	岸线走向 （°）	围填面积 （km²）	平均水深 （m）	回填量 （×10⁴ m³） *
海沧围 1	825	102.38	0.70	−0.13	499
海沧围 2	1 650	102.38	0.99	−0.36	728
海沧围 3	2 475	102.38	1.43	−0.21	1 031

续表

方案	岸线长度 （m）	岸线走向 （°）	围填面积 （km²）	平均水深 （m）	回填量 （×10⁴ m³）*
海沧围 4	3 300	102.38	1.95	−0.02	1 369
鸡屿西 1	1 200	102.38	0.75	−0.70	576
鸡屿西 2	1 900	102.38	1.16	−0.93	920
鸡屿东 1	1 700	93.38	0.69	−1.38	578
鸡屿东 2	1 700	102.38	0.57	−1.14	464
鸡屿东 3	1 200	102.38	0.41	−0.59	311
鸡屿东 4	1 700	113.70	0.85	−2.80	800
象鼻嘴 1	2 300	175.10	0.75	−2.99	700
象鼻嘴 2	2 500	175.10	0.88	−3.96	900

注：＊表示按回填至+7.0 m 考虑。

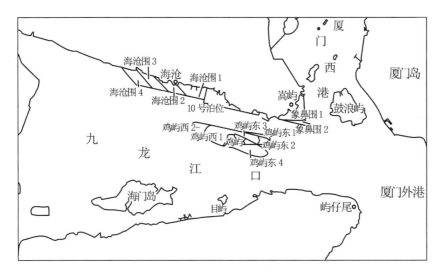

图 1　厦门深水航道疏浚弃土吹填造陆方案示意

1.3　疏浚弃土吹填造陆方案比选试验的比选原则

在进行疏浚弃土吹填造陆方案比选试验研究时，一方面要尽最大可能来利用弃土产生新的港口岸线资源，同时尽量避免给九龙江河口湾和西港区海域环境造成不良影响，着重研究各种吹填方案对水流流态和泥沙运动的影响，在此基础上进一步比选优化。我们还应充分考虑厦门湾港口、海岸（线）资源的可持续开发、利用和保护，考虑与港口建设密切相关的水环境和生态环境问题。

2　海沧吹填造陆试验成果分析

在海沧港区 10 号泊位以西规划范围内尚有 3 300 m 岸线长度留于今后开发，在模型中将这 3 300 m 范围岸线等分为 4 部分，自 10 号泊位向西逐步扩展，设计 4 种吹填造陆方案。

2.1　海沧吹填各方案对海沧港区水流的影响

海沧港区 10 号泊位建成后，码头岸线比原岸线向海域突出近 750 m，其西端形成了突堤式码头，将落潮水体挑离码头岸线，在码头前形成东西向约 1 500 m 的局部回流区。表 2 为各种吹填方案条件下 10 号泊位前码头水域落急瞬时流速值，可以看出，10 号泊位建成后码头前沿泊位区最大落潮流速减小了 63%，而调头区增大 32%，说明主流区外挑，使水流分布不均。吹填造陆方案海沧围 1 实施后，10 号泊位及其东侧海沧港区水域水流流态明显改善，随着海沧吹填造陆范围向西逐渐延伸扩大，码头前水流条件也将更加平顺，减小或消除回流，不仅有利于船舶航运安全，而且可以减小泥沙回淤。从试验情况看，实施海沧围 1 或海沧围 2 方案即可较好解决 10 号泊位码头前回流问题。

表 2　海沧吹填造陆各方案 10 号泊位码头水域落急（$T = 3$ h）瞬时流速（cm/s）值

围填方案	天然	10 号泊位 （未吹填）	海沧围 1	海沧围 2	海沧围 3	海沧围 4
泊位区	124	46	102	111	114	119
调头区	107	141	116	112	111	113

2.2　海沧吹填造陆方案对九龙江河势的影响

在本次试验中我们除了观测九龙江部分控制断面流速、流向变化，还进行了定点漂流试验。由于海沧吹填方案最大面积仅占整个九龙江河口湾面积的 2% 左右，吹填区位于近岸浅滩上，吹填区的设置并不影响整个九龙江河口湾的形态和布局。

综上所述，建议设计部门可在海沧围 1 和海沧围 2 范围内布置规划第一期吹填方案。

3　鸡屿东侧吹填造陆工程实施前后水流特点

在物理模型中共进行 4 种鸡屿东侧吹填造陆工程方案，鸡屿东 1~3 方案共 3 种方案的布置原则是尽量与地形走向一致，鸡屿东 4 方案的特点是与九龙江宏观流势比较一致。

鸡屿东 1 方案基本沿鸡屿东侧浅滩的 2 m 等深线（水深基准为黄海零点，下同）布置，围填体北侧直线岸段长约 1 700 m；从平面上看，围填体稍往东北向上翘；与现港区岸线呈 9° 小夹角。

鸡屿东 2 方案北侧岸线长 1 700 m，走向与海沧现港区平行，距海沧港区岸线 1 000 m。

鸡屿东 3 方案是在鸡屿东 2 方案的基础上向西后缩 500 m，围填体北侧直线岸段长1 200 m。

鸡屿东 4 方案是 2001 年 11 月进行厦门港深水航道试验时采用的方案，其北侧直线岸段长约 1 700 m, 平均水深较大, 为 2.80 m, 最大水深 9 m, 可吹填约 800×10^4 m³ 疏浚弃土。

下面分别对九龙江河口湾流势、海沧现港区 (主要指 1~10 号泊位范围)、航道以及招银港区航道的影响进行初步分析。

3.1 鸡屿东吹填工程对海沧港区和进港航道的影响

表 3 为部分方案实施后海沧港区和航道内涨、落潮半潮平均流速的变化情况。

表 3　鸡屿东各吹填造陆方案条件下海沧和招银港区航道各部位半潮平均相对流速 *

方　案	涨半潮					落半潮				
	4~10 号泊位	3 号泊位	嵩屿电厂码头	海沧支航道	招银港区航道	4~10 号泊位	3 号泊位	嵩屿电厂码头	海沧支航道	招银港区航道
未围填	1.00	1.00	1.00	1.00	1.00	1.00	1.00	1.00	1.00	1.00
鸡屿东 1	0.93	1.07	1.06	0.91	0.98	0.82	0.81	0.93	0.95	0.85
鸡屿东 3	0.99	1.08	0.97	1.07	1.02	0.92	0.97	0.98	1.08	1.00
鸡屿东 4	1.09	1.03	0.99	0.98	1.08	1.13	1.55	1.28	1.01	1.13

注: 各半潮相对流速为工程后测值与天然值之比, 下同。

鸡屿东 1 吹填方案实施后, 由于围填体往上翘, 围填体东侧涨潮流受阻, 流速减小 10%左右; 嵩屿电厂煤码头至现 2、3 号泊位范围因过水断面变小, 流速增大 6%左右, 但因水量减小, 4~10 号泊位范围水流依然减小 8%。落潮阶段, 围填体的阻流作用更为明显, 2~10 号泊位范围落潮流量减小近 18%, 而嵩屿电厂煤码头及海沧支航道的则减小 5%~7%。

鸡屿东 3 方案条件下海沧港区和进港支航道范围水流条件均得到进一步改善。

以上分析说明方案 1 虽然按地形走向布置, 吹填区围堤工程造价较低, 但向北偏斜对海沧港区和进港航道水流影响较大; 方案 2 虽比方案 1 有所改进但仍不理想; 方案 3 影响较小, 是这 3 个方案中较好的 1 个。

鸡屿东 4 方案围填体自鸡屿向东南延伸 1 500 m, 直接影响九龙江河口的水流分布。由于吹填工程分流和挑流作用, 涨潮阶段涨潮流主流偏向九龙江南北两岸, 使鸡屿南北岸水流均有所增强。嵩屿电厂煤码头以西海沧港区涨潮流增加 3%~9%, 海沧进港支航道范围水流则稍有减小, 减小幅度大致为 2%左右。落潮阶段由于吹填工程的存在, 海沧港区落潮流普遍增大, 鸡屿附近过水断面最小, 流速增幅可达 35%~40%, 嵩屿电厂煤码头以东海沧支航道范围水流基本维持原有水平。

3.2 对招银港区航道的影响

由表 3 可知, 即当鸡屿东围填体向东北延伸时 (鸡屿东 1), 招银港区涨、落潮水流均将减弱, 落潮流减小尤多; 当鸡屿东围填体向东南倾斜延伸 (鸡屿东 4), 招银港区涨、落潮水流均将增大。在涨潮流阶段招银港区西部受鸡屿吹填工程的影响, 涨潮主流压向南岸，使近岸区水流增强，吹填工程端部为最窄处，流速增幅最大，达 40% 左右。落潮流同样受到鸡屿东吹填工程影响，码头前沿水域流速普遍增加 10%～15%。

通过以上分析可以看出，鸡屿东吹填造陆工程的布置方式、方位走向、面积大小等对海沧港区、航道以及招银港区的水流特性的影响幅度要大于海沧吹填各方案。

3.3　鸡屿东吹填造陆工程对九龙江河口南北通道河势和流态的影响

由九龙江地形图可清楚地看出，整个九龙江河口湾自西向东 12 km 范围内，其宽度由湾顶的 9 500 m 逐渐缩窄到河口处的 3 500 m，鸡屿以东约 2 000 m 范围恰恰为九龙江河口最窄处。以鸡屿东吹填方案 4 为例，它的建成将使九龙江河口过水断面宽度减小 17%，在招银规划港区方案实施后，过水断面长度将又减小 13%。这里水深流急，又刚好为九龙江和西港区汇入外海的"三岔路口"，水流条件相对复杂。鸡屿东围填体的布置形式、规模等将影响到九龙江南北两岸和河口区的水流形态，在一定条件下甚至影响到嵩鼓水道的水流，前面的分析也说明了这一点。

由于鸡屿东 1~3 方案围填体走向偏北，4 方案围填体走向偏南，它们对九龙江河口区水流的影响也不同。

表 4 为九龙江部分断面涨、落潮平均相对流速（工程前后之比值）。显然，在鸡屿东吹填 1~3 方案情况下，工程对九龙江河口湾内部的海门岛断面影响较小。涨潮阶段由于围填体的存在，使鸡屿东河段过水断面进一步变小，鸡屿南北单宽流量均增加、流速增大；落潮阶段鸡屿北减弱；鸡屿南略增。从各方案对九龙江河口湾水流条件的影响情况看，3 方案较好，1 方案较差。

表 4　在鸡屿东吹填造陆各方案条件下九龙江部分断面半潮平均相对流速

方　案	海门岛断面		鸡屿（北）断面		嵩屿—打石坑断面	
	涨潮	落潮	涨潮	落潮	涨潮	落潮
未围填	1.00	1.00	1.00	1.00	1.00	1.00
鸡屿东 1	1.00	1.01	1.13	0.89	0.92	0.90
鸡屿东 3	0.98	1.03	1.24	0.98	1.03	0.96
鸡屿东 4	—	—	1.13	1.10	—	—

从模型试验结果看，鸡屿东 4 方案围填体对九龙江河口区的分流和挑流作用更强，直接影响九龙江河口的水流分布；涨潮主流偏向九龙江南北两岸，使鸡屿南北岸水流均有所增强。因围填体向东南偏，对鸡屿南侧水流的挑流作用更强烈，使主流向偏向西南。北岸涨潮流增加幅度也达到 10%～15%。在落潮流阶段，由于鸡屿南侧泄流受阻，水流不畅，流速减小 11% 左右。而鸡屿北水流明显增大，增幅可达 25% 以上。以上分析表明，鸡屿东 4 方案吹填工程的规模偏大，而且向东南偏的过多，导致对周围水流条件影响较大。

3.4 小结

对模型试验结果分析说明鸡屿东吹填区位于九龙江河口过水断面最狭窄、水流条件最复杂的敏感区。鸡屿东围填体的布置形式、规模等将影响到九龙江南北两岸和河口区的水流形态，在一定条件下甚至影响到嵩鼓水道的水流；为此，建议有关部门在鸡屿东部实施吹填方案时应持谨慎态度。一是岸线走向要恰当，可在东南向105°～113°范围内考虑；二是不宜延伸太远，避免对周边流态影响太大，初步意见以不大于1 200 m为好；此外，回填体宽度不宜大，最好采用逐渐收缩的流线形态，以尽量维持原断面过水能力和水流特性。

4 鸡屿西侧吹填造陆工程实施前后水流特点

在物理模型中共进行两种鸡屿西侧吹填造陆工程方案：

鸡屿西1方案基本沿鸡屿西侧浅滩的2 m等深线布置，岸线长1 200 m，走向与海沧现港区平行，距海沧港区岸线1 000 m，平均宽度约为600 m。

鸡屿西2方案是在1方案的基础上又向西延伸700 m，北侧岸线长1 900 m。

鸡屿西吹填工程实施后，海沧港区水流比较平顺；只是涨急时围填体西侧（鸡屿以西2 500 m范围）浅滩处存在着1片比较复杂的回流区。表5为鸡屿西吹填前后各部位半潮平均相对流速。

表5 鸡屿西吹填造陆方案条件下海沧和招银港区航道各部位半潮平均相对流速

方　案	涨半潮				落半潮			
	4~10号泊位	1~3号泊位	海沧支航道	招银港区航道	4~10号泊位	1~3号泊位	海沧支航道	招银港区航道
未围填	1.00	1.00	1.00	1.00	1.00	1.00	1.00	1.00
鸡屿西1	1.04	0.99	1.00	1.03	1.16	1.09	1.01	1.00
鸡屿西2	1.06	0.96	1.00	1.00	1.21	1.04	0.96	1.05

4.1 鸡屿西吹填工程对海沧港区和进港航道的影响

涨潮阶段：鸡屿西吹填工程建成后，嵩屿电厂煤码头以西海沧港区涨潮流速增加4%～6%，电厂煤码头以东进港支航道范围基本不变。

落潮阶段：由于吹填工程的存在，海沧港区落潮流普遍增大，特别是围填区以北的海沧港区（4~10号泊位范围），流速增幅最大达16%～21%。在鸡屿西1条件下，嵩屿电厂煤码头以东的海沧进港航道范围水流基本维持原有水平；当鸡屿西围填体继续往西延伸，形成方案2的条件下，对鸡屿北落潮流产生一定影响，海沧支航道范围内落潮流速略有减小（4%左右）。

总体上看，鸡屿西吹填工程方案实施后对海沧港区、航道和招银港区是有利的。但其延伸长度也需控制在 1 800 m 范围之内。

4.2 鸡屿西吹填工程对九龙江河口南北通道河势和流态的影响（表6）

由于鸡屿以西九龙江河段逐渐展宽到 5 500 m 左右（已考虑规划港区），模型试验吹填工程平均宽度为 600 m，占过流断面长度的 11%，且鸡屿西围填体位于水深较小的浅滩，所占过水面积不到总过水面积的 9%。模型试验表明，在鸡屿西方案 1 和方案 2 条件下，对九龙江天然流态影响较小。

表 6 鸡屿西吹填造陆方案条件下九龙江部分断面涨、落潮平均相对流速

方 案	海门岛断面		鸡屿北断面		鸡屿南断面		嵩屿—打石坑断面	
	涨潮	落潮	涨潮	落潮	涨潮	落潮	涨潮	落潮
未围填	1.00	1.00	1.00	1.00	1.00	1.00	1.00	1.00
鸡屿西 1	1.04	1.00	1.00	1.04	1.02	0.99	1.00	0.96
鸡屿西 2	1.04	1.02	0.95	1.01	1.05	0.96	1.02	0.94

根据以上分析，在海沧吹填工程实施后，可首先考虑鸡屿西吹填造陆工程。

5 象鼻嘴吹填造陆工程实施前后水流特点

在物理模型中共模拟两种象鼻嘴吹填造陆工程方案：

象鼻嘴 1 方案基本沿象鼻嘴浅滩的 5 m 等深线布置，其东侧（嵩鼓水道）岸线长约 1 100 m，走向与博坦支航道一致，为东南向 176° 至西北向 356°；南侧岸线长约 1 200 m。走向与海沧支航道一致。

象鼻嘴 2 方案是在其 1 方案的基础上又向南延伸 200 m，即嵩鼓水道岸线长 1 300 m。

表 7 为象鼻嘴吹填方案实施后附近水域水流涨、落潮强度的变化。由于象鼻沙嘴位于两股水流的分流和汇流处，它的天然地貌特征由这种水流条件所塑造。进出九龙江和西港区的水流各行其道，通过沙嘴滩面交换的水量很少。由表 7 可以看出，象鼻嘴 1 吹填方案实施后，博坦支航道范围内涨、落潮平均水流强度基本不变，海沧支航道水流有所加强。九龙江河口（嵩屿—打石坑断面）及招银港区水流均略有增加。

表 7 象鼻嘴各吹填方案条件下附近水域半潮平均相对流速

方 案	涨半潮				落半潮			
	海沧支航道	博坦支航道	九龙江河口	招银港区航道	海沧支航道	博坦支航道	九龙江河口	招银港区航道
未围填	1.00	1.00	1.00	1.00	1.00	1.00	1.00	1.00
象鼻嘴 1	1.07	1.00	1.02	1.02	1.07	1.00	1.04	1.05
象鼻嘴 2	1.03	0.97	1.01	1.02	1.05	0.93	1.01	1.04

象鼻嘴2吹填方案虽然与象鼻嘴1方案差别不大，但南侧岸线外移200 m，显然影响了九龙江和西港区的分流比，博坦支航道水流稍有减小，考虑到嵩鼓水道潮流动力偏弱，目前博坦支航道回淤率较高；且涨潮分流点与岸线交点不一致，局部流态较差；因此象鼻嘴围填体南侧岸线位置不宜南移。

仅从水流角度考虑，象鼻嘴1吹填造陆方案是可行的。如从建港角度考虑，象鼻嘴围填区岸线水深条件较好，且围填区直接与大陆相连，可操作性优于鸡屿吹填造陆方案。但港区位于两股水流分流、汇流处，流态较复杂；且水深和风浪较大，施工难度大，后方腹地有限则是其不足之处。

6　组合整治吹填造陆工程水流条件分析

在模型中我们还进行了不同吹填方案的组合试验。为便于分析和阐述，不同的组合方案实际上可看成吹填工程"分期实施"的各阶段，即：

第一期：海沧围1；第二期：海沧围1+鸡屿西1；第三期：海沧围1+鸡屿西2；第四期：海沧围1+鸡屿西2+鸡屿东2；第五期：海沧围1+鸡屿西2+鸡屿东2+象鼻嘴1。

表8为吹填造陆工程分期实施各阶段海沧港区、航道和招银港区航道范围内半潮平均流速情况。在第一至第三期情况下，除局部范围水流流速略有减小外（一般不大于4%），大部分港区航道水流条件均有所增强。但实施第四期工程（即鸡屿东2方案）后，海沧和招银港区航道范围水流变化比较显著。海沧港区和进港支航道涨潮流明显减小（-10%～-12%），但港区落潮流则增强较多（达10%～15%以上）；招银港区则相反。总而言之，鸡屿东吹填工程的实施对九龙江河口区水动力环境影响较大，如前所述，建议在鸡屿东部实施吹填方案应持谨慎态度。在可能的条件下可先实施象鼻嘴吹填方案。

表8　吹填造陆工程分期实施各阶段港区、航道半潮平均相对流速

方　案	涨半潮					落半潮				
	4~10号泊位	1~3号泊位	嵩屿电厂码头	海沧支航道	招银港区航道	4~10号泊位	1~3号泊位	嵩屿电厂码头	海沧支航道	招银港区航道
未围填	1.00	1.00	1.00	1.00	1.00	1.00	1.00	1.00	1.00	1.00
第一期	1.01	0.94	1.02	1.01	1.02	1.02	1.07	1.04	1.07	1.01
第二期	1.04	0.99	0.96	1.00	1.03	1.16	1.09	1.02	1.01	1.00
第三期	1.06	0.96	0.96	1.01	1.00	1.21	1.05	0.97	0.96	1.05
第四期	0.90	0.94	—	0.87	1.02	1.15	1.08	0.83	0.97	0.94
第五期	0.91	—	0.89	0.88	0.99	1.21	1.09	0.88	0.95	0.91

7　结　语

（1）模型试验结果表明，海沧吹填工程的逐步实施，可改善海沧港区水流流态和维持

海沧深槽水流强度，同时海沧吹填造陆不会影响九龙江河口湾整体河势，特别在海沧围1和海沧围2方案条件下，其影响更小。从海沧港区水流泥沙条件考虑，建议设计部门可在海沧围1和海沧围2范围内布置规划第一期吹填造陆方案。

（2）模型试验结果分析表明，鸡屿东吹填区位于九龙江河口过水断面最狭窄、水流条件最复杂的敏感区。鸡屿东围填体的布置形式、规模等将影响到九龙江南、北两岸和河口区的水流形态，在一定条件下甚至影响到嵩鼓水道的水流；建议对鸡屿东部实施吹填造陆方案持谨慎态度。

（3）在鸡屿西适当位置和范围布置吹填造陆工程是可行的，其对海沧港区和招银港区均可达到有利的效果；而且对九龙江河口湾的河势也不会产生不利影响。

（4）仅从水流角度考虑，象鼻嘴1吹填造陆方案是可行的。

参考文献

[1] 徐啸，等.厦门港潮汐水流及浑水悬沙整体模型设计 [J].台湾海峡，1995，2（1）.

（本文刊于《台湾海峡》，2004 年第 3 期）

厦门港嵩屿港区潮流特性物理模型试验

摘　要：厦门港嵩屿规划港区位于两股潮汐水流分流、汇流处，水流流态复杂，规划码头岸线前沿水域存在缓流区和回流区。涨、落潮流态对港区平面布置十分敏感。岸线方案如不能满足两股水流的分流要求，将在码头前沿水域产生大尺度回流区或导致泥沙严重回淤。为此需通过物理模型试验，掌握嵩屿港区各方案建设后水流、泥沙回淤规律。

关键词：厦门港嵩屿港区；潮流特性；物理模型试验

1　前言

厦门港嵩屿规划港区位于嵩鼓水道和九龙江河口湾汇合处的象鼻沙嘴（图1），此处为

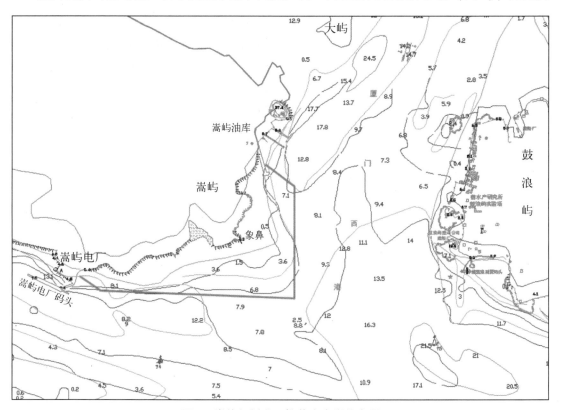

图 1　嵩屿规划港区推荐方案岸线布置

两股潮汐水流分流、汇流处，水流流态复杂，港区工程起着鱼嘴工程作用，岸线方案如不能满足两股水流的分流要求，将在码头前沿水域产生大尺度回流区或导致泥沙严重回淤。为此需通过物理模型试验，掌握嵩屿港区各方案建设后水流、泥沙回淤规律。

2 物理模型简介[1]

物理模型包含厦门西港区、九龙江河口湾及厦门南港区全部水域，模型东西范围约 30 km，南北约 24 km。包含水域面积近 250 km²。模型水平比尺 $\lambda_1 = 500$，垂直比尺 $\lambda_h = 70$。

3 嵩屿港区附近水域潮汐水流条件[2]

图 2 和图 3 为规划港区附近海域涨急、落急流矢图及对应照片，图中同时绘制出嵩屿规划港区基本方案Ⅱ的平面范围。由图中可以看出嵩屿规划港区水流有以下特点。

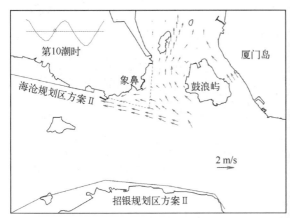

图 2 嵩屿港区海域工程前流矢图及模型试验流态（涨急，$T = 10$ h）

嵩鼓水道涨潮主流逐渐西偏，象鼻浅滩缓流区减少，鼓浪屿西北侧缓流区增大

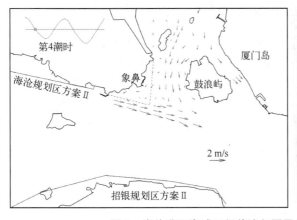

图 3 嵩屿港区海域工程前流矢图及模型试验流态（落急，$T = 4$ h）

嵩鼓水道落潮主流偏向鼓浪屿，象鼻浅滩缓流区向东向南扩展

3.1 嵩屿附近海域潮汐水流特点和建港的关键技术

嵩屿海域流场同时受控于两股潮流体系影响，嵩屿南侧的海沧支航道基本为往复流，涨、落潮水流均较平顺；而嵩屿东侧的嵩鼓水道水流相对较复杂；且九龙江海沧支航道水流强度大于嵩鼓水道。嵩屿位于两股潮流的分流和汇流区，水流具有紊乱、缓慢的特点，是泥沙强淤积区（象鼻沙嘴为典型的淤积体），在此处规划港区应满足以下条件：

（1）尽量符合两股潮流的原分、汇流特点，使码头岸线前水域水流平顺、均匀，避免产生大尺度回流区，既可保证船舶安全靠离泊，又可减少泥沙回淤率；

（2）不会影响进出东渡港区和海沧港区船舶的正常航行；

（3）尽量避免和减少对厦门城市海洋景观、特别是对鼓浪屿风景区的影响。

3.2 嵩屿附近水域涨潮流特点（图2和图4）

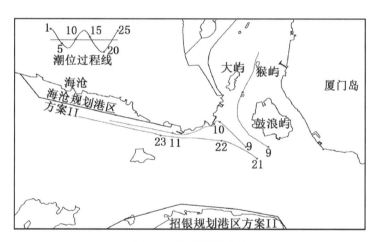

图4 工程前涨潮流路

外海涨潮流到达鼓浪屿西南侧后，被象鼻嘴浅滩分为两股水流，向北进入嵩鼓水道的涨潮流主流偏于嵩屿一侧，在鼓浪屿西北侧产生较大范围的缓流区；此缓流区范围不断发展扩大，最后形成较大尺度的顺时针回流。进入九龙江海沧支航道的涨潮流相对比较平顺。涨潮流的分流点大致在象鼻礁附近。

3.3 嵩屿水域落潮流特点（图3和图5）

落潮流在象鼻浅滩汇合后，在近岸区形成大范围缓流区，流态紊乱强度小，泥沙易于回淤。九龙江落潮流本来就强于东渡湾落潮流，1972年筼筜湖封堵后，进一步减弱了嵩鼓水道水流强度，使嵩鼓水道落潮流主流东偏（偏于鼓浪屿一侧），嵩屿水域缓流区范围进

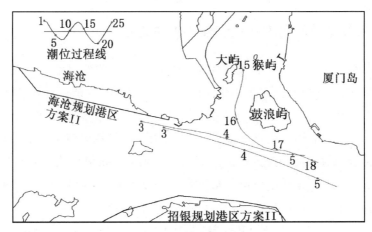

图5 工程前落潮流路

一步向东扩展。嵩鼓水道内的码头岸线离落潮主流区较远，泊位范围水域水流强度相对较弱。

"主汇流线（点）"与"主分流线（点）"并不一致，落潮汇流点（线）基本在涨潮分流点（线）南侧（图2至图5）。

3.4 嵩屿位于两海湾的潮流分（汇）流点

为保证嵩屿规划港区具有比较平顺的水流条件，我们希望港区南、东岸线的交点能与两大潮流体系的分流点和汇流点尽可能一致。如前所述，模型试验表明，涨潮期两股水流的分流区（线）与落潮流的汇流区（线）并不一致，涨潮分流界线在落潮汇流界线以北，而且在涨、落潮过程中，分流和汇流点（区）随潮流涨落变化而呈动态变化，很难使分流（汇流）点与港区的端点达到完全一致，这将使港区南、东两岸线交点附近水域水流流态十分复杂。

基于以上认识，需要在物理模型中通过调整水域港区东侧岸线和南侧岸线位置，设法寻求两个岸线处水域均具有相对比较平顺的水流条件。

4 嵩屿港区试验方案和试验成果[2]

4.1 试验方案

物理模型中先后进行了24组方案试验。这些方案可归纳为两大类：一是为确定港区南侧岸线位置的优化方案系列Ⅰ试验研究，此系列方案试验目的是改善涨潮流阶段南侧码头水域（九龙江海沧支航道）水流流态。二是为确定港区东侧岸线位置的优化方案系列Ⅱ试验研究，以满足港区陆域要求和港区东侧（嵩鼓水道）水域水流条件要求，即在落潮流阶段泊位区水流尽量平顺。各方案的条件和特点布置情况如图6和图7所示。

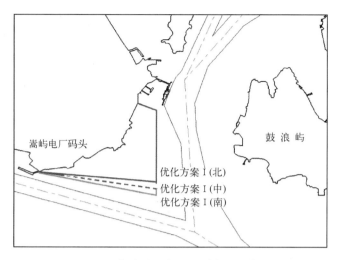

图 6 嵩屿港区南侧岸线优化方案

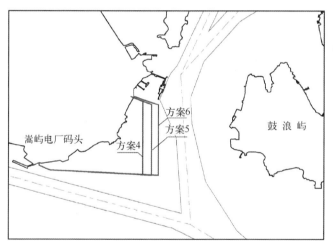

图 7 嵩屿港区东侧岸线优化方案

4.2 模型试验成果分析

如前所述，嵩屿港区工程实际上是一个"鱼嘴工程"，这类工程基本要求是东西两岸线交点（以下简称"鱼嘴"）位置尽量与两股潮流的分（汇）流点一致，否则将会导致两侧岸线码头水域流态复杂化。特别是涨潮流阶段，可能导致"鱼嘴"附近码头水域产生大尺度回流，既不利于船舶靠离泊安全，也容易产生较多泥沙回淤。

4.2.1 嵩屿港区南侧岸线方案的优化试验（图 6）

（1）涨潮流。试验表明，当"鱼嘴"位置偏南时，涨潮流将在"鱼嘴"以北的东侧码头岸线上分流，分流点南侧的水流将绕过"鱼嘴"，并在"鱼嘴"附近的南侧码头水域产生较大尺度的顺时针回流。由试验可知，"鱼嘴"位置越向南，回流区范围越大、回流历时也越长。

（2）落潮流。因南侧码头岸线走向与海沧航道中落潮流主流向较一致，当"鱼嘴"位置偏南时，落潮水流更贴近码头岸线，水流也更平顺均匀。当"鱼嘴"位置偏北，落潮主流向可能偏离岸线走向，在"鱼嘴"南侧码头水域产生小尺度逆时针涡流及局部缓流区，同时也会在"鱼嘴"附近（东侧水域）形成局部缓流区，在落潮初期出现短时间的逆时针小尺度涡流，使东侧码头南端约一个泊位范围水域的水流条件不理想。图8为回流形态示意图。

从水流条件考虑，"鱼嘴"位置适当偏北，对港区流态的影响利大于弊。

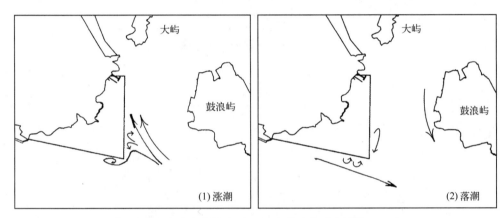

图8　两侧岸线交点偏南时，码头附近水域回流情况示意

4.2.2　嵩屿港区东侧岸线方案的优化试验（图7）

（1）涨潮流。模型试验表明，在图7所示方案6条件下，涨急时的分流点约位于岸线交点以北200 m处，分流点南侧涨潮流将绕过两岸线交点，并在南侧码头岸线东端产生大尺度顺时针回流（回流长轴可达250 m），岸线东移距离增加后，更接近嵩鼓水道主流区，由于流速增加，南侧码头区回流还会有所增强。回流持续时间在半个全日潮情况下约3.5 h。

（2）落潮流。如前所述，目前嵩鼓水道深槽位于鼓浪屿一侧，嵩屿一侧为大片象鼻浅滩，特别在嵩屿规划方案实施后，东侧岸线东移可使码头岸线更逼近嵩鼓水道主流区，使码头水域水流更加平顺，仅在落潮初期由于九龙江水流先落，会在东岸线的南端形成局部缓流区；落潮后期，由于嵩鼓水道水流加强，九龙江水流减弱，在南侧岸线东端产生小范围的缓流区。表1为各方案实施后的回流情况。表2为各方案条件下东侧港区范围的流速强度情况。从表2可以看出，码头水域涨潮流大于落潮流；东侧岸线东移后，由于码头逼近主流区，加上嵩鼓水道束窄，泊位区和调头区的涨、落潮水流强度均逐渐增加，泊位区增加的幅度较调头区大。

仅从水流角度考虑，东侧岸线适当偏东布置后，除南端泊位区外，可改善嵩屿港区和嵩鼓水道水流条件。

表 1　南侧港区水域最大回流尺度及持续时间（半个全日潮）

方案	最大回流尺度	持续时间（h）
方案 4	150 m×80 m	3.5
方案 5	200 m×100 m	3.5
方案 6	250 m×100 m	3.5

表 2　东侧港区码头水域半潮平均流速（cm/s）

方　案	东港区泊位区		东港区调头区	
	涨潮	落潮	涨潮	落潮
方案 4	31	15	41	39
方案 5	36	26	44	42
方案 6	36	27	43	42

4.3　嵩屿港区最终推荐方案条件下潮汐水流特点

4.3.1　嵩屿港区最终方案

如前所述，嵩屿港区最终规划方案的确定，不仅需满足港口自身发展的需要（如港口陆域布置的规定要求）、对码头水域水流条件的要求外，还应考虑东渡港区和进港航道正常运营的影响。此外尤需注意对鼓浪屿景区环境的影响。设计单位在综合考虑各方面因素后确定嵩屿港区规划方案如图 9 所示。目前二期工程已完成，水域按 15 万吨集装箱船一次性施工，码头前沿底高程−17.0 m，回旋水域底高程−15.5 m。

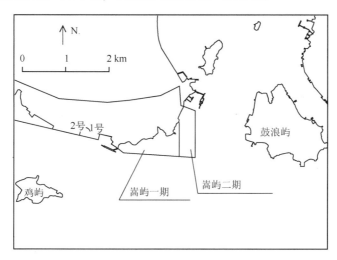

图 9　嵩屿港区布置

4.3.2　嵩屿港区最终推荐方案的潮汐水流特点

图 10 和图 11 为嵩屿港区工程最终推荐方案实施后港区附近水域涨急、落急流矢图。模型试验表明，在整个涨、落潮过程中，由于两大潮流体系"此消彼涨"、相互制约，分流和汇流点（区）随潮时变化而呈动态变化，分汇流点与港区的端点很难达到完全一致，这使得港区南、东两岸线交点附近水流流态比较复杂。

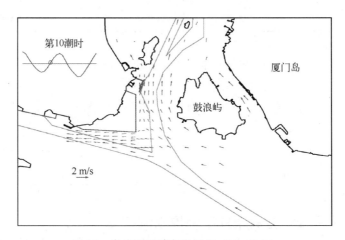

图 10　嵩屿港区涨急流矢图（T = 10 h）

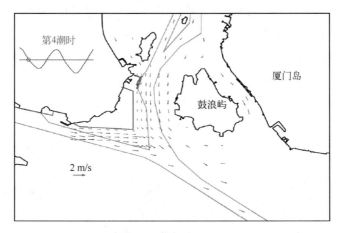

图 11　嵩屿港区落急流矢图（T = 4 h）

4.3.2.1　嵩鼓水道水域

（1）涨潮流态特点。虽然嵩屿港区位于象鼻浅滩水深较小，过境水量有限，对整个嵩鼓水道水流影响不大；但嵩屿港区的建设毕竟减少了过水断面，大部分岸线范围涨潮流稍有增强且更平顺；但东侧码头南端约一个泊位范围位于分流区，水流流态较差，涨潮水流相对紊乱（图 10）。

（2）落潮流态特点。嵩鼓水道内，由于落潮流主流偏于鼓浪屿一侧，水道西侧存在较大范围缓流区。在推荐方案情况下，东侧码头岸线南端最小水深约 3.5 m，嵩屿港区码头水域基本上都在落潮缓流区范围内。且在较强劲的九龙江落潮流推托作用下，港区东侧码头岸线南端落潮流偏离码头岸线，使码头南端形成局部缓流区，并在落潮初期出现短时间的逆时针小尺度回流。南端约一个泊位范围水域的水流条件不理想。

从涨、落潮流态看，南端约一个泊位范围的水域水流条件都不理想，在港区功能规划布置和船舶航运安全问题上均应予以充分注意。

4.3.2.2 海沧进港航道水域

（1）涨潮阶段。试验结果表明，由于码头端点位于分流点之南，分流点附近涨潮流几乎垂直冲向东侧码头岸线，其中一部分向南折向海沧进港航道再随主流进入海沧港区；由图 10 可以看出，码头端点附近港区水域流态十分复杂，存在较大尺度回流区。

（2）落潮流态特点。为改善码头港区涨潮流阶段的复杂流态，采取了码头端点位置适当北移的措施，试验结果表明，这样处理后，虽然涨潮流有较大改善，但落潮流主流向与岸线走向有一定偏离，落潮主流有逐渐离开岸线的趋势，导致东端港区航道水域产生局部"缓流区"，流态比较紊乱。

5 嵩屿港区工程实施后现场实测资料对模型试验成果的检验[3,4]

如前所述，嵩屿港区水流条件复杂，在二期工程完成后，为配合嵩屿港区二期码头靠离泊论证进行了港区现场水流测量。

5.1 现场观测内容简介

2014 年 11 月对嵩屿二期东侧岸线水域水流进行大、小潮测量。
2016 年 3 月对嵩屿二期东岸线水域和南岸线水域水流进行大、小潮测量。

5.2 现场实测资料与物理模型试验水流资料对比分析

以下用现场实测水流资料与 2003 年嵩屿港区潮流物理模型试验流速进行对比分析。2003 年模型试验潮型涨潮潮差为 6.00 m，落潮潮差为 4.94 m。2016 年现场测量涨潮潮差为 5.34 m，落潮潮差为 5.67 m；2014 年现场测量涨潮潮差为 5.91 m，落潮潮差为 4.97 m，与试验潮型基本一致。

5.2.1 嵩屿港区水域水流流态对比

图 12 和图 13 为现场实测涨急、落急流矢图，与物理模型试验资料（图 10 和图 11）对比可以看出，涨潮分流点在两码头交点以北，现场与模型试验结果基本一致。落潮时嵩屿东侧水流相对平顺，嵩鼓水道主流区偏向鼓浪屿一侧，与模型试验结果一致。但南侧岸线东端水域现场测量存在缓流区和局部回流现象，稍强于模型试验结果，分析认为是模型

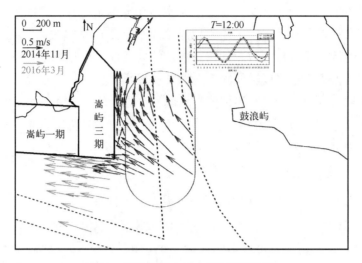

图 12   嵩屿二期水域大潮涨潮流矢图

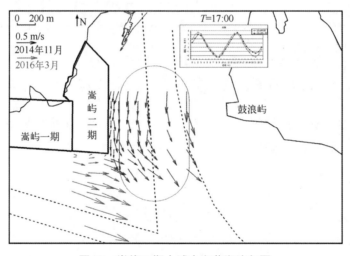

图 13   嵩屿二期水域大潮落潮流矢图

试验时没有考虑电厂在码头区的排水因素,而目前此范围码头底部存在嵩屿电厂温排水。

5.2.2   水流流速对比

实测资料表明,嵩屿港区东岸线,工程海域涨潮流速大于落潮流速,涨急时嵩屿东侧流速为 0.5~0.9 m/s,东南调头区流速大,码头前流速小;落急时嵩屿东侧流速为 0.3~0.6 m/s,近航道区流速大,码头泊位区流速小。模型与现场实测流速大小和分布基本一致。

嵩屿二期南岸线,涨急时水流分布相对均匀,流速为 0.8 m/s 左右,模型和现场流速大小和分布基本一致。落急时近岸流速小,与近海的趋势模型和现场也基本一致,但现场实测近岸流速明显小于模型试验值,这是由于嵩屿电厂温排水将落潮主流外推,导致近岸区出现回流、流速减小。

6 结 语

（1）嵩屿规划港区位于两股潮汐水流分流、汇流处，分流、汇流区位置和范围随时变化，码头前沿存在缓流区和回流区，嵩屿规划港区水流条件并不理想。适当调整港区南侧和东侧岸线位置，是决定规划方案可行的技术关键。

（2）现场2014年和2016年两次专门进行的实测水流资料，与物理模型试验水流资料对比分析表明，除由于嵩屿电厂温排水使嵩屿港区二期码头前落潮时出现局部回流外（物理模型试验时没有考虑电厂温排水要求），物理模型试验嵩屿港区东岸线和南岸线水流流态、流速大小及分布与现场实测均基本一致，物理模型试验较好地预测了嵩屿港区建成后的水流条件。

参考文献

［1］徐啸，等. 厦门港潮汐水流及浑水悬沙整体模型设计［J］. 台湾海峡，1995，2（1）.

［2］厦门港嵩屿港区规划调整方案物理模型试验研究［R］. 南京水利科学研究院，2003.

［3］厦门港嵩屿港区二期工程水域水流现场监测成果分析报告［R］. 南京水利科学研究院，2015.

［4］厦门港嵩屿港区二期工程南岸线水域水流现场测量分析报告［R］. 南京水利科学研究院，2016.

（本文刊于《水运工程》，2017年第9期）

厦门西海域暨马銮湾、杏林湾综合治理工程潮汐水流整体物理模型试验研究

摘　要： 为实现厦门西海域海洋环境保护，应用潮汐水流整体物理模型，研究打开马銮海堤和杏林海堤等方案，以改善西海域水动力条件，达到改善西海域水质、扩大海洋环境容量、增强流速、减少泥沙回淤和增加嵩鼓水道口门的稳定性等目的。

关键词： 厦门西海域；综合整治；模型试验

1　厦门西海域自然条件

1.1　厦门西海域地理条件及历史沿革

厦门西海域，即东渡湾，平面上呈"哑铃形"（图 1），为南北狭长的半封闭型海湾，以火烧屿—东渡为界，可分为东渡北湾和东渡南湾。近几十年有以下几次大规模改变自然环境的活动。

1955 年，高琦—集美海堤修成，西海域形成半封闭型海湾。

在海洋环境下，半封闭水域内水流强度主要取决于纳潮面积。在高集海堤建成初期，西海域纳潮面积约 108 km²，其后，随着杏林海堤建成（1956 年）、马銮海堤建成（1957年）和筼筜海堤（1971 年）建成，西海域纳潮面积减少约 44%。在其后的 40 年内，西海域水域面积又因种种原因进一步减少 10% 以上，目前西海域纳潮面积仅为 20 世纪 50 年代的 42% 左右。

表 1 列出 1955 年、1974 年、1986 年、1993 年和 2003 年西海域水域面积以及理论基面以上浅滩面积及所占百分比。由表 1 可以看出，1986—2003 年间，厦门西海域水域面积又减少了 5.0 km²，其中东渡北湾减少了 3.8 km²，东渡南湾减少了 1.2 km²。

在东渡北湾范围内，由于港口及深水航道的建设，主要是象屿附近大片浅滩辟为东渡二期、三期港区和深水航道，零米线（理论基面）以上浅滩面积由 64% 减少为 50% 左右。在东渡南湾范围内，主要是海沧开发区建设在东屿浅滩大量围填造陆，零米线以上浅滩面积从 52% 减少为 21%。

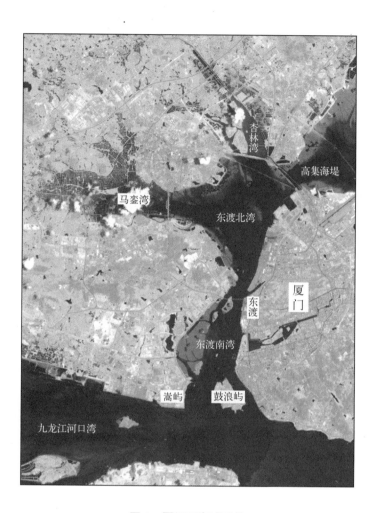

图1　厦门西海域形势

表1　厦门西海域水域面积及滩槽分布特点

年份	东渡北湾（24°30′00—24°34′00″N）				东渡南湾（24°26′30″—24°30′00″N）			
	总水域面积（km²）	零米线以上浅滩面积（km²）	浅滩占百分比（%）	平均水深理论基面（m）	总水域面积（km²）	零米线以上浅滩面积（km²）	浅滩占百分比（%）	平均水深理论基面（m）
1955	74.2	—	—	—	33.8	19.7	57	—
1974	34.6	22.9	66	—	27.0	14.7	54	—
1986	33.3	21.4	64	—	18.8	9.8	52	—
1993	30.5	19.7	64	1.84	18.7	6.9	37	7.09
2003	29.5	14.7	50	1.84	17.5	3.7	21	6.98

1.2 马銮湾水文地理环境

马銮湾流域位于厦门西海域西北隅，北接杏林工业区，南临海沧开发区，西部和西北部同龙海角美镇和长太县为邻，东濒厦门西港区（图1）。

马銮湾形状像一巨掌，腕部为马銮湾口。根据卫星图分析，在马銮海堤建成前，湾内滩槽水域面积近 21 km²，东西长约 7.5 km，中部最宽处约 4.5 km，湾口狭窄处宽约 1.5 km。马銮湾海域共有 9 条河流入湾，流域总集水面积 123.2 km²（图2）。

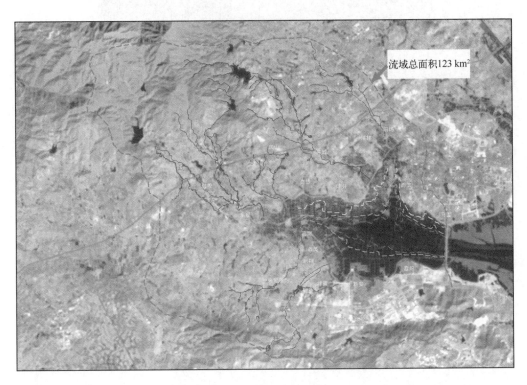

流域总面积123 km²

图 2　马銮湾（2004 年卫星图片）

1957 年为建马銮盐场，于马銮—翁厝间建堤堵截海水，至 1960 年海堤建成后与外海隔断。马銮海堤全长 1 655 m，顶宽约 10 m，有公路通过。平时湾内水位一般保持在低潮位附近。

到 20 世纪 90 年代初，南岸滩地建成盐田，北岸滩地建成水田和海产养殖场，水面面积缩小为 8~9 km²，由于筑堤造陆，环湾堤岸内面积约为 18 km²。其后由于湾内盐业收益不高，已全部改作海产养殖，并逐步向深水区圈围扩张，目前几乎全部水面都成了水产养殖区，现马銮湾净水域面积仅 4 km²，环湾堤岸内总面积约为 15.6 km²。由于马銮湾内水体与外海基本不交换，过量的生产养殖和废污水的排放，使马銮湾内水质污染严重。

1.3 杏林湾水文地理环境

杏林湾地区位于厦门西海域北部，西面与集杏辅城的杏林片相邻，东侧邻集美区。

1955 年在高集海堤行将竣工之际，中央批准修建鹰厦铁路，为此修筑从杏林到集美的海堤。从 1955 年 9 月至 1957 年 2 月，建成了集杏（集美—杏林）海堤，海堤全长 2 820 m。

据有关资料介绍[2]，杏林湾原有水域面积约为 20 km²。根据已收集到的 1970 年、1978 年和 2004 年地形图，绘制了杏林湾平面形态变迁如图 3 所示。图中实线为 1970 年时杏林湾水域范围，虚线为 2004 年杏林湾水域范围。

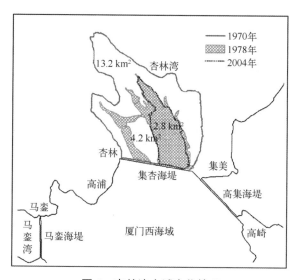

图 3　杏林湾水域变化情况

由图 3 可见，1970 年，杏林湾的水域面积约为 14 km²，到 1978 年，由于围堤和水产养殖的迅猛发展，杏林湾的实际水域面积在 8 年内几乎骤减了 10 km²，仅有 4.2 km²。根据 2004 年 4 月对杏林湾水域的最新测图，杏林湾未进行水产养殖的实际水域面积仅为 2.8 km²；进行水产养殖的水域面积约 9 km²（图 4）。

2　厦门西海域物理模型概况[2]

厦门西海域潮汐水流物理模型水平比尺 $\lambda_1 = 500$，垂直比尺 $\lambda_h = 70$，模型变率为 7.14。

模型范围包含厦门湾西港区、九龙江河口湾及厦门岛南全部水域。模型中厦门西海域、马銮湾和杏林湾均采用 2003 年地形测图制作，九龙江河口湾至大磐浅滩水域采用 2000 年地形测图制作。

图 4　杏林湾（2004 年卫星图）

3　试验条件

3.1　马銮湾开口方案

3.1.1　马銮湾面积和清淤水深

模型中马銮湾海域面积取 4 km²、6 km²、8 km²、10 km² 四种工况。此外，补充进行了 12 km²、14 km² 和 16 km² 部分试验研究。马銮湾水域清淤水深考虑厦门零点-0.5 m 和-1.5 m 两种工况。

3.1.2　马銮海堤 6 种开口方案

马銮海堤开口方案有 6 种：①南北各开 50 m 闸孔，孔口底坎高程为厦门零点+1.0 m；②南北各开 100 m 闸孔，孔口底坎高程为厦门零点+1.0 m；③南北各开 50 m 闸孔，中间设 100 m 闸孔；④中间设 200 m 闸孔；⑤中间设 300 m 闸孔；⑥全部打开。

3.2 杏林海堤开口工程方案

（1）杏林湾纳潮面积和清淤水深。

杏林湾海域面积为 12 km²，水域边界如图 4 所示。本试验主要研究杏林湾开口后纳潮面积、纳潮量大小对西海域的影响。杏林湾水域清淤疏浚至厦门零点-0.5 m。

（2）杏林海堤开口方式。

杏林海堤开口工况有 4 种：①开口 50 m；②开口 100 m；③开口 200 m；④开口 300 m。

（3）杏林湾内防洪标高及城建标高。

杏林湾内防洪标高为黄海零点+1.5 m（相当于厦门零点+4.74 m），城建标高为黄海零点+2.0 m。

4 主要研究成果和结论[1]

4.1 马銮湾开口模型试验研究成果和结论

物理模型试验结果表明，打开马銮海堤，可增加西海域纳潮量，西海域（包括马銮湾）大部分区域的水动力条件增强，达到改善水质、扩大海洋环境容量、增强流速、减少泥沙回淤和增加嵩鼓水道口门的稳定性等目的。

其主要特点是：离马銮海堤距离越近，流速增加幅度越大，即马銮湾整治工程的实施，对东渡北湾水动力环境影响远大于东渡南湾。

4.1.1 马銮湾的合理水域面积

如前所述，马銮湾水域面积越大，西海域水动力强度越强；根据试验资料分析，从湾内水流流态和床面稳定性等方面考虑，增加马銮湾面积下限不宜小于 6 km²；但为避免整治工程实施后东渡北湾马銮水道滩槽地形剧烈调整引起新的泥沙问题，增加水域面积越大，需清淤土方量也越大；综合考虑各种因素，新增马銮湾水域面积 6~10 km²较合适（图 5）。

此外，试验还表明，随着马銮湾水域面积增加，马銮湾内流速也逐渐增加，但随湾内水域面积和形状不同各处流速增加幅度不一样；在同样水域面积条件下，靠口门处流速增幅大于湾内。

4.1.2 马銮海堤合理的开口宽度

从湾内水体交换效果和海堤两侧水流流态考虑，马銮海堤中间开口要优于南北两端开口（图 6），口门加宽也会改善湾内外流态。试验结果说明，海堤中间开口宽度大于 200 m后，对西海域水流强度的影响增加有限，仅口门附近水流流态有所改善。

通过上述分析可知，为改善西海域水环境条件，应尽量增加马銮湾的纳潮量；但马銮

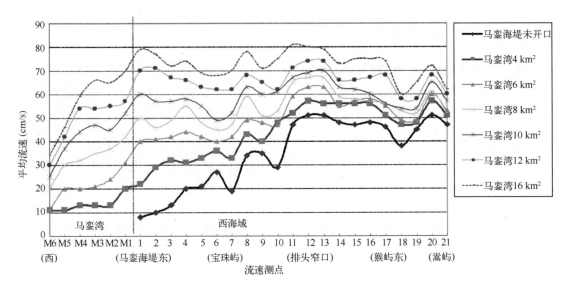

图 5 马銮湾不同水域面积、马銮海堤全开情况下西海域及马銮湾沿程平均流速分布

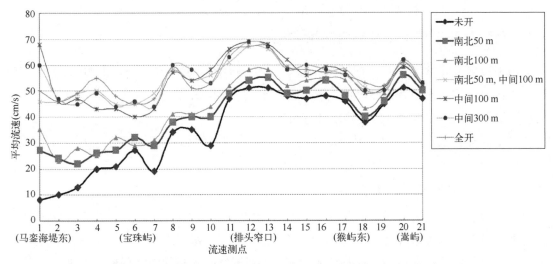

图 6 马銮湾水域面积 8 km², 各种开口方案实施后西海域主槽沿程平均流速分布

湾纳潮量的增加又必须受到防止东渡北湾大片浅滩发生较大的冲淤调整所制约。可以同时考虑对东渡北湾浅滩进行清淤整治, 这样既可以增加纳潮量, 又可减少或避免床面发生剧烈冲淤的风险。

4.2 杏林湾开口模型试验研究成果和结论

4.2.1 集杏海堤开口后杏林湾内、外潮位变化规律

（1）由于集杏海堤南侧滩面较高, 涨、落潮水流不顺畅, 对杏林湾内外水体交换明显不利。在集杏海堤开口口门南侧浅滩开槽导流, 有利于增加杏林湾纳潮量。

（2）杏林湾内、外潮位存在相位差。湾内潮位滞后于湾外, 滞后时间长短随开口宽度

增加而减小。

（3）开口宽度对湾内低潮位影响较明显，随开口宽度的减小，低潮位逐渐升高。当口门宽度大于200 m后，口门宽度对湾内高潮位影响很小；仅当口门宽度小于100 m时才影响到湾内高潮位（图7）。

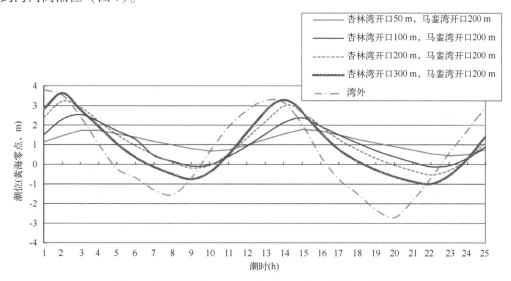

图7　杏林湾不同开口工况条件下湾内、外潮位过程线

（4）杏林湾内要求防洪标高为黄海零点+1.5 m，城建标高为黄海零点+2.0 m。试验表明，4种开口宽度条件下最高潮位均高于防洪与城建要求，无法满足防洪标高要求。如需进一步降低湾内高水位，从工程角度看，将口门宽度再进一步减小显然不合理。在口门处设闸来调节湾内水位，应该是更合理的工程途径。

4.2.2　集杏海堤开口后杏林湾纳潮量变化规律

由表2可以得出如下结论。

表2　集杏海堤不同开口方案条件下杏林湾纳潮量变化

	集杏海堤开口50 m		集杏海堤开口100 m		集杏海堤开口200 m		集杏海堤开口300 m	
	浅滩开槽	未开槽	浅滩开槽	未开槽	浅滩开槽	未开槽	浅滩开槽	未开槽
最高水位 （黄海零点，m）	1.8		2.6	2.5	3.4	3.2	3.7	3.6
平均潮差（m）	1.2		2.9	2.5	4.3	3.4	4.9	4.4
纳潮量（×10^4 m³）	1 428		3 516	3 042	5 184	4 122	5 832	5 226

（1）集杏海堤开口前，西海域大潮纳潮量为2.4×10^8 m³，集杏海堤开口50 m、100 m、200 m和300 m时，杏林湾为西海域贡献的纳潮量增幅分别为6%、13%～15%、17%～22%和22%～24%。

（2）在集杏海堤开口处南侧浅滩开槽后，杏林湾纳潮量有所增大；从增加西海域纳潮量和航道维护的角度来说，集杏海堤开口配合东渡北湾浅滩人工开槽是有利的。

4.2.3　集杏海堤开口对厦门西海域水流条件的影响

图 8 和图 9 为东渡北湾浅滩开槽和未开槽工况条件下，集杏海堤开口方案实施后厦门西海域水流流速沿程分布变化，开槽情况下，集杏海堤开口对整个厦门西海域水流的影响幅度明显加大。

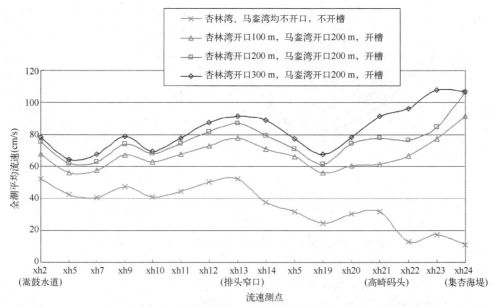

图 8　马銮海堤开口 200 m、滩面开槽、杏林湾不同开口条件下西海域沿程流速分布

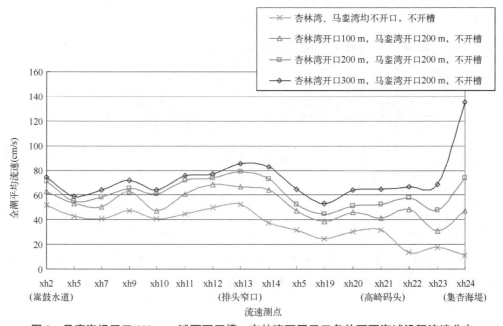

图 9　马銮海堤开口 200 m、滩面不开槽、杏林湾不同开口条件下西海域沿程流速分布

集杏海堤开口对宝珠屿南侧的马銮水道流态影响并不大，涨潮时东渡北湾水流尚较平顺；但落潮流从集杏海堤口门斜向流向东渡港区北部，使东渡港区18号泊位以北沿岸水流比较紊乱。

5 结论

（1）打开马銮海堤，增加西海域纳潮量，可以增强西海域（包括马銮湾内）大部分区域的水动力条件，达到改善水质、扩大海洋环境容量、增强流速、减少泥沙回淤和增加嵩鼓水道口门的稳定性等目的。

（2）考虑到东渡北湾海床稳定性，为避免整治工程实施后东渡北湾马銮水道滩槽地形剧烈调整引起新的泥沙问题，新增马銮湾水域面积6~10 km²较合适，建议采用8 km²。

（3）因马銮水道深槽基本位于马銮海堤中部，中间开口方案不仅口门处流速较小，海堤两侧水流流态也优于南北两端开口，对湾内、外滩槽地形的冲淤调整影响较小。试验表明口门加宽也会改善湾内、外流态和增加湾内纳潮量，但当中间口门宽度达200 m后，纳潮量增幅不再明显。

（4）试验结果表明，如仅从纳潮量角度考虑，马銮湾清淤至厦门零点以下即可。

综上所述，建议马銮湾水域面积采用8.0 km²左右，马銮海堤采用中间开口200 m或更宽（不建闸），马銮湾内清淤至厦门零点-0.5 m左右；如考虑控制湾内水位，要求口门设闸进行调控，则应在东渡北湾内适当清淤，以补偿西海域减少的纳潮量。

（5）集杏海堤开口大小对杏林湾内低潮位影响较明显，随开口减小，低潮位逐渐升高。当口门宽度大于200 m时，对杏林湾内高潮位影响很小；仅当口门宽度小于100 m时才影响到湾内高潮位。

（6）集杏海堤开口后，在杏林湾外浅滩开槽导流，有利于增加杏林湾纳潮量，加强西海域水动力。马銮湾开口与否对杏林湾湾内水流条件影响甚小。

（7）集杏海堤开口50 m、100 m、200 m和300 m时，杏林湾为西海域贡献的纳潮量增幅分别为6%、13%~15%、17%~22%和22%~24%。

（8）杏林湾整治工程实施后，西海域自湾里向外各处水流流速均呈增加趋势，离集杏海堤距离越近，流速增加幅度越大。即杏林湾整治工程的实施，对东渡北湾水流条件影响较大，对东渡南湾影响较小。

（9）杏林湾内防洪标高为黄海零点+1.5m，城建标高为黄海零点+2.0 m，而4种开口的最高潮位均高于防洪与城建要求，为满足城建、防洪要求，可通过口门建闸来调节湾内水位。

参考文献

［1］厦门西海域暨马銮湾、杏林湾综合治理工程物理模型试验研究［R］.南京水利科学研究院，2003.

［2］徐啸，等.厦门港潮汐水流及浑水悬沙整体模型设计［J］.台湾海峡，1995，2（1）.

厦门高集、集杏海堤开口改造工程试验研究

摘 要： 为了改善厦门西海域水质条件，应用潮汐水流数学模型和物理模型，研究打开高集海堤和杏林海堤各方案实施后厦门东、西海域水流的变化规律。结果表明，高集海堤开口后将产生自东海域向西海域的净输水，其对厦门西海域的水质和泥沙条件是有利的。从改善厦门东、西海域水流、水质和泥沙回淤等因素考虑，高集海堤和集杏海堤同时开口方案优于单一海堤开口方案。

关键词： 厦门；高集海堤开口；集杏海堤开口；试验研究

1 概述

厦门原为一个四面环水的岛屿，为了改善交通、巩固海防、发展经济，于 1955 年 10 月 1 日建成了一条用花岗岩块石填筑、长 2 212 m、宽 19 m 的高集海堤，厦门东、西海域成为半封闭的港湾，厦门岛成了人工半岛，见图 1 和图 2。

自 20 世纪 50 年代以来，随着我国国民经济的迅速发展，人们对海域资源进行了过量开发、利用和索取，造成了很多不可恢复的过度开发。

图 1 厦门岛附近海域卫星图片

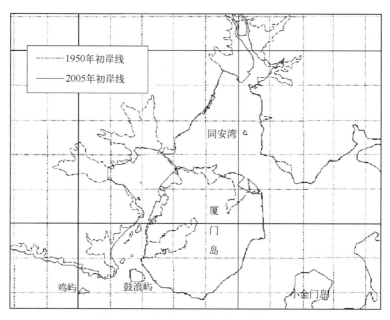

图2 20世纪50年代与现今岸线对比

在高集海堤建成初期，厦门西海域纳潮面积约为 108 km²，东海域（同安湾）纳潮面积约为 130 km²。随着集杏海堤（1956 年）、马銮海堤（1957 年）和筼筜海堤（1971 年）建成，厦门西海域纳潮面积减少约 44%。在其后 30 年内，西海域水域面积又因种种原因进一步减少了 10% 以上，目前西海域纳潮面积仅为 20 世纪 50 年代的 42% 左右（表 1 和图 2）。

表1 厦门西海域滩涂围垦造地状况统计

年 份	工程名称	地 点	动工年份	竣工年份	面积（km²）
	杏林湾	集美—杏林	1955	1956	20.00
	马銮湾	马銮—翁厝	1958	1960	20.93
1955—1979	筼筜港	厦门—东渡	1970	1972	6.72
	京口湾围垦	京口—东屿		1979	4.00
	西海域	9 处		1979	4.50
1980—1994	西海域	5 处			1.86
1995—2005	西海域	6 处			4.65
合计		19 处			62.66

由于地理条件和历史条件的原因，厦门岛东海域开发相对较迟且规模较小。自 1964 年以来，较大规模的围垦有东坑围垦（1966 年）、石崎围垦（1972 年）和策槽围垦（1974 年）；20 世纪 60 年代以来的 40 年内，由于围垦造地，东海域水域面积减少了 31 km²。

这些围垦工程虽然形成了大片盐田、水产养殖区和陆域，促进了当时的经济发展和城市扩张，但由于海域面积和纳潮量锐减，导致水流减缓，水流动力和水质条件明显下降；一些水道不断淤浅，海洋生态环境质量恶化，已经发生了赤潮、底栖生物物种和群落变异的污染生态效应。

为了改善西海域的水质条件和航道水深条件，近年人们基于海洋生态环境修复概念，在提出打开马銮海堤、增加厦门西海域 8 km² 纳潮面积的基础上进一步提出打开高集海堤和集杏海堤的设想，以期加强厦门东、西海域特别是东渡北湾的海洋动力强度，增加海水交换和自净能力。鉴于高集海堤开口改造工程的重要性以及涉及问题的复杂性，多个科研单位相互协作，分别通过物理模型（南京水利科学研究院）和数学模型（国家海洋局第三海洋研究所和厦门大学）对高集、集杏两海堤开口问题进行同步研究，本文为这些研究成果的综合。

2 厦门湾水文泥沙条件

2.1 厦门东、西海域潮流特征

厦门海域为强潮地区，潮差累计频率不大于 10% 的大潮潮差为 5.3 m 左右，中潮潮差为 4 m 左右，潮差累计频率不大于 90% 的小潮潮差为 3.0 m 左右。

表 2 和表 3 为 2007 年 8 月厦门东、西海域各测点实测大、小半潮平均流速值，测点布置如图 3 所示。

表 2 2007 年 8 月厦门岛东、西海域水流测点大潮半潮垂线平均流速（m/s）

测点	D1	D2	D3	D4	X1	X2	X3
涨潮平均	0.19	0.45	0.47	0.52	0.27	0.39	0.31
落潮平均	0.22	0.41	0.35	0.43	0.36	0.37	0.43

表 3 2007 年 8 月厦门岛东、西海域水流测点小潮半潮垂线平均流速（m/s）

测点	D1	D2	D3	D4	X1	X2	X3
涨潮平均	0.14	0.22	0.22	0.34	0.20	0.26	0.21
落潮平均	0.16	0.20	0.24	0.29	0.22	0.24	0.25

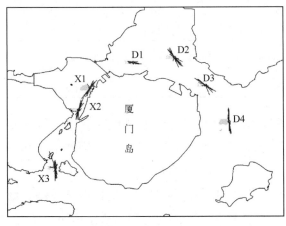

图 3 水文测验测点位置及大潮流矢图

由图 3 可知，厦门东、西海域基本为往复流；自湾口向湾顶流速逐渐减小，东海域主流区大潮平均流速为 0.40 ~ 0.50 m/s，西海域为 0.30 ~ 0.40 m/s；小潮平均流速为 0.2~0.3 m/s。

2.2 高集海堤附近潮汐水流特点

根据历史资料描述，高集海堤建设前，来自厦门东、西海域的"两股潮波在高崎相遇，所以高崎大潮升最大，这里在高集堤建筑前，即是水道狭窄，两岸淤积严重，形成宽广海滩。"

1981 年 10 月曾在高集海堤涵洞处进行了连续三天的流速、流向测量。实测资料分析表明，高集海堤涵洞处从低潮位开始的涨潮流为东流（即从西海域流向东海域），当水位高于中潮位后，改为涨潮西流；到达高潮位后约 0.5 h，海堤涵洞处首先为落潮东流，接着又改为落潮西流。流向的反复变化反映了汇（分）流区潮位的不稳定特征。2007 年 8 月在高集海堤东、西侧进行的潮位测量结果与上述特点基本一致，进一步说明，海堤基本位于厦门岛东、西海域潮流汇流和分流处。

2.3 厦门海域泥沙条件

根据水文测验资料，西海域 3 个测站大潮期平均含沙量为 0.043 kg/m³，小潮期为 0.020 kg/m³。东海域 4 个测站大潮平均含沙量为 0.041 kg/m³，小潮期为 0.018 kg/m³。厦门岛周边海域含沙量很小，东、西海域大部分底质沉积物为黏土质粉砂。

3 模型试验条件

3.1 厦门东、西海域边界条件

厦门东、西海域试验边界条件包括：厦门西海域综合整治+同安湾综合整治+规划岸线（图 4）。

图 4 厦门东、西海域边界条件

厦门西海域综合整治包括：西海域整治岸线及西海域规划清淤区清淤，新阳大桥东南侧造地工程岸线、高崎闽台避风港岸线、厦门船厂三期岸线、嵩屿港区二期岸线均形成，杏林大桥建成，马銮海堤开口、增加纳潮面积 8 km²。

同安湾综合整治包括环东海域综合整治岸线，同安湾进行规划清淤方案、同安湾人工沙滩和红树林工程均实施，集美大桥、厦门大桥，高崎机场二期规划岸线，刘五店港区最新的规划岸线等均形成。

3.2   杏林湾

3.2.1   杏林湾边界条件

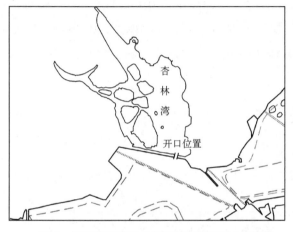

图 5   集杏海堤开口位置及杏林湾内水域边界

杏林湾水域边界如图 5 所示，杏林湾内水域面积约 7.2 km²，水深不足 -2.24 m（黄海零点，下同）的清淤至 -2.24 m。杏林湾内防洪限高为黄海零点 +1.4 m。

3.2.2   杏林湾内运行水位

为保证水体景观和防洪需要，杏林湾正常运行水位为 -1.24~+1.0 m。

3.3   试验方案

3.3.1   高集海堤开口方案

高集海堤分别进行了开口宽度 300 m、500 m、800 m、1 000 m、1 500 m 及全开等方案试验，海堤开口宽度以现海堤涵洞南端为起点向北计。

3.3.2   集杏海堤开口方案

集杏海堤开口宽度有五种方案：100 m、150 m、200 m、250 m、300 m；底坎高程两种方案：-3.74 m、-3.24 m（本文主要介绍底坎高程 -3.74 m 的研究成果）。开口位置距厦门大桥立交桥 250 m。

4   研究成果分析

4.1   高集海堤开口主要研究成果[1~3]

对不同边界条件下的开口方案试验研究表明，边界条件 1（现状，不清淤）、边界条件 2（东海域清淤、西海域不清淤）及边界条件 3（东、西海域均清淤）条件下的试验结果趋势基本一致，主要是变化量值上有些不同。为了便于描述，以下主要介绍边界条件 3 下的试验成果。

4.1.1 高集海堤开口对厦门东、西海域流态的影响

试验研究表明，因高集海堤基本位于厦门东、西海域潮流的汇（分）流区，海堤开口后对东、西海域的潮波特性影响甚小，仅对海堤附近水域流态有一定影响，主要表现为在残留的海堤两侧出现回流，随着海堤开口宽度增大，回流范围减小。

4.1.2 高集海堤开口对厦门东、西海域流速的影响

数学模型研究表明，高集海堤开口主要影响海堤两侧附近海域潮流场，东海域影响范围约为 3 km，西海域影响范围约为 5 km。高集海堤开口后，东海域涨潮流速加强、落潮流速减弱，而西海域落潮流速增加、涨潮流速减弱。物理模型试验结果与数学模型结果基本一致（图 6）。

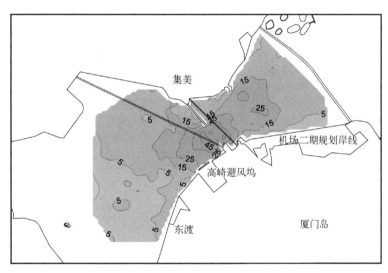

图 6　开口 800 m 时，全潮平均流速（cm/s）增值分布

东、西海域测点布置如图 7 所示，沿程测点流速变化如图 8 所示。从东、西海域主槽区流速变化看，高集海堤开口后，涨潮时西海域流速减小，东海域流速增大；落潮时西海域流速增大，东海域流速减小。试验表明，从开口 300 m 到 800 m，随开口宽度增大，东、西海域流速变化增大，开口宽度大于 800 m 时，流速变化趋缓。

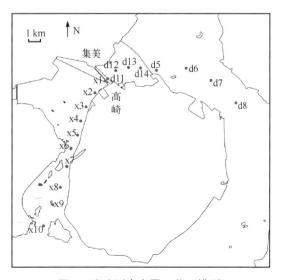

图 7　流速测点布置（物理模型）

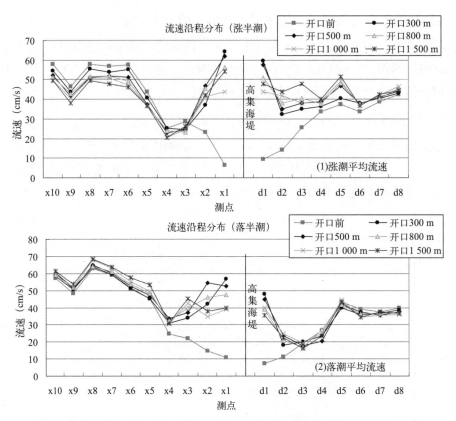

图 8　高集海堤各开口方案条件下，东、西海域沿程测点半潮平均流速分布

4.1.3　高集海堤开口对主要过水断面进出潮量的影响

高集海堤开口后，东、西海域形成两口门的连通水域，采用水域内各过流断面的进出"水量"或"潮量"来说明问题更方便也更合理。

模型试验表明（表 4 和图 9），在东、西海域整治及清淤工程方案实施后，高集海堤开口，涨潮期，西海域口门（嵩屿—鼓浪屿断面）涨潮量随海堤开口宽度增加而减少，东海域口门（五通—澳头断面）涨潮量随海堤开口宽度增加而增大。落潮期，西海域口门落潮量随海堤开口宽度增加而增大，东海域口门落潮量随海堤开口宽度增加而减小。

表 4　高集海堤不同开口条件下东、西海域内部分断面涨、落潮量（25 h，×10⁸ m³）

工　况	鼓浪屿断面		五通—澳头断面		高集海堤断面		
	涨潮量	落潮量	涨潮量	落潮量	涨潮量	落潮量	净输水量
工程前	4.97	5.18	8.14	8.23	—	—	—
开口 500 m	4.58	5.43	8.60	7.99	0.38	−0.21	0.59
开口 800 m	4.50	5.47	8.74	7.95	0.42	−0.29	0.71
开口 1 000 m	4.45	5.50	8.78	7.86	0.51	−0.36	0.87

注：高集海堤断面涨潮流以向西为正，落潮流以向东为正。

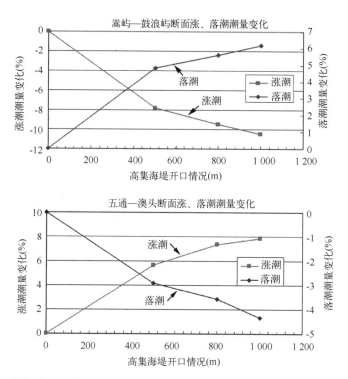

图 9　厦门东、西海域口门断面涨、落潮潮量与高集海堤开口条件之间关系

在高集海堤建成初期，西海域纳潮面积和东海域差别不大，其后 50 年西海域的纳潮水量逐渐减少，目前仅为东海域的一半左右。高集海堤一旦开口，厦门东海域相对强劲的涨潮流主流将通过高集海堤开口处进入西海域，导致西海域涨潮流受阻、流速减弱；落潮期，在涨潮惯性流影响下海堤开口处净流量仍然自东海域向西海域，大大加强西海域落潮水流。当海堤开口 800 m 时，大潮条件下，在一天两涨两落潮汐过程中，将有净 7.1×10^4 m³ 水量自东海域进入西海域，这不仅可使相对比较洁净的东海域海水进入西海域，且可加速西海域水体排出外海。图 10 为高集海堤不同开口宽度时高集海堤断面处涨、落潮量及全潮净输水量。

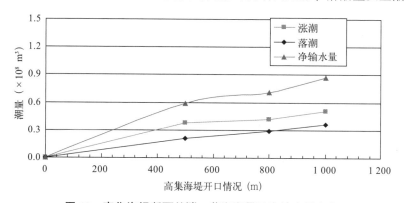

图 10　高集海堤断面处涨、落潮潮量及净输水量变化

在东海域水质条件优于西海域的条件下，打开高集海堤，对改善西海域水质条件和提高水体交换能力是积极有效的。

4.1.4 高集海堤开口对海水自净能力的影响

根据厦门大学数学模型计算结果，高集海堤开口前同安湾和西海域半交换周期为14.9 d，海堤开口800 m后，半交换周期为13.1 d，即海堤开口可以改善东、西海域的水体交换，水体半交换周期缩短，水动力条件得到改善，进而改善厦门湾的水体交换能力。

4.1.5 高集海堤开口对泥沙运动的影响

高集海堤开口后，由于净输水方向为自东海域向西海域，东海域的泥沙会随水流进入西海域，此外，在开口初期，地形会发生局部冲淤调整，可能使东渡北港区港池泥沙淤积有所增大；但厦门海域含沙量较小，泥沙淤积增加量不大，大致为5～10 cm/a。特别是东、西海域清淤工程实施后，泥沙来源减少，随着时间的推移，影响会逐年减弱。因东渡湾原来的主要沙源是九龙江来沙，高集海堤开口后西海域落潮流增大、涨潮流减弱，可降低九龙江来沙的影响。

4.1.6 厦门东、西海域清淤工程对高集海堤开口的影响

试验表明，在东、西海域不清淤条件下，由于海堤两侧浅滩较高，过水能力受到限制，高集海堤开口增强东、西海域水体交换能力的作用不能充分显示。清淤工程实施后不仅能增加东、西海域的纳潮量，还可减少泥沙来源，使东渡港区泥沙回淤率减少一半以上。因此，东、西海域清淤工程应与高集海堤开口配套同步实施。

模型试验表明（表5），在东、西海域未清淤条件下，由于浅滩存在，海堤开口处过水能力受限，海堤开口800 m时，自东海域向西海域的净输水量仅0.05×10^8 m^3。清淤工程实施后，海堤开口800 m时，自东海域向西海域的净输水量约0.71×10^8 m^3，湾顶海水的交换能力明显增强，此时通过高集海堤开口处自东海域向西海域的净输水量约为东、西海域总纳潮量的5%，能明显改善西海域湾内水体与外海的交换。

表5　高集海堤开口800 m，海堤开口处向西净输水量（24 h，×10^8 m^3）

	物模成果（南京水利科学研究院）	数模成果（原国家海洋局第三海洋研究所）
边界条件1（现状，未清淤）	0.050	—
边界条件2（仅东海域清淤）	—	0.642
边界条件3（东西海域均清淤）	0.710	0.710

4.2　集杏海堤开口主要研究成果[4-6]

试验中分别考虑高集海堤开口和不开口两种条件（高集海堤开口条件为800 m）。根据

调洪演算结果[7]，为满足行洪要求，推荐集杏海堤开口宽度 250 m，底坎高程-3.74 m。

4.2.1 杏林湾内水流水质条件的改善

4.2.1.1 杏林湾内水流条件

图 11 为物模试验流矢图。涨潮时，闸孔内较急的水流能将湾外水体一直输送到杏林湾湾顶，有利于湾内水流掺混，改善湾内水质条件。杏林湾内流速分布总趋势是口门流速大，湾顶流速小。但涨潮时湾内闸孔前 2 km 范围内涨潮平均流速超过 0.8 m/s，局部区域流速达到 2 m/s，闸孔出流需采取有效消能措施。

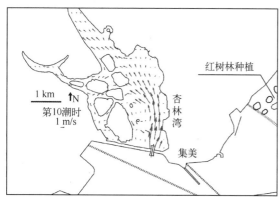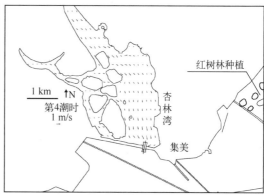

图 11 集杏海堤开口 250 m 时湾内涨急、落急流矢图

4.2.1.2 杏林湾内外水体交换

数学模型计算表明，打开集杏海堤后整个厦门湾的水体半交换周期略有缩短，其中杏林湾的水体半交换周期约为 70 h（表 6）。

表 6 杏林湾和东、西海域海水半交换周期（h）（数学模型）

方案	杏林湾	厦门西海域+厦门东海域
方案 0-3（集杏海堤不开口）	—	173
方案 A-2（集杏海堤开口 250 m）	70	170

物理模型中也对杏林湾内、外水体交换问题进行了探讨性试验研究：将一定量的示踪物均匀分撒在杏林湾内，试验从常水位+1.0 m 开始，统计每潮进出杏林湾内示踪物数量变化（图 12）。

试验表明：

（1）部分示踪物随落潮流带出湾外，涨潮时部分又被带进湾内，示踪物总量呈波状减小趋势。

（2）由于杏林湾内水深较小，纳潮量约为湾内总水量的 70%，示踪物排放较快，海堤

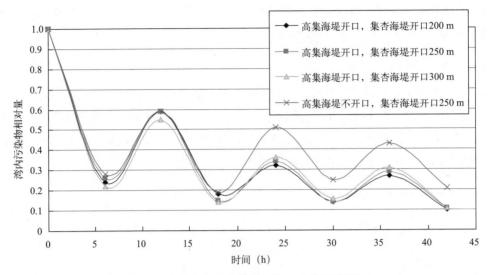

图 12 杏林湾内示踪物扩散情况（物理模型）

开口对改善杏林湾水质条件有利。

（3）高集海堤开口对杏林湾污染物的排出有较明显的影响，高集海堤开口后，杏林湾内示踪物总量减少速度更快，这是由于高集海堤开口后东渡北湾水体交换能力增强，有利于杏林湾示踪物的排出和扩散。

4.2.2 集杏海堤开口对厦门东、西海域流场的影响

（1）工况 1：高集海堤不开口。此时杏林湾增加的纳潮量全部进入西海域，西海域潮流强度增大；海堤开口附近水域流速增幅最大，西海域主槽区流速平均增大 7% 左右，西海域口门流速平均增大 5% 左右。

（2）工况 2：高集海堤开口。数学模型和物理模型试验结果均表明：在高集海堤开口条件下，东、西海域主槽区流速均有所增大，其中西海域流速增大幅度大于东海域。西海域流速增大 3%~5%，东海域流速增大 1%~2%。

4.2.3 集杏海堤开口对厦门东、西海域潮量的影响

（1）工况 1：高集海堤不开口。集杏海堤开口后，潮量增加量为 $0.160 \times 10^8 \ m^3$。高集海堤不开口时，这部分增加的潮量主要贡献于厦门西海域，使西海域纳潮量增加 6% 左右。

（2）工况 2：高集海堤开口。高集海堤和集杏海堤同时开口的情况下，进入杏林湾的涨潮流一部分来自东海域、一部分来自西海域，而流出杏林湾的落潮流也有一部分进入东海域。即集杏海堤开口直接影响到高集海堤开口处东、西海域的水体交换。表 7 列出了一个全日潮（25 h）时段内，厦门东、西海域口门断面及高集海堤开口处涨、落潮潮量变化情况，根据这些数据绘制成图 13。

表 7　厦门东、西海域口门断面及高集海堤开口处涨、落潮潮量（一个全日潮）

编号	工况		潮型	西口门（鼓浪屿断面）		高集海堤口门断面		东口门（五通—澳头断面）	
	高集海堤	集杏海堤		潮量（×10⁸ m³）	变化（%）	潮量（×10⁸ m³）	净流量（×10⁸ m³）	潮量（×10⁸ m³）	变化（%）
1	不开口	不开口	涨	4.97	0.0	0.00	0.00	8.14	0.0
			落	5.18	0.0	0.00		8.23	0.0
2	不开口	开口 250 m	涨	5.28	6.2	0.00	0.00	8.14	0.0
			落	5.48	5.8	0.00		8.23	0.0
3	开口 800 m	不开口	涨	4.50	−9.5	+0.42	+0.71	8.74	7.4
			落	5.47	5.6	+0.29		7.95	−3.4
4	开口 800 m	开口 250 m	涨	4.74	−4.6	+0.48	+0.66	8.80	8.1
			落	5.66	9.3	+0.18		8.09	−1.7

注：高集海堤开口处水流自东向西为"+"，自西向东为"−"。

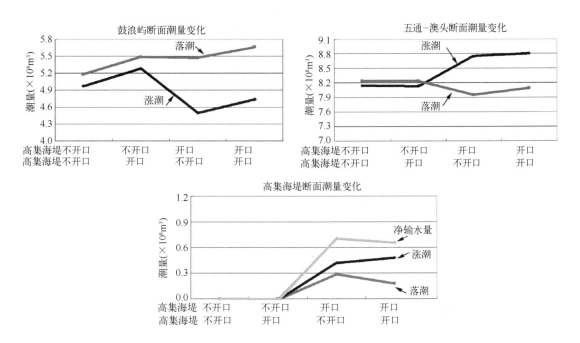

图 13　高集海堤、集杏海堤不同开口条件下各控制断面处潮量变化规律

由以上图表可以看出，两海堤同时打开后，涨潮期东海域进入西海域的净流量虽然稍有增加（0.06×10⁸ m³），但其中约 1/3 加入到杏林湾涨潮水流中，对西海域涨潮流的阻挡作用反而较弱，使西海域涨潮流有所增加。落潮期，由于杏林湾较强的落潮流作用，东海域进入西海域的净流量虽然减少了 0.11×10⁸ m³，但通过鼓浪屿断面排出西海域的落潮水量仍然增加了 0.19×10⁸ m³。

以上分析表明，两海堤同时打开后，虽然自东海域进入西海域净流量稍少 $500\times10^4\,\mathrm{m}^3$，但西海域落潮潮量却增加了 $1\,900\times10^4\,\mathrm{m}^3$；从增加厦门西海域水体交换角度考虑，两个海堤开口要明显优于单一海堤开口方案。

4.2.4　关于厦门西海域泥沙冲淤问题

集杏海堤开口后，在较强劲的落潮流作用下，东渡港区泥沙淤积强度会有所减小，东渡北港区泥沙淤积平均约减少 $0.04\,\mathrm{m/a}$。排头—鼓浪屿航道回淤厚度稍有减少，约减少 $0.03\,\mathrm{m/a}$。

5　结语[8]

（1）高集海堤开口，在目前特定的边界条件下，潮汐作用产生自东海域流向西海域的净输水，在大潮条件下，一个全日潮过程中净输水量可达 $7\,100\times10^4\,\mathrm{m}^3$。

（2）高集海堤开口可提高厦门东、西海域海水交换能力，改善水质条件。

①高集海堤开口，增大海堤两侧海域潮流动力强度，提高水体自净能力；

②海堤开口后，自东海域向西海域的净输水，有利于改善西海域水质条件；

③高集海堤开口后，厦门西海域南口门落潮潮量增大，有利于西海域湾内水体与外海的交换，缩短东、西海域水体半交换期。

（3）集杏海堤开口后，杏林湾内、外水体的交换，明显改善了杏林湾内水质条件。

（4）从改善厦门东、西海域水流、水质和泥沙回淤等因素考虑，高集海堤和集杏海堤同时开口方案优于任何单一海堤开口方案。

（5）厦门东、西海域清淤与高集海堤开口配套实施，对增强厦门湾水动力强度，提高湾内、外水体交换能力及海水自净能力，改善西海域水质环境有利。

（6）综合研究分析后推荐高集海堤开口 $800\sim1\,000\,\mathrm{m}$，集杏海堤开口宽度及底坎高程由杏林湾排洪要求确定；两海堤开口的前提条件为：厦门东、西海域按规划进行清淤及岸线修复。

参考文献

[1] 厦门高集海堤开口改造工程物理模型试验研究报告 [R]. 南京水利科学研究院，2008.

[2] 厦门高集海堤开口改造工程水动力环境数值模拟研究 [R]. 国家海洋局第三海洋研究所，2008.

[3] 高集海堤开口工程水动力环境数值模拟研究 [R]. 厦门大学，2008.

[4] 厦门集杏海堤开口改造工程物理模型试验研究报告 [R]. 南京水利科学研究院，2008.

[5] 集杏海堤开口改造工程水动力环境影响数值模拟研究 [R]. 国家海洋局第三海洋研究所，2008.

[6] 集杏海堤开口工程水动力环境数值模拟研究 [R]. 厦门大学，2008.

[7] 厦门市集杏海堤开口改造工程调洪演算分析报告 [R]. 福建省厦门水文水资源勘测分局，2008.

[8] 高集海堤开口改造对厦门东、西海域水流泥沙影响的综合分析 [R]. 南京水利科学研究院，2005.

厦门湾潮汐水流物理模型馆有关问题研究

摘　要：本文首先介绍了潮汐水流整体物理模型的作用和功能，讨论在厦门海港公园建设厦门潮流模型实验室的意义和作用。通过对国内一些类似大型实验室情况的介绍，提出厦门潮流模型的设计方案；根据实际需要，建议分两期实施。最后指出，物理模型试验是非常专业化的工作，模型馆正常运转的关键是运作体制和人才培养。

关键词：海洋科学；厦门湾；海港公园工程；潮汐水流；物理模型馆

1　潮汐水流物理模型的作用和功能

潮汐水流是海洋动力的主要形式。为了掌握和认识潮汐水流特点，一般通过两种途径：一是原型观测；二是模型试验研究。由于海洋环境规模巨大，原型观测工作往往需要耗费大量的人力、物力。但对巨大的海洋环境来说，有限的测点资料往往无法反映整体和测点以外各处动力环境的规律和特点。此外，原型观测中各种因素经常掺杂在一起（如异常气象条件、观测人员的业务能力和经验、观测仪器的局限性等），经常使观测成果精度不够，有时甚至不可用。目前在研究比较复杂的海洋动力和海洋物质输移以及海岸演变等实际问题时，主要依赖第二个途径，即模型试验研究，包括数学模型和物理模型。

物理模型指按一定的相似原理，以某种合适的比例由原型缩制而成的模型。实践证明，当水流形态比较复杂时，潮汐水流物理模型可以比较好地反映水流实际流态。特别当建筑物尺度较小，边界条件比较复杂时，物理模型的作用更为突出。

2　建设厦门湾潮汐水流物理模型的意义和过程[1]

2.1　建设厦门湾物理模型的意义

海洋环境是厦门的生命线。为实现海洋资源的可持续利用和海洋环境保护与社会经济发展的和谐统一，构建海湾型现代生态城市发展框架，最终确立厦门作为区域性国际航运、旅游和商务的中心地位。在厦门市建设一个可以正确复演和预演厦门湾海域水动力条件的整体物理模型，在模型中对厦门湾的规划和开发利用方案进行比较深入、全面、细致的前期工作，意义重大。

2.2　厦门湾物理模型馆设计过程（2001—2009 年）

2001 年厦门市有关部门首先提出在厦门市建设物理模型的需求，当时计划在火烧屿建造一物理模型，主要用于科学研究。2003 年厦门市计划在大嶝岛建设厦门海港公园，拟在公园中建设厦门湾物理模型。随着厦门市经济的迅猛发展，对物理模型的功能定位也从科学研究扩展到旅游和青少年教育。

2006—2009 年，厦门市政府决定将"厦门湾物理模型馆"作为厦门园博园的主要展馆之一，为此进一步深化了厦门湾物理模型设计，并提出为配合厦门湾物理模型的建设而开展厦门湾水文测验的建议。

3　厦门湾潮汐水流物理模型实验室的功能和研究内容

3.1　厦门湾潮流模型的主要功能

（1）作为厦门市对世界展现的窗口之一，是厦门重要的旅游观光景点。
（2）作为青少年科普教育基地。
（3）作为研究厦门湾海域及大型海洋工程水动力特性、泥沙运动趋势和污染物迁移、扩散等基本规律的科研基地。

3.2　厦门湾潮流物理模型总的要求

既能满足厦门岛东、西海域及九龙江河口湾海洋开发、岸线利用及港口工程和其他海岸工程的近期建设需要，又能够满足厦门湾中远期海洋开发、岸线利用、海洋环境和海洋动力学研究工作；为厦门湾海洋、海岸开发建设的可持续发展提供战略性的科学论证和意见。

4　国内大型潮汐水流物理模型实验室简介

中国自 1950 年即开始制作潮汐水流物理模型。其中大部分是 1980 年以后建成并用于试验的。水平尺度大于 50 m 的大型海岸河口潮汐物理模型主要列于表 1。其中部分模型由南京水利科学研究院完成。

表 1　中国部分潮汐模型情况

序号	名称	单位	水平比尺 λ_1	垂直比尺 λ_h	实验室尺度（m²）	备注	时间（年）
1	黄浦江河口	南京水利科学研究院	700	70	60×25	—	1957—1958
2	长江口整治	南京水利科学研究院	2 600	120	—	—	1956—1960
3	瓯江河口	南京水利科学研究院	1 000	100	—	—	1960
4	射阳河口闸下模型	南京水利科学研究院	500	100	42×22	—	1973

序号	名称	单位	水平比尺 λ_l	垂直比尺 λ_h	实验室尺度（m²）	备注	时间（年）
5	长江口航道整治	南京水利科学研究院	1 600	120	108×36	—	1976—1996
6	长江口航道整治	南京水利科学研究院	1 000	125	108×36	—	1998—
7	连云港	南京水利科学研究院	500	60	27×54	—	1978—1987
8	汕头港	南京水利科学研究院	500	80	40×50	—	1986—1997
9	锦州港	南京水利科学研究院	800	100		—	1987
10	瓯江温州港	南京水利科学研究院	600	60	60×27	—	1987
11	北仑港	南京水利科学研究院	750	125	72×24	建在港区，南京水利科学研究院负责管理	1987—2004
12	厦门西港区	南京水利科学研究院	550	60	27×54	—	1987—1997
13	蛇口港区	南京水利科学研究院	700	70	6400	建在港区，南京水利科学研究院负责管理。已报废	1989—1994
14	上海外高桥港区	南京水利科学研究院	600	120	—	—	1993—1994
15	崖门口航道	南京水利科学研究院	800	100	100×33	—	1997
16	唐山曹妃甸港区	南京水利科学研究院	2 000	100	27×54	—	1997—1998
17	黄骅港	南京水利科学研究院	625	80	42×36	—	1996—1997
18	上海深水港	南京水利科学研究院	700	120	36×50	—	1998—2004
19	永定新河河口	南京水利科学研究院	640	80	52×35	—	2000—2004
20	温州浅滩围涂	南京水利科学研究院	1 000	100	34×40	—	2000
21	黄埔新沙港	珠委科研所*	600	100	—	—	—
22	磨刀门河口	珠委科研所	1 500	50	—	—	—
23	灌河口外航道	河海大学	1 000	100	—	—	1990—1991
24	钱塘江河口	浙江河口海岸研究所	1 500	80	—	—	1987
25	杭州湾大通道	浙江河口海岸研究所	1 000	100	—	—	2000
26	上海金山港区	华东师范大学	600	80	—	—	1992—1993
27	甬江口	天津水运科学研究所	350	100	—	—	1987—1999
28	上海深水港	天津水运科学研究所	850	135	—	—	1999—2004

注：珠委科研所即今珠江水利科学研究院。

这些物理模型一般具有以下特点：

（1）绝大部分由专业科研单位制作并进行试验研究，少量为大专院校制作运行；

（2）建在现场的物理模型很少，一般科研任务结束或科研人员调动后，实验室即改作他用或拆除。例如建于蛇口的深圳湾物理模型，在1994年结束试验后，所有设备作废铁处理。

4.1 长江口深水航道科学试验中心

（1）主要功能：潮汐水流泥沙模型试验，为长江口深水航道施工服务。

（2）时间：一期基建工程于1997年11月4日开工，386 d完成，1998年6月9日成立试验中心，1998年9月1日科技人员进场制模，1998年12月18日竣工放水试验。

（3）编制：正厅级。固定编制30人，流动编制100人。

（4）经费：一期工程1.46亿元（由交通部拨款）。

（5）潮汐河工模型试验厅建筑面积$2.6×10^5$ m^2，东西长330 m，东侧最宽处115 m，西侧宽50 m。

（6）物理模型比尺：水平比尺$\lambda_1 = 1\,000$，垂直比尺$\lambda_h = 100$。

（7）地下水库：$0.5×10^4$ m^3。

（8）潮水箱：100 m×10 m×3.5 m。

（9）房屋结构：大跨度空间球形网架结构，轻型保温彩钢板的屋面和墙板。

（10）风浪水槽：长318 m，净宽1.0 m，深1.2 m。

（11）任务来源：交通部。

（12）挂靠单位：长江口深水航道建设公司。

4.2 浙江河口所新建潮汐水流实验大厅

建于2003年上半年，浙江大学建筑设计院设计，东南网架厂建造，轻型网架结构，高30 m，大厅135 m×165 m；总费用4 800万元（包括部分辅助建筑、道路等）。

4.3 南京水利科学研究院海岸厅

南京水利科学研究院海岸工程实验室大厅由交通部投资建设，于1998年建成。大厅长86 m，宽62 m，大厅内有一个70 m×50 m×0.9 m的大型水池，大厅外建有两座900 m^{3}的地下水库。大厅建设总费用1 200万元。

4.4 南京水利科学研究院厦门港模型简介[2]

1988年南京水利科学研究院建造了第一个厦门港整体物理模型，东到屿仔尾—厦门大学断面，西到鸡屿（后延伸到海门岛），北至杏林海堤、南到屿仔尾，包含实际水域面积约120 km^2。模型水平比尺550，垂直比尺60，模型变率为9.1。2000年年底南京水利科学研究院重新设计制造了一个范围较大的厦门港整体潮汐水流物理模型。模型东边界在塔角附近，西边界到九龙江南、北、中港，南到大磐浅滩，北至东渡湾北端的杏林海堤。模型东西范围约30 km，南北约24 km。包含水域面积近250 km^2。

模型布置情况如图1所示。模型水平比尺$\lambda_1 = 500$，垂直比尺$\lambda_h = 70$。模型变率为7.1，实验室面积为1 700 m^2。这一物理模型可以较好地模拟目前厦门西海域和九龙江河口湾水流条件。

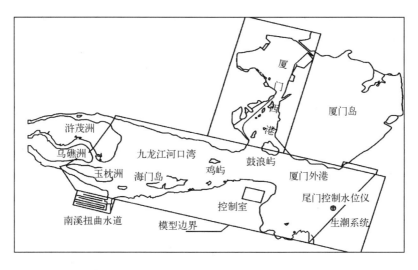

图1　南京水利科学研究院厦门物理模型试验厅（2001年）

5　厦门湾潮汐水流物理模型方案设计

5.1　厦门湾潮汐水流物理模型的范围

　　根据厦门湾潮汐水流物理模型实验室的功能和要求，厦门湾整体物理模型应能覆盖整个厦门湾海域，不仅要包括厦门岛周边海域，还应该包含大、小金门岛及围头湾海域。为此，模型边界大致为东至围头，西至九龙江南、北、中港，北自同安湾顶，南至镇海角。模型覆盖面积近2 700 km²，其中水域面积大致为1 550 km²。

5.2　厦门湾潮汐水流物理模型的实验室规模和几何比尺初步考虑

　　根据上述模型确定的范围以及场地条件，具体布置情况如图2所示。根据科研需要，可初步确定厦门湾潮汐水流整体物理模型水平比尺为$\lambda_1 = 500$。由此可算得：实验室占地面积约15 000 m²（100 m×150 m）。为节约经费，实验室大厅布置为Z形，即实验室由两个50 m×115 m的实验大厅交错组成。实验室两个大厅既是一个整体，又可根据具体试验要求和经济条件分两期实施（图中长度为厦门湾原型尺寸）。

5.3　厦门湾潮汐水流物理模型的分期实施

　　由于厦门湾物理模型需要涵盖较大范围海域，且为满足模型科研精度要求，模型几何比尺不宜太大（即模型不能缩小太多），为此厦门湾潮汐水流物理模型总体规模必然比较大。不仅需要较大建筑面积的实验室大厅，更需要大功率的生潮设备和控制系统。

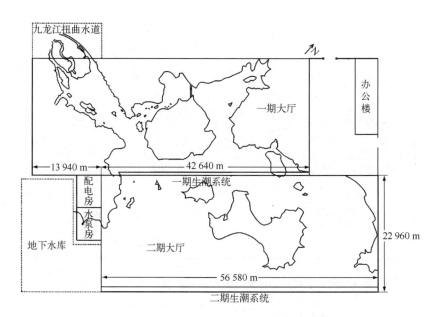

图 2 厦门湾潮汐水流物理模型试验室方案

使模型制作难度和投入大大增加。由于厦门市目前尚缺乏制作潮汐水流物理模型的经验和条件，为保证物理模型实际实施的可能性，模型采用统一规划、分期实施的方针。

5.3.1 第一期物理模型

模型包括厦门岛周边的东、西海域及九龙江河口湾，一期水域面积 1 900 m²。生潮系统口门位于塔角—厦门岛—澳头，可满足厦门西海域、同安湾及九龙江河口湾水域科研要求，还可以研究厦门岛东、西海域局部工程水流泥沙问题，如马銮海堤和集美海堤开口问题以及西港区的综合治理问题等，在水平比尺 $\lambda_1 = 500$ 条件下，实验室面积 5 750 m²（115 m×50 m）。

在一期工程中，除了一期物理模型实验室大厅外，各辅助设施建筑物（包括地下水库、泵房、配电房、办公大楼、道路、水电、通信及其他配套设备等）均应同时完成。

5.3.2 第二期物理模型

二期物理模型范围覆盖整个厦门湾，包括大、小金门岛。东至围头，西至南碇岛，二期水域面积 4 267 m²。可以演示整个厦门岛周边和金门岛附近水流过程。在水平比尺 $\lambda_1 = 500$ 条件下，实验室面积 2×5 750 m²（115 m×50 m×2）。由于实验室面积很大，流态复杂，潮汐控制系统更难操作和调试，模型的维护运行费用较大。

5.4 厦门湾潮汐水流物理模型实验室的辅助设施及所需设备

为保证物理模型正常运行，尚需配置一些必要的辅助设施。

展示大厅：大屏幕显示屏、投影仪及小型模型（供会议及参观用）。

水泵房：4 台水库提水泵，管道 L150 m，ϕ500 mm；自来水管道 ϕ100 mm。

生潮系统：控制软件、电脑及各种线路等；生潮动力设备（需专门设计）等。

实验室常用设备：潜水泵若干台，小型打夯机 1 台，小型混凝土搅拌机 1 台，电焊机 1 台，切割机 1 台，备用柴油发电机 1 台，小型运输车若干辆等。

测量仪器：PTV 水流测量系统 4 套；流速流向仪 20 台；旋桨式光电流速仪 200 台；水位仪 20 台；光电测沙仪 10 台；浊度仪 40 台；光电地形仪若干台；水准仪 4 台；经纬仪 2 台；数码相机及数码摄像机等。

办公设备用品：电脑，打印机，复印机，投影仪，空调，音响设备，办公桌椅等。

配电房设备，办公楼和车库（配备 3~4 辆公务车），设备和材料仓库，生活用房（卫生间、浴室、食堂等）。

5.5　厦门湾潮汐水流物理模型实验室建设经费和时间

初步考虑第一期建设经费 5 500 万元；其中实验室大厅 2 000 万元，一期模型制作费 80 万元。30 个月完成。

第二期建设经费 2 500 万元，二期模型制作费 100 万元。18 个月完成。

5.6　实验室正常维护运行费

由于实验室面积很大，流态复杂，潮汐控制系统较难操作和调试，模型的维护运行费用较大。初步估计，如不计人员工资，实验室一年正常运行维护费需 150 万元左右。

5.7　厦门湾潮汐水流物理模型实验室的人员配置

（1）人员编制：初步考虑固定编制 25~30 人，流动编制 30 人。

（2）人员组成：实验室主任 1 人；实验室副主任 1 人；办公室（兼资料室）主任 1 人；研究员（副高级以上）5 人；实验员（大专以上）10 人；辅助人员 10 人。

6　南京水利科学研究院厦门湾模型与厦门海港公园物理模型之比较

（1）南京水利科学研究院厦门湾物理模型主要功能是科学研究。

厦门海港公园物理模型不仅作为科学研究基地，同时作为科普教育基地和旅游观光景点。

（2）南京水利科学研究院厦门湾整体潮汐水流物理模型包含厦门西海域、九龙江河口湾及厦门南港区全部水域。模型东西范围约为 30 km，南北约 24 km。包含水域面积近 250 km^2。

厦门海港公园物理模型覆盖整个厦门湾海域，模型边界大致为东至围头，西至九龙江南、北、中港，北自同安湾顶，南至镇海角。包含水域面积近 1 500 km^2。

（3）南京水利科学研究院具有几十年进行物理模型试验的丰富经验，硬件和软件条件均为国内一流水平，人员配备齐全，实验室管理制度严密，严格按照 GB/T19001—ISO9001：2000 建立并不断完善质量体系，在国内外具有较高的声誉，研究成果为业内人士普遍确认。

厦门地区缺乏进行物理模型试验方面专门人才，为保证物理模型的正常运转，需要以专业科研单位为依托，并尽快地培养能熟练工作的科研人员和辅助人员。

（4）南京水利科学研究院的厦门湾物理模型因以科学研究为主，在可观性方面考虑较少。

厦门海港公园物理模型必须考虑可观性，将来即使没有试验任务，也可作为厦门地区一个旅游景点。为此，初期建设费用较大，估计不少于 4 000 万～5 000 万元。

7 潮汐水流验证资料的收集

厦门湾海域自 20 世纪 80 年代以来，进行了多次水文测验，其中大部分潮流测点集中在厦门岛西海域、东海域（同安湾）、九龙江河口湾口门区；所有这些资料均不足以进行本次物理模型范围的潮汐水流验证使用。为保证模型建成后具有令人信服的科学性，在整个模型范围水域进行全面的水流潮位验证是极其重要的，也是物理模型必不可少的重要部分。根据模型范围，初步考虑需进行 20 个潮流测站和 14 个潮位测站的同步水文测验，测站位置如图 3 所示。

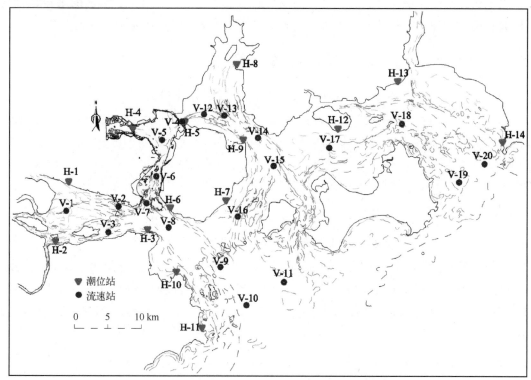

图3 厦门湾物理模型验证需要水文测验站点布置

8 厦门湾物理模型馆的优化方案

图 2 系分二期建设的厦门湾物理模型设计方案,实际上,在条件允许的情况下,厦门湾整体物理模型一次建成更节约费用,可以有效地减少许多不必要的重复建设,且可以在研究集美海堤开口、大嶝岛厦门第二国际机场的研究中立即发挥作用。

图 4 为 2006 年提出的厦门湾物理模型馆的优化设计方案之一。

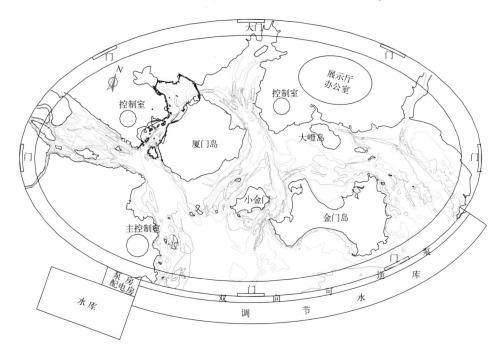

图 4 厦门湾物理模型馆平面布置方案"椭-2"(椭圆形大厅,长轴 150 m,短轴 92 m)

9 应注意的问题

应用物理模型研究潮汐水流运动规律,是一门十分专业化的工作。为保证物理模型的正常运转,需要以专业科研单位为依托,并尽快培养能熟练工作的科研人员和辅助人员,这是物理模型正常运转的关键。

此物理模型馆不仅是科研、教育基地,参观、旅游的作用也十分重要。物理模型应充分注意其可观性,建议采用必要的科技手段,吸收国内外同类模型制作的经验。

参考文献

[1] 徐啸. 厦门湾潮汐水流整体物理模型设计研究 [R]. 南京水利科学研究院,2006.

[2] 徐啸. 厦门港潮汐水流及浑水悬沙整体模型设计 [J]. 台湾海峡,1995(2).

(本文主要内容刊于《台湾海峡》,2005 年第 4 期)